民族文字出版专项资金资助项目

新型职业农牧民培育工程教材

蛋鸡养殖技术

སྒོང་བྱའི་ཐོན་སྐྱེད་ལག་རྩལ།

农牧区惠民种植养殖实用技术丛书（汉藏对照）

《蛋鸡养殖技术》编委会　编

U0318762

青海人民出版社

图书在版编目(CIP)数据

蛋鸡养殖技术 : 汉藏对照 / 《蛋鸡养殖技术》编委会编; 才让扎西译. -- 西宁 : 青海人民出版社, 2016.12

(农牧区惠民种植养殖实用技术丛书)

ISBN 978-7-225-05270-0

Ⅰ. ①蛋… Ⅱ. ①蛋… ②才… Ⅲ. ①卵用鸡—饲养管理—汉、藏 Ⅳ. ①S831.4

中国版本图书馆 CIP 数据核字 (2016) 第 322471 号

农牧区惠民种植养殖实用技术丛书

蛋鸡养殖技术(汉藏对照)

《蛋鸡养殖技术》编委会 编

才让扎西 译

出 版 人 樊原成

出版发行 青海人民出版社有限责任公司

西宁市同仁路 10 号 邮政编码:810001 电话:(0971)6143426(总编室)

发行热线 (0971)6143516/6137731

印　　刷 青海西宁印刷厂

经　　销 新华书店

开　　本 890mm×1240mm 1/32

印　　张 7.875

字　　数 200 千

版　　次 2016 年 12 月第 1 版 2016 年 12 月第 1 次印刷

书　　号 ISBN 978-7-225-05270-0

定　　价 22.00 元

《蛋鸡养殖技术》编委会

主　　任：张黄元

主　　编：焦小鹿

副 主 编：马清德　宁金友

编写人员：韩学平　张晋青　付弘赟　德乾恒美
　　　　　林治佳　胡宁红

审　　稿：杨毅青　丁保安　邓生栋

策　　划：熊进宁　毛建梅　马　倩

翻　　译：才让扎西

《སྙོད་ཏྲུའི་འཁོན་སྐྱེད་ལག་རྒྱལ》

རྩོམ་སྒྲིག་ཨུ་ཡོན་ལྷན་ཁང་།

ཀྲུའུ་རིན།	ཀྲང་རྟོང་ཡོན།
གཙོ་སྒྲིག་པ།	ཅའོ་ཞའོ་ལུའུ།
གཙོ་སྒྲིག་གཞོན་པ།	ལྷ་ཆེན་ཏིག ཉིང་ཅིན་ཡིའུ།
རྩོམ་འབྲི་མི་སྣ།	ཏན་ཞའོ་ཕིན། ཀྲང་ཅིང་ཆེན། རྒྱ་རྟོང་ཡུན།
	བདེ་ཆེན་དཔག་མེད། ལིན་གྲི་ཅ། རྟོའུ་ཉིང་རྟོང་།
མ་ཡིག་ཞུ་དག	དབྱང་ཡུས་ཆེན། ཏིན་པའོ་ཨན། ཏིང་ཧྲིན་ཧྲུང་།
རྩིས་འགོད།	ཞུང་ཅིན་ཉིང་། མའོ་ཙན་མེ། ལྷ་ཚན།
ཡིག་སྒྱུར་པ།	ཚེ་རིང་བཀྲ་ཤིས།

前　　言

蛋鸡养殖业是我国畜牧业的重要组成部分，2008 年我国鸡蛋总产量达到 2 296.87万吨，占全球鸡蛋产量的40%，成为世界最大的鸡蛋生产国家。蛋鸡产业带动产业上游和下游种鸡养殖、蛋鸡养殖、鸡蛋销售、鸡蛋加工与销售、饲料、兽药疫苗等相关产业的发展，形成了年产值超过 3 500亿元的大型产业链。虽然我国是蛋鸡养殖大国，但是蛋鸡养殖生产水平并不高。目前我国蛋鸡养殖仍以中小型农村养殖户为主体，蛋鸡饲养规模主要集中在 3 000～5 000只。在生产性能上，60～72 周龄产蛋总重为 15～17 千克，产蛋期存活率 80% 左右，料蛋比为 2.5～2.8∶1。进入 21 世纪，国家大力推进标准化规模养殖建设，利用市场和政策两个杠杆，全面推动了蛋鸡养殖场的规模化、标准化发展。同时，随着用工难、饲料成本增加等问题的出现和从业者素质的不断提高，蛋鸡养殖的生产模式已经发生了一些变化，大型集约化养殖场、养殖小区不断涌现，畜禽饲养集中度越来越高，大型养殖场配备 AC2000 环境控制系统、自动消毒设施、自动饮水系统、饲喂系统、风机—水帘降温系统等，使蛋鸡养殖业设施化程度明显提升，养殖效率也明显提高。随着从业群体的变化和养殖观念的转变，未来蛋鸡养殖的集约化、专业化生产将是必然趋势。

20 世纪 80 年代以前，青海省家禽生产分散、落后，生产水平和商品率均很低，市场禽产品匮乏，鸡蛋多为凭票供应，禽肉则属高档消费品。改革开放以来，由于生产条件得到改善，国家“菜篮子工程”等政策的带动和支持，调动了群众养鸡的积极性，青海养鸡业迅速发展，家禽生产能力得到极大提高，先后有多家家禽企业在西宁地区建成投产，一些私人养禽场也不断壮大并提高装备水平。近年来，青海省畜禽养殖业健康持续发展，养鸡业发展势头良好，截至2011年底全省鸡存栏约224.6万只，其中大部分为肉鸡，蛋鸡很少。生产的蛋鸡、种鸡、种蛋和蛋品等远远不能满足本省市场需求。据调查，全省市场上70%的鸡蛋都来自外地。为促进青海省蛋鸡养殖业快速健康发展，提高蛋鸡养殖科技水平，青海省农牧厅组织技术人员编写了《蛋鸡养殖技术》一书，作为青海省养殖从业人员和基层技术人员培训教材，以不断普及推广蛋鸡养殖科技，提高从业者科技意识，提高蛋鸡养殖饲养管理水平，促进全省养鸡业的发展。

《蛋鸡养殖技术》是一本集纳了蛋鸡的解剖生理与特点、蛋鸡品种、蛋鸡场建设、孵化技术、饲养管理技术、饲养管理、鸡场经营管理、疫病防治等为一体的农牧民技术培训教材。该教材编写过程充分考虑了使用对象的年龄、文化程度、接受能力等背景因素，紧密联系青海省蛋鸡养殖业实际情况，将蛋鸡养殖的关键技术和科技知识用浅显易懂的文字呈现给读者，注重教材的易读性、知识性、实用性，突出技术操作的基本技能掌握。本书编写时结合了文字、图片、图表等多种表述形式，达到图文并茂、易懂、易读、易记和实用的目的，但由于编者水平有限，书中不足之处在所难免，敬请广大读者批评指正。

编　者

2015年7月

གླེང་གཞི།

སྒང་བྱ་གསོ་སྐྱེལ་གྱི་ལས་རིགས་ནི་རང་རྒྱལ་གྱི་སྒོ་ཕྱུགས་ལས་རིགས་ཀྱི་གྲུབ་ཆ་གལ་ཆེན་ཞིག་ཡིན། 2008ལོར་རང་རྒྱལ་གྱི་བྱ་སྒོང་གི་སྤྱིའི་ཐོན་འབོར་དེ་ཏུན་ཁྲི 2296.87ལ་བསླེབས་པ་དང་། གོ་ལ་ཧྲིལ་པོའི་བྱ་སྒོང་ཐོན་འབོར་གྱི་40%ཟིན་ལ། འཛམ་གླིང་གི་བྱ་སྒོང་ཐོན་སྐྱེད་བྱེད་པ་ཆེས་ཆེ་བའི་རྒྱལ་ཁབ་ཏུ་གྱུར་ཡོད། སྒང་བྱའི་ཐོན་སྐྱེད་ལས་རིགས་འདིས་སོན་བྱ་གསོ་སྐྱེལ་དང་། སྒང་བྱའི་གསོ་སྐྱེལ། བྱ་སྒོང་གི་ཉོ་ཚོང་། བྱ་སྒོང་ལས་སྒྲོན་དང་ཕྱིར་འཚོང་། གཟན་ཆག ཕྱུགས་སྨན་འགོག་བཅོས་སོགས་ཐོན་སྐྱེད་ལས་རིགས་འདི་དང་འབྲེལ་བའི་གོང་འོག་བར་གསུམ་གྱི་ལས་རིགས་མང་པོ་ཞིག་ལ་སྐྱེ་ཁྲིད་དང་འཕེལ་རྒྱས་གཏོང་བཞིན་ཡོད་པས། ས་རེའི་ཡོང་འབབ་སྒོར་དུང་ཕྱུར 3500ལས་བརྒལ་བའི་གཞི་ཁྱོན་ཆེས་ཆེ་བའི་ཐོན་ལས་ཀྱི་སྣ་ཁྲུད་ཅིག་ཆགས་པར་བྱས་ཡོད་པ་རེད། རང་རྒྱལ་ནི་སྒང་བྱ་གསོ་སྐྱེལ་གྱི་རྒྱལ་ཁབ་ཆེས་ཆེ་བ་དེ་ཡིན་ནའང་། སྒང་བྱ་གསོ་སྐྱེལ་གྱི་ཐོན་སྐྱེད་ཚུ་ཚད་དེ་འདྲའི་མཐོ་རྒྱུ་མེད། མིག་སྔར་རང་རྒྱལ་གྱི་སྒང་བྱའི་གསོ་སྐྱེལ་དེ་སྔར་བཞིན་ཞིང་གྲོང་གི་གསོ་སྐྱེལ་ལས་རིགས་ཁྱིམ་ཚང་གི་ཁེ་ལས་ཆུང་འབྲིང་རིགས་ཀྱིས་གཙོ་བོར་བཟུང་ཡོད་པ་དང་། སྒང་བྱའི་གསོ་སྐྱེལ་གྱི་གཞི་ཁྱོན་དེ་གཙོ་བོ་སྒང་བྱ 3500~5000ཡི་ཚད་དུ་བསྡད་ཡོད་ལ། ཐོན་སྐྱེད་ཀྱི་ནུས་པར་གཞིགས་ནའང་། སྒང་བྱའི་ན་ཚོད་གཟའ་འཁོར 60~72ཅན་གྱི་བྱ་སྒོང་གི་སྤྱིའི་ལྗིད་ཚད་དེ་སྟོང་ཁེ 15~17བར་དང་། སྒོང་གཏོང་བའི་དུས་

སྐབས་ཀྱི་གསོན་ཚད 80%ཡས་མས། གཟན་ཆག་དང་སྒོང་ངའི་སྤུར་ཚད་དེ 2.5~2.8:1ཙམ་རེད། དུས་རབས 21པར་བསླེབས་པ་ན། རྒྱལ་ཁབ་ཀྱིས་ཤུགས་ཆེན་པོས་ཚད་ལྡན་ཅན་དང་གཞི་ཁྲོན་ཆེ་བའི་གསོ་སྐྱེལ་འཛུགས་སྐྲུན་ལ་སྐུལ་འདེད་གཏོང་བ་དང་། ཚོང་ར་དང་སྲིད་ཇུས་གཉིས་ཀའི་གཞོགས་འདེགས་བེད་སྤྱད་དེ། ཕྱོགས་ཡོངས་ནས་སྒོང་བྱ་གསོ་སྐྱེལ་གྱི་ར་བ་དེ་གཞི་ཁྲོན་ཅན་དང་ཚད་ལྡན་ཅན་དུ་འཕེལ་རྒྱས་གཏོང་བར་སྐུལ་འདེད་བཏང་བ་དང་། དེ་དང་མཉམ་དུ། ལས་མི་བཙལ་དཀའ་བ་དང་གཟན་ཆག་གི་མ་རྩ་ཇེ་མཐོར་སོང་བ་སོགས་ཀྱི་གནད་དོན་ལྷགས་པ་དང་། ལས་རིགས་མི་སྣའི་བྱུང་ཚད་མུ་མཐུད་ཇེ་མཐོར་སོང་བ་དང་བསྟུན་ནས། སྒོང་བྱ་གསོ་སྐྱེལ་གྱི་ཐོན་སྐྱེད་རྣམ་པར་ཡང་འགྱུར་ལྡོག་ཁ་ཤས་བྱུང་ལ། གཞི་ཁྲོན་ཆེ་བའི་གཅིག་སྡུད་རང་བཞིན་གྱི་གསོ་སྐྱེལ་ར་བ་དང་གསོ་སྐྱེལ་ཁུལ་མུ་མཐུད་དུ་དར་རྒྱས་བྱུང་བ་དང་བསྟུན་ནས། སྒོ་ཕྱུགས་དང་ཁྱིམ་བྱ་གསོ་སྐྱེལ་གྱི་གཅིག་སྡུད་ཚད་དེ་སྔར་ལས་ཇེ་མཐོར་སོང་བ་དང་། གཞི་ཁྲོན་ཆེ་བའི་གསོ་སྐྱེལ་ར་བར AC2000རྟགས་ཅན་གྱི་ཁོར་ཡུག་ཚོད་འཛིན་མ་ལག་དང་། རང་འགུལ་དུག་སེལ་སྒྲིག་ཆས། རང་འགུལ་འཐུང་ཆུ་མ་ལག་དང་གཟན་ཆག་སྟེར་འཕྲུལ་མ་ལག རླུང་འཁོར—ཆུ་ཡོལ་རྫིད་འབབ་མ་ལག་སོགས་སྒྲིག་སྦྱོར་བྱེད་པ་སོགས། སྒོང་བྱ་གསོ་སྐྱེལ་ལས་རིགས་ཀྱི་སྒྲིག་ཆས་རང་བཞིན་གྱི་ཚད་དེ་མངོན་གསལ་གྱིས་ཇེ་མཐོར་སོང་བ་དང་། གསོ་སྐྱེལ་གྱི་ལས་ཕྱོད་ཀྱང་མངོན་གསལ་གྱིས་ཇེ་མཐོར་ཕྱིན། ལས་རིགས་འདི་གཉེར་བའི་ཚོགས་པར་འགྱུར་ལྡོག་བྱུང་བ་དང་གསོ་སྐྱེལ་འདུ་ཤེས་ལ་འཕོ་འགྱུར་བྱུང་བས། མ་འོངས་པར་སྒོང་བྱ་གསོ་སྐྱེལ་དེ་གཅིག་སྡུད་ཅན་དང་ཆེད་ལས་ཅན་གྱི་ཐོན་སྐྱེད་དུ་ཁ་ཕྱོགས་པ་ནི་ཐོག་མེད་ཀྱི་འགྲོ་ཕྱོགས་ཤིག་ཏུ་གྱུར་ཡོད་དོ།།

དུས་རབས 20བའི་ལོ་རབས 80སྔོན་ལ། མཚོ་སྔོན་ཞིང་ཆེན་གྱི་སྒོ

ཕྱུགས་ཐོན་སྐྱེད་དེ་ཁ་ཐོར་དང་རྗེས་ལུས་ཡིན་པ་དང་། ཐོན་སྐྱེད་ཀྱི་ཆུ་ཚད་དང་ཐོན་རྫས་ཅན་གྱི་ཚད་ཤིན་ཏུ་དམའ་བ། ཚོང་རའི་བྱ་རིགས་ཐོན་རྫས་ཉམ་དམའ་བ་དང་། བྱ་སྐྱོང་མང་ཆེ་བ་འཛིན་བྱང་ལ་བལྟས་ཏེ་མཁོ་སྤྲོད་བྱེད་པ་དང་། བྱ་ཤ་དེ་འཛད་སྤྱོད་མཐོན་པོའི་གྲས་སུ་ཚུད་ཡོད་པ་རེད། བཅོས་བསྒྱུར་སྒོ་འབྱེད་ཀྱི་ཚུན་ནས། ཐོན་སྐྱེད་ཀྱི་ཆ་རྐྱེན་ཇེ་ལེགས་སུ་སོང་བ་དང་། རྒྱལ་ཁབ་ཀྱི"ཚོད་རའི་རྣམ་གྲངས"སོགས་ཀྱི་སྲིད་ཇུའི་སྣེ་ཁྲིད་དང་རྒྱབ་སྐྱོར་ལ་བརྟེན་ནས། མང་ཚོགས་ཀྱི་བྱ་རིགས་གསོ་བའི་འདུན་པར་ངར་བསླངས་པས། མཚོ་སྔོན་གྱི་བྱ་རིགས་གསོ་བའི་ལས་རིགས་མགྱོགས་མྱུར་ངང་འཕེལ་རྒྱས་ཕྱིན་པ་དང་། ཁྱིམ་བྱའི་ཐོན་སྐྱེད་ཀྱི་ནུས་ཤུགས་ལ་མཐོར་འདེགས་ཆེན་པོ་བྱུང་ལ། སྔ་རྗེས་སུ་ཁྱིམ་བྱ་གསོ་སྐྱེལ་གྱི་ཁེ་ལས་མང་པོ་ཞིག་ཟྲི་ལེན་ས་ཁུལ་དུ་བཙུགས་ཏེ་ཐོན་སྐྱེད་བྱེད་མགོ་བརྩམས་པ་དང་། སྒེར་གྱི་བྱ་རིགས་གསོ་སྐྱེལ་ར་བ་ཡང་མུ་མཐུད་གཞི་རྒྱ་ཆེ་རུ་ཕྱིན་པ་དང་གསོ་སྐྱེལ་སྒྲིག་ཆས་ཀྱི་ཆུ་ཚད་ཀྱང་ཇེ་མཐོར་ཕྱིན། ཉེ་བའི་ལོ་ཤས་རིང་ལ། མཚོ་སྔོན་ཞིང་ཆེན་གྱི་སྒོ་ཕྱུགས་གསོ་སྐྱེལ་ལས་རིགས་དེ་བདེ་ཐང་ངང་མུ་མཐུད་འཕེལ་རྒྱས་བྱུང་བ་དང་། དེ་ལས་ཀྱང་སྒོང་བྱ་གསོ་སྐྱེལ་ལས་རིགས་ཀྱི་འཕེལ་རྒྱས་ཀྱང་ཁ་ཕྱོགས་ལེགས་པོ་ཞིག་ཏུ་ཕྱིན་ཡོད་པ་རེད། 2011ལོའི་ལོ་མཇུག་ལ་བསླེབས་དུས་ཞིང་ཆེན་ཡོངས་ཀྱི་བྱ་རིགས་གསོས་གྲངས་ཁྲི 224.6ལ་ཐོན་པ་དང་། དེ་ལས་ཕལ་ཆེ་བ་ནི་བཤས་བྱ་ཡིན་ལ་སྒོང་བྱ་ཤིན་ཏུ་ཉུང་། དེ་བས། ཐོན་སྐྱེད་བྱས་པའི་སྒོང་བྱ་དང་། སོན་བྱ། སོན་སྒོང་། སྒོ་ངའི་ཐོན་རྫས་སོགས་ཀྱིས་ཞིང་ཆེན་ནང་ཁུལ་གྱི་ཚོང་རའི་དགོས་མཁོ་བསྐང་ཐབས་མེད་པར་གྱུར། མཚོ་སྔོན་ཞིང་ཆེན་གྱི་སྒོང་བྱའི་གསོ་སྐྱེལ་ལས་རིགས་མགྱོགས་མྱུར་དང་བདེ་ཐང་ངང་འཕེལ་རྒྱས་སུ་འགྲོ་བར་སྐུལ་འདེད་བཏང་སྟེ། སྒོང་བྱ་གསོ་སྐྱེལ་གྱི་ལག་རྩལ་ཇེ་མཐོར་གཏོང་ཕྱིར། མཚོ་སྔོན་ཞིང་ཆེན་ཞིང་

འབྲོག་ཐིན་གྱིས་ལག་རྩལ་མི་སྣ་རྩ་འཛུགས་བྱས་ནས《སྔོང་བྱ་གསོ་སྐྱེལ་གྱི་ལག་རྩལ》ཞེས་པའི་དཔེ་དེབ་ཅིག་སྒྲིག་རྩོམ་བྱས་ཏེ། མཚོ་སྔོན་ཞིང་ཆེན་གྱི་གསོ་སྐྱེལ་ལས་རིགས་གཉེར་བའི་མི་སྣ་དང་གཞི་རིམ་གྱི་ལག་རྩལ་མི་སྣ་གསོ་སྦྱོང་བྱེད་པའི་བསླབ་དེབ་ཏུ་བཀོལ་བ་དང་། དེས་སྔོང་བྱ་གསོ་སྐྱེལ་གྱི་ལག་རྩལ་མུ་མཐུད་ཁྱབ་གདལ་དུ་གཏོང་བ་དང་། ལས་རིགས་མི་སྣའི་ཚན་རིག་གི་འདུ་ཤེས་ཇེ་མཐོར་གཏོང་བ། སྔོང་བྱ་གསོ་སྐྱེལ་གྱི་བདག་གཉེར་དོ་དམ་གྱི་ཆུ་ཚད་མཐོར་འདེགས་གཏོང་བ་བཅས་བྱས་ཏེ། ཞིང་ཆེན་ཡོངས་ཀྱི་བྱ་རིགས་གསོ་སྐྱེལ་དང་གསོ་ཚགས་ཀྱི་ལས་རིགས་འཕེལ་རྒྱས་སུ་འགྲོ་བར་སྐུལ་འདེད་བཏང་ཡོད།

《སྔོང་བྱ་གསོ་སྐྱེལ་གྱི་ལག་རྩལ》ཞེས་པའི་དཔེ་དེབ་འདི་ནི་སྔོང་བྱའི་གཤག་བཅོས་སྐྱེ་ལུགས་དང་ཁྱད་ཆོས། སྔོང་བྱའི་རིགས། སྔོང་བྱའི་གསོ་རའི་འཛུགས་སྐྲུན། སྔ་ང་འཛོག་པའི་ལག་རྩལ། གསོ་སྐྱེལ་དོ་དམ་ལག་རྩལ། གསོ་སྐྱེལ་དོ་དམ། སྔོང་བྱ་གསོ་རའི་དོ་དམ་བདག་གཉེར། རིམས་ནད་འགོག་བཅོས་སོགས་གཅིག་ཏུ་འཛོམས་པའི་ཞིང་འབྲོག་མི་དམངས་ཀྱི་ལག་རྩལ་སྦྱོང་བརྡར་གྱི་བསླབ་དེབ་ཅིག་ཡིན་ལ། བསླབ་དེབ་འདི་སྒྲིག་རྩོམ་གྱི་གོ་རིམ་ཁྲིད་བཀོལ་སྤྱོད་བྱེད་མཁན་གྱི་ལོ་ཆོད་དང་། ཤེས་བྱའི་ཆུ་ཚད། སྤྱད་ལེན་གྱི་ནུས་པ་སོགས་ཀྱི་རྒྱུ་རྐྱེན་ལ་ཕྱོགས་ཡོངས་ནས་བསམ་གཞིག་བྱས་པ་དང་། མཚོ་སྔོན་ཞིང་ཆེན་གྱི་སྔོང་བྱ་གསོ་སྐྱེལ་ལས་རིགས་ཀྱི་དོན་དངོས་གནས་ཚུལ་དང་ཡང་དག་པར་འབྲེལ་ཏེ། སྔོང་བྱ་གསོ་སྐྱེལ་གྱི་གནད་འགག་གི་ལག་རྩལ་དང་ཚན་རྩལ་ཤེས་བྱ་དེ་གོ་སླ་བའི་ཚིག་སྦྱོར་ལ་བརྟེན་ནས་ཀློག་མཁན་གྱི་མིག་མདུན་དུ་བཤམས་པ་དང་། བསླབ་དེབ་ཀྱི་ཀློག་སླའི་རང་བཞིན་དང་། ཤེས་བྱའི་རང་བཞིན། བཀོལ་སྤྱོད་རང་བཞིན་བཅས་གཙོ་གནད་དུ་བཟུང་ནས། ལག་རྩལ་བཀོལ་སྤྱོད་ཀྱི་གཞི་རྩའི་ནུས་པ་ཁོང་དུ་ཆུད་པ་འགྱུར་ཐོན་ཅན་དུ་བཏང་ཡོད་ལ། དཔེ་དེབ་འདི

སྒྲིག་རྩོམ་བྱེད་དུས་ཡི་གེ་དང་། དཔེ་རིས། རེའུ་མིག་སོགས་ཟུང་འབྲེལ་སྒྲོམ་འགྲེལ་བརྗོད་བྱེད་ཐབས་སྣ་མང་སྤྱད་ནས། ཡི་གེ་དང་རི་མོ་མཉམ་སྦྲགས་བྱེད་པ་དང་། གོ་བ་ལེན་སླ་བ་དང་། སློབ་སླ་བ། ཡིད་ལ་འཛིན་བདེ་བ། བཀོལ་སྤྱོད་བྱེད་བདེ་བ་སོགས་ཀྱི་དམིགས་ཡུལ་དུ་ཐོན་པར་བྱས་ཡོད་མོད། སྒྲིག་མཁན་གྱི་ཆུ་ཚད་ཞན་པའི་དབང་གིས་དཔེ་དེབ་ནང་ད་དུང་མི་འདང་བའི་ཆ་མང་དུ་ལྷགས་སྲིད་པས། རྒྱ་ཆེའི་སློབ་མཁན་ཡོངས་ཀྱིས་སྐྱོན་བརྗོད་མཛུབ་སྟོན་ཡོད་པའི་རེ་བ་སྙིང་ནས་ཞུའོ།།

སྒྲིག་མཁན་གྱིས།

2015ལོའི་ཟླ 7པར།

目　　录

དཀར་ཆག

第一章　蛋鸡的品种

一、引入品种

（一）海兰褐

美国海兰国际公司培育的中型褐壳蛋鸡。性情温顺，适应性好，开产早，产蛋高峰来得早且持续期较长，商品代蛋鸡可根据羽色自别雌雄，平均开产日龄 155 天，72 周龄产蛋量 285~310 枚，平均蛋重 64 克，在青海省主要分布在西宁及海东地区。（图 1-1）

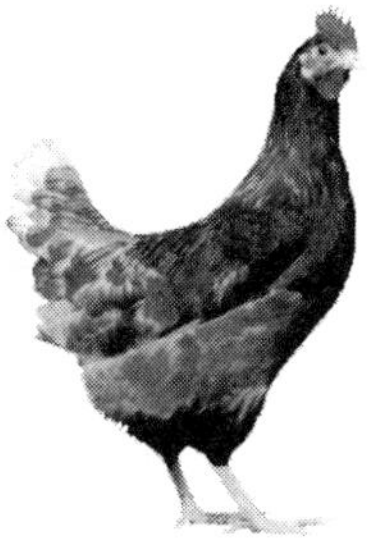

图 1-1　海兰褐

（二）海兰白

海兰白鸡是美国海兰国际公司培育的蛋鸡，海兰公司在美国售出的蛋鸡占美国市场的 80%。现有两个白壳蛋鸡配套系：海兰 W-36 和海兰 W-77。在美国、日本等主要饲养白壳蛋鸡的国家，近十年来，W-36 占有较大的份额，在美国鸡蛋市场，W-36 占第一位。中国也引进了祖代，在白壳蛋鸡中表现很突出。该鸡体型小，性情温顺，耗料少，抗病力强，产蛋多，脱肛及啄羽的发病率低。海兰W-36 白壳蛋鸡的主要生产性能指标是：育成期成活率97%~98%；0~18 周龄消耗饲料5.66 千克；达 50% 产蛋率

图 1-2　海兰白

日龄155天；高峰产蛋率93%～94%；80周龄产蛋数330～339枚；产蛋期成活率96%；70周龄平均蛋重63克；料蛋比1.99∶1。(图1－2)

二、国内主要品种

(一) 北京白鸡

北京市组织专家育成的一个优良白壳蛋鸡新品系。该鸡体型小而清秀，全身羽毛白色而紧贴，冠大鲜红，公鸡冠较厚且直立，母鸡冠薄且倒向一侧。喙、胫、趾皮肤呈黄色，耳叶白色，活泼好动，觅食力强。成熟早，产蛋率高，饲料消耗少，适应性强。北京白鸡年产蛋260枚左右，平均每枚重57克，均达到了商品代蛋鸡的国际水平。(图1－3)

(母)

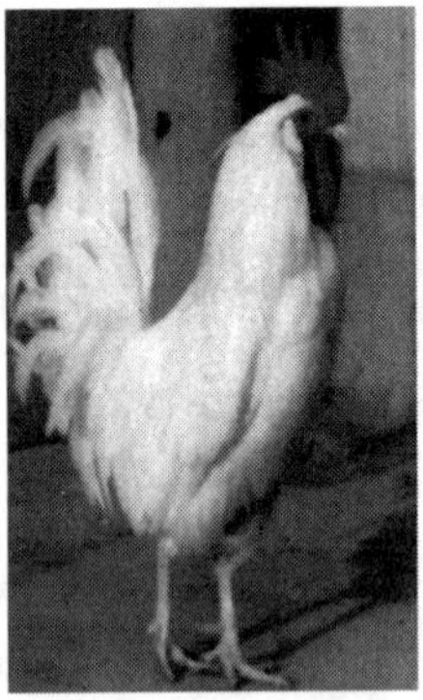

(公)

图1－3　北京白鸡

(二) 北京红鸡

北京市农科院畜牧所蛋鸡育种课题组自1975年开始，选用英国赠送的商品代赛克斯蛋鸡为育种素材，采用家系选育和近亲组配的育种方法，运用单鸡单笼结合人工授精的饲养管理方法，经过近十年的努力，培育出了北京红鸡Ⅰ系和北京红鸡Ⅱ系两个产褐壳蛋的纯系鸡种。北京红鸡Ⅰ系的体型中等大小，全身羽毛为绛红色，黄肤黄脚，喙部略有褐色，单冠，冠齿不整齐，脸、耳、肉垂均为红色，虹彩为金黄色。该鸡的开产体重为 1 900克，产蛋末期体重为 2 000克，蛋壳为褐色，平均蛋重 50～55 克，哈氏单位达 80 >500日龄的产蛋量为 160～180 枚。

（三）滨白鸡

东北农学院于 1976～1984 年间育成的轻型白壳蛋配套杂交蛋鸡。滨白鸡体格小，羽毛紧密，全身羽毛白色，单冠，大而鲜红，母鸡冠多且倒向一侧，脸、肉垂红色，耳叶乳白色，喙、胫、趾和皮肤黄色。滨白鸡性成熟早，产蛋量高，72 周龄产蛋量 229 枚，平均蛋重为 60 克，总蛋重为 13.5～15 千克，蛋的品质好，蛋壳结实，蛋壳白色，蛋型整齐，而且性情灵活，繁殖力高。滨白鸡主要分布于黑龙江、吉林、辽宁、河北、山东、内蒙古、四川等省（区）。对当地的饲养条件适应性比较强，生产性能较稳定，产蛋量高，深受当地群众欢迎。（图 1－4）

图 1－4　滨白鸡

图 1－5　新杨褐蛋鸡

（四）新杨褐蛋鸡

由上海新杨家禽育种中心育成，产蛋率高、生存性强、经济效益好，年产蛋 19 千克，产蛋期成活率 95% 以上。（图 1－5）

三、青海省地方品种

海东鸡

主要分布在青海省东部的门源、同仁、贵德等县。据1985年调查，海东鸡占青海省养鸡总数的40%。海东鸡属肉蛋兼用型，体格较小，母鸡羽色以黑色较多，公鸡以杂花色较多，母鸡年产蛋60~80枚，最高达160枚，蛋平均重53.21克，蛋以黄褐色为主，成年公鸡平均活重1.86千克，母鸡1.44千克。海东鸡对高原寒冷气候的适应性好，抗病力强，食量小，有10%~14%的属于乌骨鸡类型。(图1-6)

（公）　　（母）

图1-6　海东鸡

第二章　鸡场及鸡舍建设

场址选择及规划布局、鸡舍设计和设备配备等方面直接影响到蛋鸡舍内温度、湿度、光照和通风，从而影响舍内环境条件和空气质量，也就直接影响蛋鸡的生长发育和生产能力发挥，所以科学合理的鸡场设计、鸡舍设计及设备选型与安装是蛋鸡养殖的必备因素。

第一节　鸡场及鸡舍建设

一、场址的选择

选择场址应以便于生产经营、便于交通、便于防疫、减少投资为原则。同时要考虑自然条件和社会条件，并考虑今后发展的需要，因为鸡场一旦建成，就不容易改变了，所以在建场前要对以下因素进行考虑。

1. 地势：鸡场要求地势高燥、平坦或略有坡度（1°～3°）。如在坡地或山区建场，要背风向阳，坡度最大不超过25°，不能建在山顶，也不能建在山谷，以保证采光充足，排水良好。

2. 地形：蛋鸡场场地要求整齐、开阔，并有适合养殖规模和今后发展需要的面积，以便于场内建筑的合理安排和功能区的合理布局。蛋鸡场不宜建在地形复杂、风速过大或地形太过狭长的地方，以免造成投资过大或给生产造成损失。

3. 水源：水是蛋鸡养殖不可或缺的营养素，是蛋鸡及其产品的重要组成部分。蛋鸡营养的消化吸收、废弃物的排泄、体温调节都需要水。同时蛋鸡场日常的消毒、防火、工作人员生活起居都离不开水。蛋鸡场不仅需要充足的水源，而且要保证水的质量，水质要符合人畜饮用水质量要求。鸡场一般距城市较远，如果没有自来水公司供水，可以自己打井、修水塔以保证鸡场供水，同时应注意避免地下水的污染。

4. 土壤：蛋鸡场建设选择要求土壤的透气透水性能良好，无污染且有一定的抗压性。

5. 交通：一般应选择在交通方便的地方，接近公路，靠近消费地和饲料来源地。场地既要与主要交通干道有一定的距离（最好在 1 000米以上），以利于防疫，又要能满足禽场运输的需要。同时应避开居民污水排放口，远离化工厂、制革厂、屠宰场等易造成环境污染的企业。

6. 电源：蛋鸡场对电力依赖性强，大中型鸡场应有备用电源，如双路供电或发电机等，以防停电。

7. 用地规划：鸡畜牧法相关要求，《中华人民共和国畜牧法》第四十条：禁止在下列区域内建设畜禽养殖场、养殖小区。

（1）生活饮用水的水源保护区、风景名胜区，以及自然保护区的核心区和缓冲区。

（2）城镇居民区、文化教育科学研究区等人口集中区域。

（3）法律法规规定的其他禁养区域。

二、鸡场布局

鸡场的规划布局指根据拟建场地的环境条件和社会经济条

件，确定养殖规模和生产工艺，并确定各种建筑物设施的数量和规模，并根据地势地形和常年主导风向确定鸡场各功能区及建筑物分布排列的过程。（图2－1）

（一）鸡场分区的原则

1. 合理布局生产管理区、辅助生产区、生产区、粪污处理区等功能区域，从风向的上风向到下风向，从地势高的地方到地势低的地方各功能区的排列依次为生产管理区、辅助生产区、生产区和粪污处理区。

2. 建筑物布局要便于防疫和组织生产。

3. 要建立完善的门禁系统，合理设置生产区净道和污道，并按要求严格使用和管理。

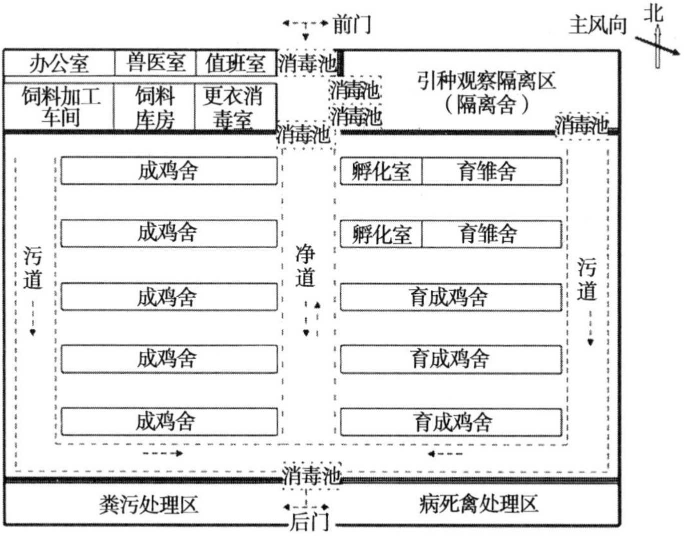

图2－1　规模养鸡场平面布局图

注：1. 三阶段的饲养方式是育雏、育成、成鸡均分舍饲养。三种鸡舍的比例一般是1∶2∶6；

2. 鸡舍间距离一般为鸡舍高度的3～5倍为宜；

3. 净道宽2米，污道宽1.5米。

（二）影响布局的因素

1. 饲养方式：蛋鸡的饲养分为两段式和三段式，两阶段饲养即是育雏育成为一个阶段，成鸡为一阶段，需建两种鸡舍，一般两种鸡舍的比例是1∶2。三阶段的饲养方式是育雏、育成、成鸡均分舍饲养。三种鸡舍的比例一般是1∶2∶6。雏鸡舍应放在上风向，依次是育成区和成鸡区。

2. 鸡舍的朝向：正确的朝向不仅能帮助通风和调节舍温，而且能够使整体布局紧凑，节约土地面积。主要根据各个地区的太阳辐射和主导风向两个主要因素加以确定的。青海省一般采用东西走向为宜或南偏东或西15°左右的朝向，以便于冬季充分利用太阳辐射防寒保暖，降低饲养成本。

3. 鸡舍间距：鸡舍间距过小不利于卫生防疫、防火、采光和通风。鸡舍间距过大又会造成土地浪费增加养殖成本，一般取3~5倍鸡舍高度作为间距即能满足要求，或参考表2-1。

表2-1　鸡舍间距

种类	同类鸡舍间距（米）	非同类鸡舍间距（米）
育雏育成鸡舍	15~20	30~40
商品蛋鸡舍	12~15	20~25
种鸡舍	15~20	30~35

4. 场内道路：生产区的道路分为清洁道和污道两种。清洁道专供运输鸡蛋、饲料和转群使用，污道专用于运输鸡粪和淘汰鸡。

5. 绿化：绿化不仅可以美化、改善鸡场的自然环境，而且对鸡场的环境保护、促进安全生产、提高生产经济效益有明显的作用。养鸡场的绿化布置要根据不同地段的不同需要种植不同的树木，以发挥各种林木的功能作用。

6. 鸡舍排列：鸡舍是蛋鸡场的主要建筑物，鸡舍的排列因饲养规模、饲养工艺、地势地形的不同而不同，一般有单列式、双列式和多列式三种排列方式（图 2－2）。

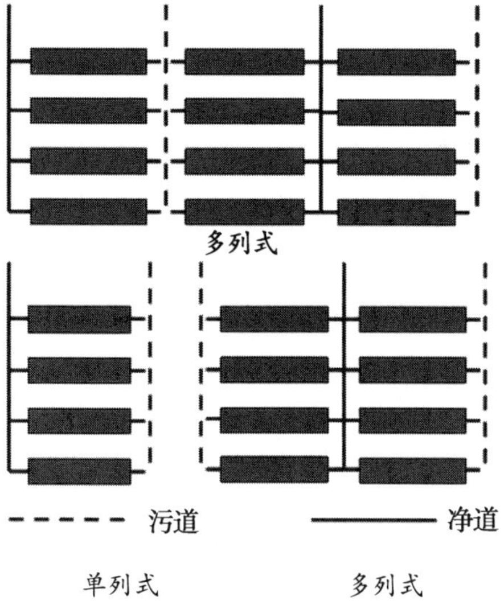

图 2－2　鸡舍排列方式

三、鸡舍的建筑

（一）鸡舍的种类

按鸡舍的建筑形式，可分为密闭式鸡舍、开放式鸡舍和卷帘式鸡舍三种；按饲养方式和设备可分为平养鸡舍和笼养鸡舍；按饲养阶段可分为育雏鸡舍、育成鸡舍、成年鸡舍、育雏育成鸡舍、育成产蛋鸡舍、育雏—育成—产蛋鸡舍等。

1. 密闭式鸡舍：此种鸡舍的屋顶及墙壁都采用隔热材料封闭起来，有进气孔和排风机。舍内采光常年靠人工光照设备，安装有轴流风机，机械负压通风。舍内的温、湿度通过变换通风量大小和气流速度的快慢来调控。降温采用加强通风换气量，在鸡舍的进风端设置空气冷却器等。

此种鸡舍的优点是：能够减弱或消除不利的自然因素对鸡群的影响，使鸡群能在较为稳定的适宜环境下充分发挥品种潜能，稳定高产。可防止野禽与昆虫的侵袭，大大减少了污染的机会，从而减少了经自然媒介传播的疾病，有利于卫生防疫管理。此种鸡舍的机械化程度高，饲养密度大，降低了劳动强度，同时由于采用了机械通风，鸡舍之间的间隔可以减小，节约了生产区的建筑面积。

2. 开放式鸡舍：此类鸡舍可分为开放式和半开放式鸡舍两种。开放式鸡舍依赖自然空气流动达到舍内通风换气，完全自然采光；半开放式鸡舍为自然通风辅以机械通风，自然采光和人工光照相结合，在需要时利用人工光照加以补充。

此类鸡舍的优点是能减少开支，节约能源，原材料投入成本不高，适合于不发达地区及小规模和个体养殖。缺点是受自然条件的影响大，生产性能不稳定，同时不利于防疫及安全均衡生产。

3. 卷帘式鸡舍：此类鸡舍兼有密闭式和开放式鸡舍的优点，在我国的南北方无论是高热地区还是寒冷地区都可以采用。鸡舍的屋顶材料采用石棉瓦、铝合金瓦、普通瓦片、玻璃钢瓦，并且采用防漏隔热层处理。此种鸡舍除了在离地 15 厘米以上建有 50 厘米高的薄墙外，其余全部敞开，在侧墙壁的内层和外层安装隔热卷帘，由机械传动，内层卷帘和外层卷帘可以分别向上和向下卷起或闭合，能在不同的高度开放，可以达到各种通风要求。夏季炎热可以全部敞开，冬季寒冷可以全部闭合。

（二）鸡舍规格的确定

鸡舍规格决定于饲养方式、设备和笼具的摆放形式、尺寸等。平养鸡舍因为不受笼具摆放形式及其尺寸的影响，只要满足饲养密度要求，长宽可根据面积需要和地形灵活确定。笼养鸡舍的规格确定如下。

1. 鸡舍长度

$$\text{鸡舍长度（米）}=\frac{\text{鸡舍容鸡数（只）}}{\text{每只笼容鸡数（只）}\times\text{鸡笼列数}}\times\text{每只鸡笼长度}+\text{通道宽度（米）}+\text{操作间长度（米）}+\text{两端墙厚度（米）}$$

2. 鸡舍宽度

鸡舍宽度（米）=每组笼跨度（米）×鸡笼列数+通道宽度（米）×通道条数+墙体厚度（米）

（三）鸡舍建筑设计

1. 鸡舍面积和容量设计：小型鸡舍可设计为宽7~8米，长33~53米，笼养蛋鸡2 800~5 000只；大中型鸡舍可设计宽10~12米，长40~65米，笼养蛋鸡5 000~10 000只。

2. 建筑材料的选择：对建筑材料总的要求是导热系数小，蓄热系数大，容重小，具有较好的防火和抗冻性，吸水吸温性强，透水性小，耐水性强，具有一定的强度、硬度、韧性和耐磨性。

3. 鸡舍主要结构的设计要求

（1）基础：有足够的强度和稳定性，地基应抗压不下沉（或下沉度小）且均匀一致，膨胀性小，抗冲刷，无侵蚀作用。墙基应坚固抗震，防潮耐久，并有一定的保温隔热性能。

（2）墙壁：具有良好的保温和隔热性能，结构简单，便于清扫、清洗和消毒，坚固抗震，防水、耐水、耐用。

（3）门、窗和通气孔：鸡舍的门应有净门和污门之分。鸡舍门一般宽1.5~2米，高2~2.4米。有窗鸡舍的窗户应足够大，以保证鸡舍的自然通风。通气口的设计依通气方式不同，自然通风方式的鸡舍，应在纵向墙壁的顶部均匀地设一排通风口。采用机械通风方式的，对称地设进气口和排气口。

（4）屋顶和天棚：要求保温、隔热、防水、坚固、重量小。鸡舍应尽可能设天棚，使屋顶和天棚间形成顶室。

（5）地面：应防水、坚实、平整、光洁而不滑，抗压、抗冲击、耐腐蚀，有一定的保温性能，隔潮，不积水、便于清扫冲洗和消毒，应高出场区地面20~30厘米以上。

（6）鸡舍的其他设计要求：鸡舍的设计要防寒与采暖兼顾，防热与降温并重，通风换气方便，鸡舍采光良好。

第二节 养鸡设备

一、鸡笼

(一) 鸡笼的组装

将单个鸡笼组装成为笼组具有多种形式，应根据鸡场的具体情况，如鸡舍面积、饲养密度、机械化程度、管理情况、通风及光照情况等，组装成不同的形式。

1. 全阶梯式鸡笼：组装时上下两层笼体完全错开，常见的为2～3层。其优点是：鸡粪直接落于粪沟或粪坑，笼底不需设粪板，如为粪坑也可不设清粪系统，结构简单，停电或机械故障时可以人工操作，各层笼敞开面积大，通风与光照面大。缺点是：占地面积大，饲养密度低为10～12只/平方米，设备投资较多，目前我国采用最多的是蛋鸡三层全阶梯式鸡笼和种鸡两层全阶梯人工授精笼。

2. 半阶梯式鸡笼：上下两层笼体之间有1/4～1/2的部位重叠，下层重叠部分有挡粪板，按一定角度安装，粪便清入粪坑。因挡粪板的作用，通风效果比全阶梯差，饲养密度为15～17只/平方米。

3. 层叠式鸡笼：鸡笼上下两层笼体完全重叠，常见的有3～4层，高的可达8层，饲养密度大大提高。其优点是：鸡舍面积利用率高，生产效率高。饲养密度三层为16～18只/平方米，四层为18～20只/平方米。缺点是：对鸡舍的建筑、通风设备、清粪设备要求较高。此外，不便于观察上层及下层笼的鸡群，给管理带来一定的困难。我国目前条件下，只有极少数鸡场使用。

4. 单层平列式：组装时一行笼子的顶网在同一水平面上，笼组之间不留车道，无明显的笼组之分。管理与喂料等一切操作，都需要通过运行于笼顶的天车来完成。常不采用此种方法。

（二）育成鸡笼

一般采用 2 ~ 3 层重叠式或半阶梯式笼。通常每平方米饲养 10 只左右，此鸡笼的尺寸为 187.5 厘米 ×44 厘米 ×33 厘米，可饲养育成鸡 20 只，肉用仔鸡可适当增多。

（三）产蛋鸡笼

蛋鸡笼有深笼和浅笼，深笼为 50 厘米，浅笼则在30 ~ 35 厘米之间。根据不同的规格可分为轻型、中型及重型产蛋鸡笼。蛋鸡笼一般每格可容纳 3 ~5 只鸡，一个单笼可饲养 20 ~30 只鸡。

（四）种鸡笼

种鸡笼有单层种鸡笼和两层个体人工授精鸡笼。单层种鸡笼的尺寸为 190 厘米 ×88 厘米 ×60 厘米，为公母同笼自然交配，可饲养母鸡 22 只，公鸡 2 只。单体笼常用于进行人工授精的鸡场，原种鸡场进行纯系个体产蛋记录时也采用。

二、饮水设备

饮水设备包括水泵、水塔、过滤器、限制阀、饮水器以及管道设施等，常用的饮水器类型有如下几种。

（一）长形水槽

这是许多老鸡场常用的一种饮水器，一般用镀锌、铁皮或塑料制成。此种饮水器的优点是结构简单，成本低，便于饮水、免疫。缺点是耗水量大，易受污染，刷洗工作量大。

（二）真空饮水器

由聚乙烯塑料筒和水盘组成，筒倒扣在盘上。水由壁上的小孔流入饮水盘，当水将小孔盖住时即停止流出，适用于雏鸡和平养鸡。优点是供水均衡，使用方便，但清洗工作量大，饮水量大时不宜使用。

（三）乳头式饮水器

为现代最理想的一种饮水器。它直接同水管相连，利用毛细管作用控制滴水，使阀杆底端经常保持挂着一滴水，饮水时水即流出，如此反复，既节约用水更有利于防疫，并且不需要清洗，经久耐用不需要经常更换。缺点：每层鸡笼均需设置减压水箱，不便进行饮水免疫，对材料和制造精度要求较高。

（四）杯式饮水器

饮水器呈杯状，与水管相连，此饮水器采用杠杆原理供水，杯中有水能使触板浮起，由于进水管水压的作用，平时阀帽关闭，当鸡吸触板时，通过联动杆即可顶开阀帽，水流入杯内，借助于水的浮力使触板恢复原位，水不再流出。缺点是水杯需要经常清洗，且需配备过滤器和水压调整装置。

（五）吊盘式饮水器

主要由上部的阀门机构和下部的吊盘组成。阀门通过弹簧自动调节并保持吊盘内的水位。一般都用绳索或钢丝悬吊在空中，根据鸡体高度调节饮水器高度，故适用于平养，一般可供50只鸡饮水用。优点为节约用水，清洗方便。

三、喂料设备

喂料设备包括贮料塔、输料机、喂料机和饲槽等四个部分。贮料塔一般在鸡舍的一端或侧面，用1.5毫米厚的镀锌钢板冲压而成，其上部为圆柱形，下部为圆锥形，圆锥与水平面的夹角应大于60°，以利于排料，喂料时，由输料机将饲料送到饲槽。

（一）链板式喂饲机

普遍应用于平养和各种笼养成鸡舍。它由料箱、链环、长饲槽、驱动器、转角轮和饲料清洁器等组成，链环经过饲料箱时将饲料带至食槽各处（图2－3）。

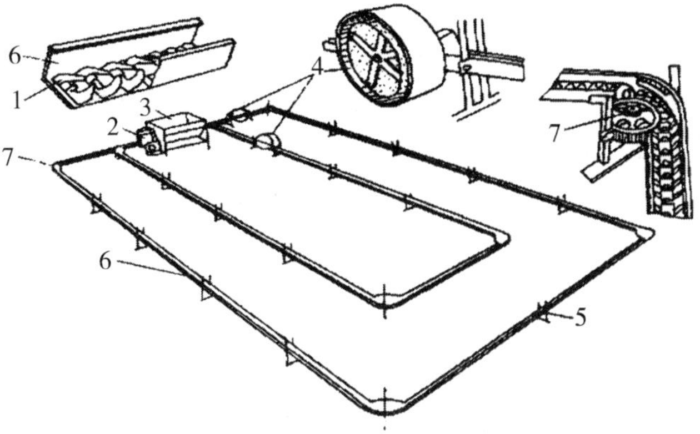

图 2－3　链板式喂饲机

1. 链片　2. 驱动装置　3. 料箱　4. 清洁筛

5. 饲槽支架　6. 饲槽　7. 转角轮

（二）螺旋弹簧式喂料机

广泛应用于平养成鸡舍。电动机通过减速器驱动输料圆管内的螺旋弹簧转动，料箱内的饲料被送进输料圆管，再从圆管中的各个落料口掉进圆形食槽。（图 2－4）

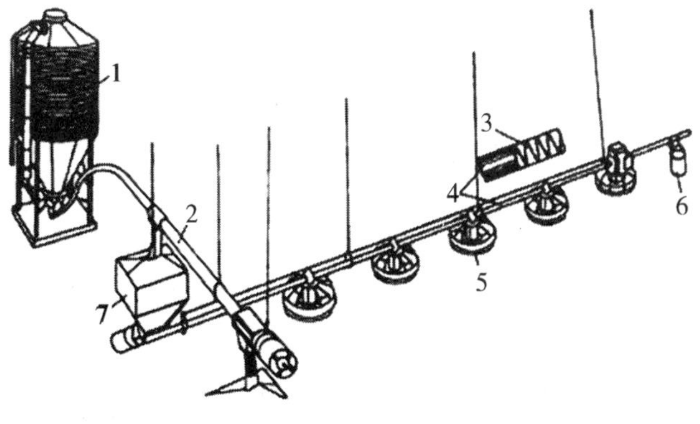

图 2－4　螺旋弹簧式喂料机

1. 贮料塔　2. 输料机　3. 弹簧螺旋　4. 输料管　5. 盘桶形料槽

6. 控制安全开关的接料筒　7. 料箱

（三）塞盘式喂饲机

它是由一根直径为5～6毫米的钢丝和每隔7～8厘米的一个塞盘组成（塞盘是用钢板或塑料制成的），在经过料箱时将料带出。优点是饲料在封闭的管道内运送，一台喂饲机可同时为2～3栋鸡舍供料。缺点是当塞盘或钢索折断时，修复麻烦且安装时技术水平要求高。（图2－5）

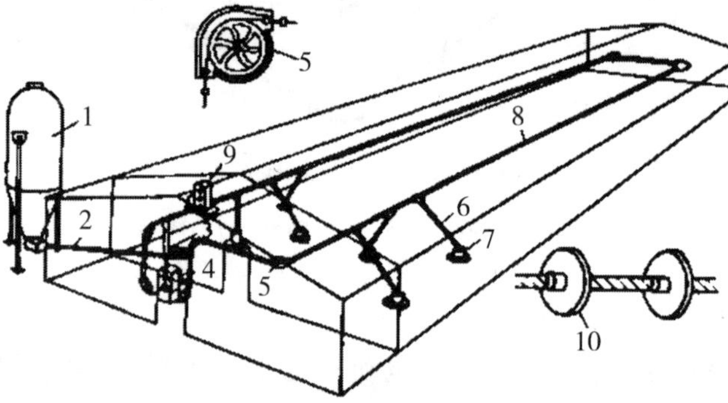

图2－5　塞盘式喂饲机

1. 贮料塔　2. 输料机　3. 回料管　4. 料斗　5. 转角轮　6. 落料管　7. 盘筒式饲槽　8. 输料分配管道　9. 驱动装置　10. 塑料塞盘

（四）喂料槽

平养成鸡舍应用的较多，适用于干粉料、湿料和颗粒料的饲喂，根据鸡只大小而制成大、中、小长形食槽。

（五）喂料桶

现代养鸡业常用的喂料设备，由塑料制成的料桶、圆形料盘和连接调节机构组成。料桶与料盘之间有短链相接，留一定的空隙。

（六）斗式供料车和行车式供料车

此两种供料车多用于多层鸡笼和叠层式笼养成鸡舍。

四、照明设备

人工照明采用普通灯泡或节能灯泡，安装灯罩，以防尘和最大限度利用灯光。根据饲养阶段采用不同功率的灯泡，如育雏舍用40～60瓦的灯泡，育成舍用15～25瓦的灯泡，产蛋舍用25～45瓦的灯泡。灯距为2～3米。笼养鸡舍每个走道上安装一列光源。平养鸡舍的光源要布置均匀。

五、通风设备

机械通风方式主要有正压通风和负压通风。正压通风是指风机将舍外的新鲜空气强制输入舍内，使舍内气压增高，舍内污浊空气经风口或风管自然排除的换气方式。非完全封闭鸡舍常采用正压通风。负压通风指的是通过风机抽出舍内空气，造成舍内空气气压小于舍外，舍外新鲜空气通过气口或气管流入舍内的换气方式。全封闭鸡舍采用负压通风换气方式。

六、保温设备

保温设备分为加温设备和降温设备。加温设备多种多样，有集中采暖的热风、水暖，也有局部采暖的红外线灯、火炉、保温伞等。降温设备有开放式鸡舍常采用的喷雾降温设备和封闭式鸡舍常采用的湿帘风机负压通风降温系统。

七、清洗消毒设施

（一）人员消毒设施

在鸡场入口设有人员消毒室，外来人员和本场人员在进入场区前都应经过消毒室进行消毒。在生产区入口处设有消毒更衣室，进入生产区的外来人员和本场人员都应通过更换专门工作服和鞋子，通过消毒池，接受紫外线照射等过程后，方可进入生产区。

（二）车辆清洗消毒设施

鸡场的入口处设置车辆消毒设施，主要包括轮胎清洗消毒池和车身冲洗喷淋机。

车辆消毒池池深0.3～0.5米，宽度根据进出车辆的宽度确定，一般为3～5米，长度要使车轮在池内滚过至少一周，通常为5～9米，池边应高出消毒液0.05～0.1米。消毒池上方最好建顶棚。消毒液通常用2%～3%的氢氧化钠溶液（烧碱）或5%的甲酚皂溶液（来苏尔），每 3 ~ 4 天更换一次。冬季消毒池应有防冻措施。

（三）场内清洗消毒设施

鸡场常用的场内清洗消毒设施有高压冲洗机、喷雾器、电热干燥箱、火焰消毒器、紫外线消毒灯、高压蒸汽灭菌器。

1. 高压冲洗机通过动力装置使高压柱塞泵产生高压水来冲洗物体表面，水的冲击力大于污垢与物体表面的附着力，高压水就会将污垢剥离、冲走，从而达到清洗物体表面的目的。

2. 火焰消毒器主要用于地面、笼具等消毒。

3. 电热干燥箱适用于一些在高温下不发生变质和变形的物品，如金属、陶瓷、玻璃器皿的消毒。干燥箱内的温度宜控制在 160 ~ 170℃，消毒时间 60 ~ 150 分钟。

4. 紫外线消毒灯：紫外线波长在 100 ~ 400 纳米，杀菌波长范围主要介于 200 ~ 300 纳米。空气消毒一般情况下，当室温在 20 ~ 40℃，相对湿度不超过 60%，照射 30 分钟，即可达到消毒目的。表面消毒，一般是将紫外线灯悬于消毒物体上方 1 米左右，照射时间约为 30 分钟。

5. 高压蒸汽灭菌器：灭菌条件为 115℃，30 分钟；121℃，20 分钟；126℃，10 分钟，即可达到消毒的作用。

第三章　鸡的繁育技术

母鸡的卵巢在显微镜下可见到12 000个卵泡。高产蛋鸡年产蛋已超过300枚，公鸡的繁殖能力强，公鸡精液量虽少，但浓度大，精子的数量多且存活期长，一只公鸡配10～15只母鸡可以获得较高的受精率，鸡的精子可以在母鸡输卵管中存活5～10天，个别可存活30天以上。

第一节　自然交配

一、大群配种

鸡群的大小根据禽舍、繁育规模等具体情况而定，一般在100～1 000只之间，按照比例放入适量公鸡，公母随机交配，适宜公母比例为轻型蛋鸡1∶10～15，中型鸡1∶10～12，重型鸡为1∶8～10。这种方法的受精率较高，管理方便，但不能准确知道雏鸡的亲代，因此，只适于繁殖。这种方法一般在不作后裔测定和品系繁育时被采用。

配种前要根据公鸡的性活动机能、体质、精液品质、体型外貌等性能指标对公鸡进行仔细挑选，在整个配种期间要对整个鸡群认真观察，对不合格种鸡随时进行调整，还应注意在大群配种时，群居序位占优势的公鸡增多，它们不仅攻占性强，专门破坏其它公鸡的性行为，而且其配种能力及所配母鸡产的种蛋的受精率并不是最好，如不及时调整，会影响整个鸡群的受精率。

二、小间配种

小间配种又称单间配种，在一小群母鸡中放入一只公鸡，这种方法适用于育种场。小群配种，要有单独的鸡舍，自闭产蛋箱，公鸡和母鸡均需配带脚号或肩号，在收集种蛋时要标明公母鸡的号码。这样雏鸡的父母亲也可以知道，同时还能进行后裔测定和品系繁育。群的大小，根据品种的差异，蛋用鸡 10～15 只，肉用鸡 8～12 只。

三、同雌异雄轮换配种

育种工作中的家系育种为了充分利用配种间，多获配种组合和便于对配种的公鸡进行后裔测定和组家系，通常采用轮换配种的方法。这种方法主要是利用母禽输卵管中精子老化，新精子替换老精子，以及持续受精等生理过程而设计的。这种方法可以在一个配种间内放入 12～15 只母鸡，于一个配种季内收集 2～3 只公鸡的后代。轮换配种方案很多，同时放入第 1 号公鸡，然后于 10 天后开始留种蛋。到 22 天将第 1 号公鸡撤走，第 1 号公鸡撤走后的 5 天以前母鸡所产的种蛋，全为第 1 号公鸡的。当第 1 号公鸡走后的第 5 天中午放入第 2 只公鸡，其后 10 天内的蛋为混杂的，不能留作种用，自第 2 只公鸡放入后第 11 天起留用该公鸡种蛋。以上程序仅 10 天左右的种蛋不能留种。如果单间结合人工授精，种蛋收集间断的时间更可缩短。其方案：在一单间鸡舍内第一只公鸡配种两种后取出，空一周不放公鸡，于第 3 周的最后一天午后，用第 2 只公鸡精液给母鸡输精，隔两天，于第 3 天上午放入第 2 只公鸡。前 3 周所得种蛋为第 1 只公鸡的后代。第四周前 3

天的种蛋为混杂的，不作种用，自第 4 天起为第 2 只公鸡的后代。

第二节　人工授精技术

为了获得更多的种蛋，降低鸡的饲养成本，提高公鸡的利用率，集约化养鸡场广泛采用人工授精技术，使用人工授精可以克服种公鸡留种多、配种困难等许多缺点，而且能使受精率提高 10% ~15%，公鸡留存减少 2/3，提高种蛋质量，并可以及时发现淘汰低产母鸡，降低种鸡的饲养成本，提高经济效益。

一、采精

（一）采精器材

集精杯，保温瓶，胶球头，细头玻璃吸管，药棉。在使用前器材应消毒烘干备用。

（二）采精方法

采精一般采用背腹式按摩法，一人保定一人采精。保定员双手将公鸡双腿和翅膀握住置于腋下固定，头朝后，尾朝前。采精员左手拇指和其他四指自然分开，贴在公鸡背部两翅内侧向尾部区域轻快按摩，并往返多次，待公鸡引起性反射，立即翻转左手，并以左手掌将尾羽向背部拨使其向上翻，拇指和食指放在勃起的交配沟两侧，向交配器挤压，与此同时，右手紧握集精杯，手背紧贴公鸡腹部柔软处触动按摩几次，等精液射出时，把集精杯口转到交配器下承接精液。采精员左手的食指和中指夹一小团药棉采精时发现有尿酸盐流出时，立即用药棉擦去，防止污染精液。

（三）采精时间

生产中可安排在 2：30 ~3：30 采精。

（四）种公鸡采精制度

在公鸡的利用上，一般刚开始采精一天，休息一天，数周后可以采精二天休息一天。通过研究试验证明，采精三天休息一天，同样可以得到较为理想的结果。因此，公鸡利用率应根据饲养管理条件、气候、配种任务大小来决定，切不可以死搬硬套。

（五）精液品质检查

优良的精液品质是保证高水平受精率的基础。评价精液品质通常用密度和活力这两个指标。精子活力在人工授精中对孵化率、受精率的影响较大。活力在0.8以上受精率为92.3%，活力为0.7只有67.4%。

（六）采精时应注意的几个问题

1．收集精子时不要将粪便、羽毛等混入集精杯内，以免造成精子污染，影响精子活力。

2．精液稀释通常采用灭菌的0.9%生理盐水作为稀释液，实践证明，在稀释液中加入适量的青链霉素可提高1%的受精率。

3．精液放入预热在39～42℃温水中的12毫升试管里，试管里预先放入灭菌0.9%生理盐水5毫升，而生理盐水稀释液与精液的比为1∶1。

4．由于保温、酸碱度、氧化性等诸多因素，要求采精要迅速准确。采精时间最好控制在30分钟左右为宜。

二、输精

（一）输精时间

种母鸡在180日龄，产蛋率达到20%时，就可以进行人工授精，鸡行为学的研究结果表明，在下午2：00～8：00期间授精，种鸡可获得高受精率，生产中一般在每天下午三点钟产蛋后进行。

（二）输精方法

输精时由2～3人操作，其中一人输精，另外1～2人翻肛。

翻肛人员右手抓住母鸡腿的基部，左手拇指与其他四指自然分开放在母鸡腹部左侧，从肛门向头前方挤压，掌心用力，借腹部压力便可翻出输卵管口，输精员用消毒吸管吸取已被稀释的精液0.03～0.05毫升，向位于泄殖腔左侧的输卵管口插入1～2厘米，同时翻肛员左手迅速放开肛门，精液即可输入。输精员每输完一只母鸡后，都要用消毒药棉擦净输精滴管口。

（三）输精次数

输精次数越多、间隔时间越短，越费工费时，而且需要饲养较多的公鸡，而时间间隔过长又会影响受精率。种母鸡隔4天或5天受精一次，能够保持高的受精率，一般受精7天后的种蛋，其受精率开始下降。

（四）输精量

采用精液或稀释后的精液输精时，每次输精量分别为0.025毫升和0.05毫升（含7 500万个以上精子）效果最佳。

（五）输精要注意的几个问题

1. 翻肛员给母鸡腹部加压力时，一定要着力于腹部左侧，因输卵管开口在泄殖腔的左上方，右侧为直肠开口，如果着力相反便会引起母鸡排粪。

2. 翻肛员与输精员在操作上要密切配合，当输精器插入的瞬间，翻肛员应迅速解除对母鸡腹部的压力，使精液借助于腹内压降低作用将精液输入输卵管内。

3. 输精时注意不要将空气泡输入输卵管内，否则会使精液外溢，影响受精率。严格执行灭菌、消毒制度，操作中也应做到小心谨慎，防止因污染而引起母鸡生殖器官的感染。

第四章　鸡的营养与饲料配合

第一节　鸡常用饲料

鸡的饲料来源非常广泛，凡是含有鸡生长和生产所需营养成分的物质都可作为鸡的饲料，如谷物、糠麸、饼粕、鱼虾肉类下脚料、青饲料等都可以作为鸡的饲料。蛋鸡常用饲料有几十种，但归纳起来，按每种饲料所含营养成分的不同和高低可分为：能量饲料、蛋白质饲料、矿物质饲料、维生素及添加剂饲料。

一、能量饲料

凡是干物质中粗纤维含量不足18%，蛋白质含量低于20%的饲料均属于能量饲料。这类饲料主要包括禾本科谷物饲料以及他们加工后的副产品、块根块茎、动植物油脂、糖蜜等，是用量最多的鸡饲料，占日粮的50%～80%。常见能量饲料的种类和特点如下：

1. 玉米：玉米是我国主要的能量饲料，能量在谷物饲料中最高，有“饲料之王”之称，但玉米的蛋白质含量低、品质差，常量元素、微量元素和维生素等含量也很低，且缺乏赖氨酸和色氨酸等，营养不全价，故在配合料时要注意这些氨基酸的平衡。

2. 小麦：小麦含蛋白质且热能很高，B族维生素含量也相当丰富，与玉米配合使用效果更好，但小麦是人的主要粮食，故纯小麦供饲用者甚少。

3．大麦：蛋白质含量高于玉米，粗纤维为玉米的2倍左右，代谢能约为玉米的89%，B族维生素含量丰富，含磷丰富，但是利用率仅为31%。

4．青稞：富含膳食纤维，钙、磷、铁、铜、锌、硒等矿物元素。

5．小麦麸：小麦麸是小麦制粉后的副产品。小麦麸的营养性质是能量较低，钙、磷含量高，赖氨酸、蛋氨酸含量低，B族维生素含量高。纤维含量高，属低热能原料，具有轻泻性，故不适合肉鸡使用，一般作为蛋鸡饲料使用。

二、蛋白质饲料

凡是干物质中粗蛋白含量在20%以上，粗纤维含量低于18%的饲料均属于蛋白饲料，根据其来源可分为动物性蛋白饲料和植物性蛋白饲料。蛋白饲料的种类和特点如下：

1．大豆粕：大豆粕是目前使用量最多、最广泛的一种植物性蛋白质饲料，一般含粗蛋白在40%～46%，赖氨酸可达2.5%。其优点是氨基酸组成平衡，消化率高，品质稳定，不易变质，使用上无限量，可代替价格昂贵的动物性蛋白质饲料。处理良好的大豆粕添加氨基酸后，即可成为鸡饲料绝佳的蛋白质来源，其氨基酸平衡良好，蛋白质消化率高，是其他饼粕类饲料难以取代的。

2．菜籽饼：菜籽饼是油菜经机械压榨提取油后的副产品，菜籽饼的代谢能较低，粗蛋白质含量在35%左右，蛋氨酸、赖氨酸含量较高，精氨酸含量低。菜籽饼也含有几种有害物质，如芥酸、芥子酵素及单宁等，过量采食，会造成甲状腺肿大，生长受阻，破蛋、软蛋增加，通常幼雏应避免使用菜籽饼，品质优良的菜籽饼，肉鸡后期可用至10%，蛋鸡、种鸡可用至8%。

3．鱼粉：鱼粉是一种非常优秀的蛋白质饲料，不仅蛋白质高，而且氨基酸含量也高，特别是必需氨基酸含量很高，同时鱼粉的维生素B_{12}、生物素、核黄素、硒等含量也很高。

4．肉骨粉：是经检验不符合食用卫生标准的废弃畜产品，经高压、消毒脱脂、干燥、打碎而成，肉骨粉氨基酸组成不佳，赖氨酸含量高，蛋氨酸和色氨酸含量低，利用率变化大，B族维生素含量较多，维生素A、D的含量较少，含有大量的钙、磷、锰。可以作为鸡饲料的蛋白质及钙、磷的来源，但是饲料价值比不上鱼粉和豆粕，同时产品质量的稳定性差，使用量以不超过6%为宜，并补充缺乏的氨基酸及注意钙、磷平衡。

三、矿物质饲料

矿物质饲料是含营养素较为专一的饲料，是补充饲料内钠、氯、钙、磷及微量元素所用。主要由磷酸氢钙、磷酸钙、食盐、碳酸钙、贝壳粉、蛋壳粉、硫酸铜、硫酸锌、硫酸亚铁、碘化钾、亚硒酸钠等。

四、维生素饲料

目前大型养鸡场解决维生素的需要主要是使用维生素添加剂，有些个体养殖户则使用青绿饲料，一般来说，青绿饲料含有丰富的胡萝卜素、B族维生素、维生素C，常用的青绿饲料有甘蓝、菠菜、苜蓿草叶、三叶草叶、松树针及槐树叶。

五、添加剂饲料

（一）添加剂饲料

添加剂饲料指的是那些常用饲料之外，为满足动物生长、繁殖、生产各方面营养需要或为某种特殊目的而加入的配合饲料中含量低或无的物质。根据用途和对鸡是否有营养价值，可将其分为营养性饲料添加剂和非营养性饲料添加剂。营养性饲料添加剂包括维生素添加剂、微量元素添加剂和氨基酸添加剂等。非营养性饲料添加剂包括抗生素添加剂、中草药添加剂、酶制剂、微生态制剂、抗氧化剂、防霉剂等。各种添加剂的作用和特点如下：

1. 抑菌生长剂：这类添加剂的主要作用是抑制与宿主争夺营养成分的微生物，或者促进消化道的吸收能力，提高家禽对饲料的利用率，或者影响家禽体内代谢的速度，或者抑制病原微生物繁殖，增进家禽的健康，从而提高家禽的生产性能。

这类添加剂的品种很多，有抗生素类，有化学合成的抗菌药，常用的药物有：杆菌肽锌、维吉尼亚霉素、泰乐菌素、螺旋霉素、金霉素、土霉素等。这类要素作为饲料添加剂使用也引起许多争议，首先是它在体内及产品中的残留问题，再一个是病原菌的抗药性，由于耐药遗传因子的传递，是否会影响人类疾病的防治。为此许多国家对其适用范围、用量、使用期及停药期均作了严格规定。

2. 驱虫保健剂：生产中，寄生虫病危害很大，一旦发病，传染快，使鸡生长受阻甚至死亡，造成严重的经济损失，因而预防寄生虫病的发生很重要，驱虫药的种类很多，但一般毒性较大，只能在发病时做治疗药物，短期使用，不能做添加剂长期在饲料中使用。

3. 抗氧化剂：空气中的氧是造成饲料中的脂肪、蛋白质、碳水化合物及维生素等变质腐烂的诱因，氧化变质的饲料产生异味，不仅影响适口性，降低采食量，甚至引起拒食，即使食入后也影响消化及有效成分被破坏而降低饲料营养价值，同时损害动物健康，在饲料中添加抗氧化剂，可防止饲料氧化变质，因此，抗氧剂又作为饲料保存剂中的一个组成部分。

4. 防霉剂：饲料中含有丰富的蛋白质、淀粉、维生素等营养成分，在高温高湿的情况下，容易因微生物的繁殖而产生腐败霉变，霉变的饲料不仅影响适口性，降低采食量，还会影响饲料的营养价值，而且霉菌分泌的毒素会引起畜禽的拒食、呕吐、腹泻、生长停滞以致死亡，因此，在夏季生产和贮存配合饲料，都需要添加防腐防霉剂，常用的防霉剂有丙酸、丙酸钠、丙酸钙及山梨酸、苯甲酸、柠檬酸等。

5．增色剂：为了提高畜禽产品的美观性及商品价值，有些饲料内需加入着色剂，如对于蛋鸡和肉鸡饲料中加入黄、红着色剂，可使蛋黄及皮肤颜色加深，允许饲料内使用的着色剂有食用色素和类胡萝卜素及叶黄素等。

6．调味增香剂：为了增进畜禽食欲，或掩盖某种饲料成分中的不愉快气味，在饲料中加入香料、调味剂，从而达到促进食欲、提高饲料效率的目的。

（二）添加剂饲料使用应注意的问题

1．正确选择：目前饲料添加剂的种类很多，每种添加剂都有自己的用途和特点。因而，使用前应充分了解他们的性能，根据养殖的目的、条件、品种等选择使用。使用时还应严格遵守《药物饲料添加剂使用准则》。

2．正确控制用量：使用时应严格按照生产厂家提供的包装上所标注的说明，用量过少达不到使用目的，过多会引起中毒反应。

3．搅拌均匀：搅拌均匀程度与饲喂效果直接相关。具体做法是先确定用量，将所需添加剂加入少量的饲料中，搅拌均匀，然后再与多于 1/5～1/3 的饲料混合均匀，最后把剩余饲料全部加入混匀。这种方法称为三级拌合法，用于饲料中添加量少的成分的添加，避免因搅拌不均匀而出现饲料局部浓度过高出现中毒现象。

4．考虑不同成分间的相互作用：多种维生素最好不要直接接触微量元素和氯化胆碱，以免降低药效。同时，在使用两种以上添加剂时，应考虑有无拮抗、抑制作用，是否会发生化学反应。

5. 适当保存：多数添加剂不宜久放，尤其是营养添加剂、特效添加剂，久放后易受潮发霉或氧化而失去作用，如抗生素添加剂、维生素添加剂等。添加剂的储存必须严格按照说明进行，不可图省事，以免造成损失和浪费。添加剂一般不能混于加水的饲料和发酵饲料中，更不能与饲料一起煮沸使用。

第二节 鸡的营养需要与常见配方

一、营养需要

动物因种类、品种、年龄、性别、生长发育阶段、生理状态及生产目的不同，对营养物质的需要亦不相同。动物从饲料摄取的营养物质，一部分用来维持正常体温、血液循环、组织更新等必要的生命活动，另一部分则用于生长、产肉和产蛋等生产活动。因此，营养需要是指每天每头（只）动物对能量、蛋白质、矿物质和维生素等营养物质的总需要量。

1. 维持需要：相当于成年动物在既不生产产品，又不劳役，摄食的养分能够保持体重不变、身体健康、体组织成分恒定以及必要的非生产性活动，处于这种状态的营养需要称为维持营养需要。维持需要用于维持体温、维持各种器官的正常生理机能和一定量的自由活动。实际上，维持状态下的动物，其体组织依然处于不断的动态平衡中，生产中也很难使家畜的维持营养需要处于绝对平衡的状态。

我们研究动物维持需要的主要目的，在于尽可能减少维持营养需要量的份额，增大生产需要量的比例，最有效地利用饲料能量和各种营养物质，以提高生产的经济效益。例如在动物生产潜力允许范围内，增加饲料投入，可相对降低维持需要，从而增加生产效益。当然，缩短肉用动物的饲养时间，减少不必要的自由活动，加强饲养管理和注意保温等措施，也是减少维持营养需要、提高经济效益的有效方法。

2. 生产需要：生产需要同维持需要一起，构成了动物总的营养需要。生产需要是指生长、肥育、繁殖、产蛋等所需要的养分与能量。生产需要又根据生产方向的不同可分为繁殖需要、生长需要、育肥需要、产蛋需要等。

二、饲养标准

鸡的饲养标准在科学养鸡的过程中，为了充分发挥鸡的生产能力又不浪费饲料，必须对每只鸡每天应该给予的各种营养物质量规定一个大致的标准，以便实际饲养时有所遵循，这个标准就叫做饲养标准。饲养标准的制订是以鸡的营养需要为基础的，所谓营养需要就是指鸡的生长发育、繁殖、生产等生理活动中每天对能量、蛋白质、维生素和矿物质等营养物质的需要量。在变化的因素中，某一只鸡的营养需要我们是很难知道的，但是经过多次试验和反复论证，可以对某一类鸡在特定环境和生理状态下的营养需要得到一个估计值，生产中按照这个估计值，供给鸡的各种营养，这就产生了饲养标准。

鸡的饲养标准很多，不同国家或地区都有自己的饲养标准，如美国 NRC 标准、英国 ARC 标准、日本家禽饲养标准等。我国结合国内的实际情况，在 1986 年也制定了中国家禽饲养标准等。另外，一些国际著名的大型育种公司，如加拿大谢佛育种公司、荷兰优利布里德公司等，根据各自向全球范围提供的一系列优良品种，分别制定了其特殊的营养规范要求，按照这一饲养标准进行饲养，便可达到该公司公布的某一优良品种的生产性能指标。在饲养标准中，详细地规定了鸡在不同生长时期和生产阶段，每千克饲粮中应含有的能量、粗蛋白质、各种必需氨基酸、矿物质及维生素含量。有了饲养标准，可以避免实际饲养中的盲目性，对饲粮中的各种营养物质能否满足鸡的需要，与需要量相比有多大差距，可以做到胸中有数，不至于因饲粮营养指标偏离鸡的需要量或比例不当而降低鸡的生产水平。

饲养标准应包括两个主要组成部分：一是动物营养需要量或供给量；二是动物常用饲料成分与营养价值表。我国饲料成分及营养价值表和各类动物饲养标准中常用的营养物质种类及其需要量的度量单位如下：

1. 能量：家禽常以代谢能表示，这与一些发达国家饲养标准相一致。能量单位一般用每千克饲粮中含有千焦或兆焦表示。

2. 蛋白质：饲养标准中蛋白质需要量指标为粗蛋白质、可消化粗蛋白质或小肠可消化粗蛋白质，常以百分数表示。

3. 蛋白能量比：蛋白能量比是每千克饲粮中粗蛋白质与能量的比值，常以克/千焦表示。

4. 氨基酸：饲粮中以百分数或以每只每日所需克数表示。

5. 常量元素：主要考虑钙、磷（有效磷）、钠、氯等，饲粮中以百分数、每千克饲粮中含多少毫克表示，或以每只每日需要多少毫克表示。

6. 微量元素：主要考虑铁、铜、锌、锰、碘、硒等，饲粮中以每千克所含多少毫克或每只每日所需多少毫克表示。

7. 维生素：维生素 A、D、E 以每千克饲粮中含多少国际单位或毫克表示，或以每只每日需多少国际单位或毫克表示；维生素 B_{12}和生物素以每千克饲粮中含有多少微克表示，或以每只每日需要多少微克表示；其他 B 族维生素等以每千克饲粮中含有多少毫克，或以每只每日需要多少毫克表示。

我国蛋鸡和种蛋鸡饲养标准［中华人民共和国专业标准（ZBB43005～86）］见表 4－1 至表 4－4。

表 4－1　生长期蛋用鸡的饲养标准（一）

营养水平	0～6 周龄	7～14 周龄	15～20 周龄
代谢能（MJ/kg）	11.92	11.72	11.30
粗蛋白质（%）	18.0	16.0	12.0
蛋白能量比（g/MJ）	263.59	238.49	184.10
钙（%）	0.80	0.70	0.60
总磷（%）	0.70	0.60	0.50
有效磷（%）	0.40	0.35	0.30
食盐（%）	0.37	0.37	0.37
蛋氨酸（%）	0.30	0.27	0.20
蛋氨酸＋胱氨酸（%）	0.60	0.53	0.40
赖氨酸（%）	0.85	0.64	0.45
色氨酸（%）	0.17	0.15	0.11
精氨酸（%）	1.00	0.89	0.67
亮氨酸（%）	1.00	0.89	0.67
异亮氨酸（%）	0.60	0.53	0.40
苯丙氨酸（%）	0.54	0.48	0.36
苯丙氨酸＋酪氨酸（%）	1.00	0.89	0.67
苏氨酸（%）	0.68	0.61	0.37
缬氨酸（%）	0.62	0.55	0.41
组氨酸（%）	0.26	0.23	0.17
甘氨酸＋丝氨酸（%）	0.70	0.62	0.47

表4－2　生长期蛋用鸡的饲养标准（二）

营养水平	0～6周龄	7～20周龄
维生素A（IU/kg）	1 500	1 500
维生素D_3（IU/kg）	200	200
维生素E（IU/kg）	10	5
维生素K（mg/kg）	0. 5	0. 5
硫胺素（mg/kg）	1. 8	1. 3
核黄素（mg/kg）	3. 6	1. 8
泛酸（mg/kg）	10. 0	10. 0
烟酸（mg/kg）	27	11
吡哆醇（mg/kg）	3	3
生物素（mg/kg）	0. 15	0. 10
胆碱（mg/kg）	1 300	500
叶酸（mg/kg）	0. 55	0. 25
维生素B_{12}（mg/kg）	0. 009	0. 003
亚油酸（g/kg）	10	10
铜（mg/kg）	8	6
碘（mg/kg）	0. 35	0. 35
铁（mg/kg）	80	60
锰（mg/kg）	60	30
锌（mg/kg）	40	35
硒（mg/kg）	0. 15	0. 10

表4－3　产蛋期蛋用鸡饲养标准

营养水平	产蛋鸡的产蛋率（%）			营养水平	产蛋鸡产蛋率（%）		
	>80	65～80	<65		>80	65～80	<65
代谢能（MJ/kg）	11.51	11.51	11.51	粗蛋白质（%）	16.5	15.0	14.0
蛋白能量比（g/MJ）	251.04	225.94	213.38	精氨酸（%）	0.77	0.70	0.66
钙（%）	3.50	3.40	3.20	亮氨酸（%）	0.83	0.76	0.70
总磷（%）	0.60	0.60	0.60	异亮氨酸（%）	0.57	0.52	0.48
有效磷（%）	0.33	0.32	0.30	苯丙氨酸（%）	0.46	0.41	0.39
食盐（%）	0.37	0.37	0.37	苯丙氨酸＋酪氨酸（%）	0.91	0.8	
蛋氨酸（%）	0.36	0.33	0.31	苏氨酸（%）	0.51	0.47	0.43
蛋氨酸＋胱氨酸（%）	0.63	0.57	0.53	缬氨酸（%）	0.63	0.57	0.53
赖氨酸（%）	0.73	0.66	0.62	组氨酸（%）	0.18	0.17	0.15
色氨酸（%）	0.16	0.14	0.14	甘氨酸＋丝氨酸（%）	0.57	0.52	0.48

表4－4　产蛋期蛋用鸡的维生素、亚油酸及微量元素需要量

营养水平	产蛋鸡	种母鸡	营养水平	产蛋鸡	种母鸡
维生素A（IU/kg）	4 000	4 000	胆碱（mg/kg）	500	500
维生素D_3（IU/kg）	500	500	叶酸（mg/kg）	0.25	0.35
维生素E（IU/kg）	5	10	维生素B_{12}（mg/kg）	0.004	0.004
维生素K（IU/kg）	0.5	0.5	亚油酸（mg/kg）	10	10
硫胺素（mg/kg）	0.80	0.80	铜（mg/kg）	6	8
核黄素（mg/kg）	2.2	3.8	碘（mg/kg）	0.30	0.30
泛酸（mg/kg）	2.2	10.0	铁（mg/kg）	50	60
烟酸（mg/kg）	10	10	锰（mg/kg）	30	60
吡哆醇（mg/kg）	3	4.5	锌（mg/kg）	50	65
生物素（mg/kg）	0.10	0.15	硒（mg/kg）	0.10	0.10

三、典型饲料配方

饲料的种类很多，但没有一种饲料所含营养素完全符合营养要求，在蛋鸡的日粮中缺少任何一种营养素都会引起营养失衡而发生疾病。所以要掌握配合饲料技术，将不同品种的饲料，根据各生长阶段的饲养标准进行计算、搭配，使配合饲粮所含的各项营养素尽可能满足蛋鸡的生长发育及生产的需要。由于饲料品种很多，饲料价格也在不断变化，各种饲料所含营养素也不相同，蛋鸡各生长阶段的营养需要也不同，再加上计算方法非常麻烦，因此，给出一个好的饲料配方也十分困难，特别是初学者及文化程度相对不高的饲养人员就更加困难。我们例举一些常用的饲料配方供大家参考，产蛋鸡饲料配方见表4－5，育雏、育成蛋鸡饲料配方见表4－6，农户可以根据饲料价格、饲料有效来源等情况将同类的能量饲料、蛋白质饲料进行调整。

表4－5　产蛋鸡饲料配方

产蛋率	产蛋率＞80%		产蛋率＜80%	
配方	配方1（%）	配方2（%）	配方1（%）	配方2（%）
玉米	59.68	60.9	63.07	60.56
麸皮	2.52	3.14	1.94	3.28
棉籽粕	6	4.3	6	4
菜籽饼	6	5	6	5
酵母		3		
磷酸氢钙	1.82	1.79	1.31	1.35
石粉	7.49	8.3	9.18	8.87
蛋氨酸	0.25	0.19	0.22	0.16
赖氨酸	0.14		0.15	
食盐	0.3	0.3	0.3	0.3

表4－6　育雏、育成蛋鸡饲料配方

周龄	0～6周龄		7～14周龄		15～18周龄	
配方	配方1（%）	配方2（%）	配方1（%）	配方2（%）	配方1（%）	配方2（%）
玉米	57.2	54.91	59.14	56.34	58.5	62.17
麸皮	7.4	10.36	18.89	16.75	25.42	20.92
豆粕	32.26	31.6	15.06	16.04	8.23	8.59
菜籽饼				8	5	4
磷酸氢钙	2.09	2.25	5	1.76	1.23	1.5
石粉	0.4	0.38	1.26	0.53	1.32	0.37
蛋氨酸	0.22	0.2	0.35	0.17		0.07
赖氨酸	0.13			0.11		0.08
食盐	0.3	0.3	0.3	0.3	0.3	0.3

第五章　蛋鸡饲养管理技术

一、育雏期（0～6周龄）的饲养管理

（一）饲喂技术

1. 饮水：雏鸡第一次饮水为开饮，要求为温开水，其水温应保持与室温相同，可以在饮水中加入适量抗生素和5%～10%的蔗糖，增强抵抗力。一周后可直接用自来水。一般在毛干后3小时即可开饮，这样有促进肠道蠕动、吸收残留卵黄、排除胎粪、增进食欲的作用。初饮后，不应再断水，因为育雏温度高，避免引起脱水。立体笼育开始在笼内饮水，一周后应训练在笼外饮水，平面育雏随日龄增大而应调整饮水器的高度。

2. 喂料：雏鸡第一次吃食称为开食。开食一般在初饮后3小时至出壳24小时以前，观察鸡群，当有1/3的个体有寻食、啄食表现时即可开食。如开食太晚会消耗雏鸡体力，雏鸡就会变得虚弱而影响生长发育，增加死亡率。开食方法是将准备好的饲料撒在硬纸、塑料布上，或浅边食槽内。一般初期采用自由采食，以使雏鸡迅速熟悉采食与饮水，防止饥渴。3日后至前2周每天喂6次，其中夜里喂1～2次。第3～4周每天喂5次，5周以后每天4次。在每只鸡都能同时采食的情况下，每次大约采食45分钟就够了。如果是笼养，从第3周起可以自由采食。

3. 补饲砂砾：因为鸡没有牙齿，补喂砂砾可以促进肌胃的

消化功能，而且还可以避免肌胃逐渐缩小。补喂方法：可以投入料中也可以装在吊桶里供鸡自由采食，通常一周后开始自由采食。

（二）雏鸡的管理

1. 温度：因为雏鸡的体温调节功能不完善，所以温度的控制是育雏的关键所在。

（1）平面育雏给温技术：育雏温度包括育雏室的温度和育雏器的温度。育雏室温度比育雏器温度要低，室温一般是在28℃左右，育雏器内通常第1周龄的适宜温度是30～33℃，第二周龄是29～30℃，其后根据具体情况，每周下降2～3℃。一定要掌握平稳、均衡，防止忽高忽低，否则温度的突然变化易引起雏鸡感冒，降低抵抗力，诱发其他疾病。育雏时温度高低的衡量方法除参看室内温度表外，主要是“看雏给温”。温度正常时，雏鸡活泼好动，食欲良好，饮水适度，粪便正常，睡眠安静，无异常叫声，在育雏室内分布均匀。温度高，雏鸡远离热源，伸翅和张嘴，呼吸增加，发出吱吱的叫声；温度低时，雏鸡聚集在一起，靠近热源，行动迟缓，颈羽收缩、直立，常发出叽叽的叫声。夜间气温低，育雏温度比白天应提高1～2℃。目前常用给温的方法是高温育雏。所谓高温育雏就是在1～2周龄采用比常规育雏温度高2℃左右。高温育雏能有效地控制雏鸡白痢病的发生和蔓延，对提高成活率效果明显。

（2）笼饲育雏给温技术：笼饲育雏中普遍使用的是电热育雏笼或育雏育成兼用笼。具有电热设备的育雏笼，开始时笼内温度可以控制在30～31℃。因雏鸡密度大，相互之间有体热传导，以后每周可下降2℃。但也要注意根据季节、天气变化及雏鸡的表现适当地升高或降低1～2℃。用没有加热设备的育雏笼育雏时，就要提高整个室温，将室温提高至31～32℃，以后每周降温2℃，直到脱温。表5－1为育雏所需的适宜温度及高温、低温的极限值。

表5－1　育雏的适宜温度及高温、低温的极限值（℃）

周　龄	适宜温度	最高温度	最低温度
0周龄	33～35	38.5	27.5
1周龄	30～33	37	21
2周龄	27～30	34.5	17
3周龄	24～27	33	14.5
4周龄	20～24	31	12
5周龄	17～20	30	10
6周龄	15～17	29.5	85

2．湿度：在一般情况下，相对湿度要求不严格，见表5－2。只有在极端情况下或与其他因素共同发生作用时，才能对雏鸡造成危害。如高温低湿易引起雏鸡的脱水，绒毛焦黄，腿、趾皮肤皱缩，无光泽，体内脱水，消化不良，身体瘦弱，羽毛生长不良。育雏室的相对湿度是：1～2日龄为65%～70%，10日龄以后为55%～60%，育雏前期要增大环境湿度，因为前期雏鸡饮水、采食较少，排粪也少，环境干燥，而随日龄的增加，排粪量增加，水分蒸发多，环境湿度也大，要注意防潮。尤其要注意经常更换饮水器周围的垫料，以免腐烂、发霉。

表5－2　育雏的适宜湿度范围及高、低湿度极限值（%）

日　龄	适宜湿度	最高湿度	最低湿度
0～10日龄	70	75	40
11～30日龄	65	75	40
31～45日龄	60	75	40
46～60日龄	50～55	75	40

3．密度：每平方米面积容纳的鸡数称饲养密度。密度大小应随品种、日龄、通风、饲养方式等的不同而进行调整。合理的饲养密度是鸡群发育整齐的先决条件，如果密度过大，鸡群活动困难、采食不均，易感染疾病和发生啄癖，弱雏也易被挤压致死，死亡率增加；如果密度过小，不利于保温，同时房舍的利用率也不高、不经济。详见表5－3。

表5－3　不同饲养方式雏鸡饲养密度　　（只/平方米）

地面平养		立体笼养		网上平养	
周龄	鸡数	周龄	鸡数	周龄	鸡数
0～6	13～15	1～2	60	0～6	13～15
7～12	10	3～4	40	7～18	8～10
12～20	8～9	5～7	34		
		8～11	24		

4．通风：通风换气除可以满足雏鸡对氧气的需要和调节温度外，还可以排除二氧化碳、氨及多余的水汽等。可采用安装纱布或布帘、开气窗、增加缓冲间的办法通风，使其在保温的情况下达到通风的目的。通风换气要随季节、温度变化而调整。

5．光照：光照对鸡的活动、采食、饮水、繁殖等都有重要作用。光照分自然光照和人工光照两种。鸡在不同阶段对光照强度的要求见表5－4。

表5－4　不同阶段鸡对光照强度的要求

	周　　龄	瓦/平方米	最佳	最大	最小
雏　　鸡	1～7日龄	3～4	20	—	10
育雏育成	2～20周龄	2	5	10	2
产 蛋 鸡	20周以上	3～4	7.5	20	5

正确光照时间的选择非常重要，开放式鸡舍的光照制度应根据出雏的日期、季节、地理位置不同来制定不同的方案。而密闭鸡舍不受光照的影响，可以根据情况采用不同的方案。光照制度在执行过程中可分为恒定和渐减两种光照制度，在生产实践中，恒定光照制度较为实用。

6. 断喙：断喙就是借助断喙器或断喙钳切去鸡喙的一部分。在育雏过程中，由于密度过大、光照太强、通气不良、饲料配合不当等因素，都会使鸡群发生啄癖。断喙能使鸡喙失去啄破能力又不影响采食，还能减少饲料浪费，可节约饲料约 5%，有效地防止啄癖的发生。

二、育成期的饲养管理

处于育雏期结束到成年期开始之前（即 7 周龄到 20 周龄）的鸡叫育成鸡。

（一）育成鸡的生理特点

这个阶段的鸡，羽毛已经丰满，具有健全的体温调节能力，各器官发育健全，对环境有了较强的适应能力，消化能力强，生长发育迅速；育成的中、后期生殖系统开始发育至性成熟。

（二）育成鸡的选择

符合标准体重的鸡，说明生长发育正常，将来生产性能好，饲料报酬高，而体重过大的鸡往往是太肥，肥鸡性机能较差，产蛋少、死亡率高；体重太轻，表明生长发育不健全，产蛋持续能力较差，因此及时对育成鸡进行选择，可以提高鸡利用率，降低不必要的饲料消耗，以保证进入产蛋阶段的鸡都是体格健壮、发育良好的后备鸡。一般初选在6～8 周龄，第二次在 18～20 周龄，可结合转群进行。

（三）育成鸡的限制饲喂（限饲）

限饲是人为控制鸡采食的方法。通过限饲可以控制鸡的生长，防止体重超标，抑制性成熟，从而使小母鸡在比较合适的、比较一致的时间开产，同时可节约10%～15%的饲料。培育出体质稍瘦而强健的青年母鸡，使母鸡开产期能稍微延迟，而产蛋高峰的持续期加长从而获得更大的经济效益。近年来限制饲养技术越来越广泛地应用于育成鸡，而且取得了明显的效果，并且限制的标准体重有向较低发展的趋势。

（四）育成鸡的饲养及日常管理

1. 从育雏期到育成期，饲养管理发生了一系列变化，但相互间具有很强的连贯性，要避免改变进行得太突然。

（1）脱温：育雏室内由取暖变成不取暖叫脱温。降温要求缓慢，一般在4周龄后才可以脱温，但还要考虑室温，如果室温能达到18℃以上，就可以脱温。如达不到18℃或昼夜温差较大，可延长给温时间，可以采取白天脱温，夜间适当加温；晴天脱温，阴雨天适当加温，尽量减少温差和温度的波动，做到“看天加温”。

（2）换料：因鸡在不同阶段对蛋白质和能量的需求不同，需要不断更换饲料的种类，每次换料需要有个过渡阶段，即把两种饲料混合起来，按一定的比例，在一定的时间内，逐渐增加新饲料量，减少原来饲料量，使鸡有一个适应过程。

2. 加强鸡舍的卫生防疫及环境管理，注意观察鸡群的动态，及时发现问题，防患于未然。

3. 分群管理：无论平养还是笼养，都应根据大小、强弱、公母分开饲养。根据鸡群情况，偏大、偏强的进行限饲，偏小、偏弱的提高营养水平，并且定期进行群与群之间的调整，使全群趋于均匀。地面平养的可在运动场上加砂堆，加拌驱虫药，使鸡在进行砂浴时驱除体外寄生虫。

（五）转群

转群是鸡群饲养管理中的重要一环，第一次是从雏鸡舍转到育成鸡舍，第二次是从育成鸡舍转到产蛋鸡舍。转群过程及新的环境，特别是平养育成鸡转到蛋鸡笼上，鸡的活动、采食都受到了限制，生活环境发生了突然变化，这些对鸡群都将产生应激，如何将应激减少到最低程度，是管理人员应注意的。

1. 按时转群：雏鸡5~6周龄转入育成鸡舍，到17~18周龄转到产蛋鸡舍，因特殊原因不能及时转群的，最迟不能超过20周，使鸡群有时间适应新的环境，不影响正常开产。转群最好是在清晨或晚上进行。

2. 转群前6小时应停料，前三天和入舍后三天，在饮水中添加正常量1~2倍的维生素，并加饮电解质溶液，以减轻转群带来的应激反应。转群当天连续24小时光照，保证采食和饮水。

3. 减少其他方面的应激，减小两舍的温差，不同时进行断喙、预防注射等，采用过渡性换料，同时供给充足的饲料和饮水。

4. 转群同时可以选择并淘汰病鸡、弱鸡、体重过轻、发育不良的鸡，防止其转入产蛋鸡舍。

（六）开产前后饲养管理要点

开产前的小母鸡具有以下生理特点：体重继续增加，产蛋前期体重增加400~500克；骨骼增重15~20克，其中有4~5克作为钙的贮备；约从16周开始，小母鸡逐渐性成熟，肝脏和生殖器官都增大。在开产前10天开始沉积髓骨，约占性成熟小母鸡全部骨骼重量的12%。针对开产前小母鸡的生理特点，加强此期的饲养管理，是输送合格新母鸡最后也是相当重要的一环。

1. 补钙：蛋壳形成时需要大量的钙，其中约有25%的钙来自髓骨，75%来自饲料。当饲料中钙不足时，母鸡会利用骨骼及肌肉中的钙，这样易造成笼养蛋鸡疲劳症。所以在开产前10天或当鸡群见第一枚蛋时，将育成鸡料含钙量由1%提高到2%，其中至少有 1/2 的钙以颗粒状石灰石或贝壳粒供给，也可另放一些矿物质于料槽中任由开产母鸡采食，直到鸡群产蛋率达 5% 时，再将生长饲料改换为产蛋饲粮。应注意的是不能过早补钙，补早了反而不利于钙质在鸡骨骼中的沉积。

2. 体重与光照：18 周龄时鸡群如达不到体重标准，对原为限饲的改为自由采食；原为自由采食的则提高蛋白质和代谢能的水平，以使鸡群开产时体重尽可能达到标准。原定 18 周龄开始增加光照的可推迟到 19 或 20 周龄。如 20 周仍达不到标准体重，可在 21 周时开始。如鸡群体重达到标准，则应每周延长光照 0.5～1 小时，直至增加到14～16 小时后恒定不变，不能超过 17 小时。

3. 自由采食：一只新母鸡在第一个产蛋年中所产蛋的总重量为其自身重的 8～10 倍，而其自身体重还要增长 25%。为此，它必须采食约为其体重 20 倍的饲料。所以鸡群在开始产蛋时起应自由采食，并一直实行到产蛋高峰及高峰后两周。此外，由生长饲粮改换为产蛋饲料要与开产前增加光照相配合，一般在增加光照后改换饲粮。

三、产蛋期的饲养管理

商品蛋鸡的饲养管理的目的在于最大限度地为产蛋鸡提供一个有利于健康和产蛋的环境，充分发挥其遗传潜能，生产出更多的优质商品蛋。

（一）饲养方式、设备与密度

饲养方式：蛋鸡的饲养方式分为平养和笼养两大类。

平养分地面、网上和地网混合三种。地面平养即蛋鸡养在地面垫料上，网上即是离地网上平养，蛋鸡养在离地面约 60 厘米的铅丝网或竹（木）板条上；地网混合方式是指舍内大约 1/3 面积为垫料地面，2/3 面积为离地铅网或板条，此种方式很少使用。

笼养方式是指蛋鸡养在产蛋鸡笼中。

密度：饲养密度与饲养方式密切相关，不同的饲养方式有不同的饲养密度，见表 5－5。

表 5－5　商品产蛋鸡的饲养密度　（只/平方米）

蛋鸡类型	全垫料地面	网上平养	笼养
轻型蛋鸡	6.2	11	26.3
中型蛋鸡	5.3	8.3	20.8

（二）光照技术

产蛋期光照制度的原则是：使母鸡适时开产，并达到高峰，充分发挥其产蛋潜力。在生产实践中，从 20 周龄开始，每周延长光照0.5～1 小时，使产蛋期的光照时间逐渐增加至 14～16 小时，然后稳定在这一水平上，一直到产蛋结束。采用自然光照的鸡群，如自然光照时间不足，则用人工光照补足。为了方便管理，可以定为：无论在哪个季节都是早 4 点到晚 20～21 点为其光照时间，即每早 4 点开灯，日出后关灯，日落前再开灯至规定时间。完全采用人工光照的鸡群，可从早 4 点开始光照至 20～21 点结束。在密闭鸡舍饲养的蛋鸡也可采用间歇光照制度，对蛋鸡进行的大量试验证明，一般情况下间歇光照对产蛋量没有影响或稍微下降，但蛋较大，蛋壳质量较高。可以节约能源和饲料消耗。表 5－6 所示为不同光照制度对蛋鸡生产性能的影响。

表 5－6　不同光照制度对蛋鸡生产性能的影响

光照制度	光照（小时）	产蛋率（%）	蛋重（克）	破损强度（千克）	饲料效率（千克/12 枚）
16 光～8 暗（对照）	16	74.9	57.5	3.62	1.69
4 光～10 暗～2 光～8 暗	6	72.2	57.8	3.78	1.73

续表

光照制度	光照（小时）	产蛋率（%）	蛋重（克）	破损强度（千克）	饲料效率（千克/12 枚）
4 光～12 暗～2 光～6 暗	6	73.4	57.8	3.84	1.73
2 光～12 暗～2 光～8 暗	4	74.9	59.3	3.85	1.73
2 光～10 暗～2 光～10 暗	4	71.4	58.4	3.78	1.72
8 光～10 暗～2 光～4 暗	10	71.7	55.6	3.73	1.73

（三）温度

产蛋鸡的生产适宜温度范围是 13～25℃，最佳温度范围是 18～23℃。相对来讲，冷应激比热应激的影响小。在较高环境温度下，约在 24℃以上，其产蛋蛋重就开始降低；27℃时产蛋数、蛋重降低，而且蛋壳厚度迅速降低，同时死亡率增加；达 37.5℃时产蛋量急剧下降，温度在 43℃以上，超过 3 小时母鸡就会死亡。当温度升高蛋重下降的同时采食量也会下降，温度在 20～30℃之间时，每提高 1℃，采食量下降 1%～1.5%；温度在 32～38℃之间，每提高 1℃，采食量下降 5%。相对来讲鸡比较耐寒，但在低温时采食量会增加，一般在 5～10℃时采食量最高，在 0℃以下时采食亦减少，体重减轻，产蛋下降。因此，在寒冷的冬季，当温度降到 5℃以下时就要采取保暖措施以减少冷应激，减少不必要的经济损失。

1. 降低热应激的措施

（1）调整饲料成分：使代谢能保持在1 088～1 129千焦的水平，来减少鸡采食量降低的影响；同时提高钙的含量，可以达到 4%以减轻蛋的破损率。

（2）鸡舍建筑结构方面：可以在鸡舍屋顶上加盖隔热层；密闭鸡舍在建筑方面对墙壁的隔热标准要求较高，可达到较好的隔热效果。还可以将外墙和屋顶涂成白色，或覆盖其他物质以达到反射热量和阻隔热量的目的。

（3）加强通风：可增加鸡舍内空气流量和流速，通过对流降温，有研究证明，当风速达到152米/分时，可降温5.6℃。

（4）蒸发降温：是通过水蒸发来吸收热量，以达到降低空气温度的目的。可在屋顶安装喷水装置，使用深井水或自来水喷洒屋顶，这种方法可使舍内降温1～3℃；“湿垫—风机”降温系统可使外界的温度高、湿度低的空气通过“水帘”装置变为温度低、湿度高的空气，一般可使舍温降低3～5℃（此法在夏季多雨或比较湿润的地方效果不显著）；可以通过低压或高压喷雾系统形成均匀分布的水蒸气，舍内喷雾比屋顶喷水节约用水，但必须有足够的水压；开放式鸡舍还可以在阳面悬挂湿布帘或湿麻袋。

（5）充足的饮水：不可断水，保证每只鸡都可以饮到清凉的水。还可以在饮水中添加多种维生素及氯化钠、氯化钾及抗应激、抗菌类药物等来增强鸡体的抗应激能力。

（6）其他措施：减少单位面积的存栏数；喂料尽可能避开气温高的时段；及时清粪。

注意事项：在用水进行降温时，首先要水源充足。如果水不能循环使用，要有通畅的排水系统，还应有足够的水压。另外降温设施在舍温高于27℃、相对湿度低于80%时才能启用。

2. 减少冷应激的影响可采取下列方法

（1）加强饲养管理，在保证鸡群采食到全价饲料的基础上，提高日粮代谢能的水平。早上开灯后，要尽快喂鸡，晚上关灯前要把鸡喂饱，以缩短鸡群在夜中空腹的时间。

（2）在入冬以前修整鸡舍，在保证适当通风的情况下封好门窗，以增加鸡舍的保暖性能，防止冷风直吹鸡体。

（3）在条件允许的情况下，可以采用地下烟道或地面烟道取暖，也可采用煤炉加温的方法。

（4）减少鸡体热量的散发，勤换垫料，尤其是饮水器周围的垫料。防止鸡伏于潮湿垫料上；检查饮水系统，防止漏水打湿鸡体。

（四）湿度

产蛋鸡环境的适宜湿度是60%～65%，但在40%～72%的范围，只要温度不偏高或偏低对鸡只无大影响。高温时，鸡主要通过蒸发散热，如果湿度较大，会阻碍蒸发散热，造成热应激。低温高湿环境，鸡散失热较多，采食量大，饲料消耗增加，严寒时会降低生产性能。在饲养管理过程中，尽量减少用水，及时清除粪便，勤换干燥垫料，保持舍内通风良好等，都可以降低舍内的湿度。

（五）通风换气

通风换气可以补充氧气，排出水分和有害气体，保持鸡舍内空气新鲜和温度适宜，它与舍内的温、湿度密切相关。炎热季节加强通风换气，而寒冷季节可以减少通风，但为了舍内空气新鲜要保持一定的换气量，鸡舍中对鸡只影响较大的有害气体有：

1. 二氧化碳：主要是鸡群呼吸时产生的，一般要求鸡舍中的含量不超过0.2%，超过5%时鸡就会中毒。

2. 氨气：主要是粪便、舍地垫草被厌气性细菌分解而产生的。氨气易吸附在含水的表面及鸡的口、鼻、眼等黏膜、结膜上，直接侵害鸡只。一般要求含量不能超过0.02%。

3. 硫化氢：是由含硫的有机物分解而来的。超标时会引起急性肺炎和肺水肿及组织缺氧。

4. 微生物尘埃：舍内的各种微生物吸附在尘埃和水滴上，被鸡吸入呼吸道会诱发和传播各种疾病。

第六章　鸡场的卫生和主要疾病防治

第一节　免疫技术与程序

一、免疫技术

鸡对外界许多病原的易感性比猪、牛等家畜都要大，因此，应重视采取主动免疫，即疫苗接种来预防许多烈性传染病，尤其是对于鸡马立克氏病、鸡新城疫、传染性支气管炎、传染性喉气管炎等疾病，预防免疫接种是防止这些疾病的主要手段。在免疫预防接种过程中，应注意下述三方面的问题。

（一）确立科学的免疫程序

养鸡群的免疫程序，根据疾病的流行情况，各个国家、不同地方的免疫程序都不尽相同，根据我国疾病流行情况，中国家禽业协会推荐了下述免疫程序，可供参考。

1. 鸡新城疫：本病的免疫应在抗体监测的基础上采用弱毒苗和油乳剂灭活苗相结合的方法进行免疫。10 日龄用 IV 系苗滴鼻或点眼，同时皮下注射油苗 0.3 ~0.5 毫升/羽，120 ~140 日龄用油乳剂苗 0.5 毫升/羽。

2．鸡马立克氏病：1 日龄皮下注射 MD 疫苗，流行地区用 HVT + SB－1 的二价苗（不少于4 000单位 PFU）。

3．传染性法氏囊病：根据抗体水平确定首免日龄，10～14 日龄用中等毒力疫苗饮水，21～24 日龄二免。种鸡在 120～140 日龄注射油乳剂苗。

4．鸡传染性喉气管炎：20～42 日龄，用弱毒苗点眼免疫，间隔 6 周重复一次。

5．鸡传染性支气管炎：7 日龄以内用 H120 疫苗饮水，21 日龄重复一次。

6．鸡痘：25～35 日龄刺种免疫，120～140 日龄再次刺种免疫。

7．传染性脑骨髓炎：10～13 周龄用弱毒苗刺种。

8．病毒性关节炎：肉种鸡使用。2 周龄用弱毒苗，120 日龄用油苗注射。

9．传染性鼻炎：3～5 周龄和 120 日龄各注射一次油乳剂苗。

（二）常用的免疫接种方法

滴鼻（眼）免疫；饮水免疫；气雾免疫；皮下注射；肌肉注射；刺种免疫；拌料免疫；擦肛免疫。

（三）免疫接种时应注意的问题

1．严格选用质量可靠的疫苗，掌握疫苗的正确使用方法，按照科学的免疫程序进行免疫接种。

2．选择毒性小，免疫效果好，免疫期长的优质疫苗。

3．在鸡群健康无病时进行接种。

4．疫苗必须现配现用，严格按要求使用。

5．尽力减少接种时的应激反应。

6．接种疫苗期间应适当增加蛋白饲料，使鸡获得较好的免疫效果。

7. 鸡病的免疫程序应根据各种鸡病的发病特点，在易感日龄之前进行免疫。

二、免疫程序

免疫程序的制定必须根据该地区疫病流行情况和饲养管理水平、疫病防治水平及母源抗体水平的高低来确定使用疫苗的种类、方法、免疫时间和次数等。有条件的鸡场可根据抗体监测水平进行免疫效果确定。参考免疫程序见表6－1。

表6－1　蛋鸡主要疫病的免疫程序

日龄	防治疫病	疫苗	接种方法	备注
1	马立克氏病	HVT或“841”或HVT“841”二价苗	颈部皮下注射	在出雏室进行
7～10	新城疫传染性支气管炎病	新城疫和传染性支气管炎H120联苗	滴鼻、点眼	根据监测结果确定首免日龄
10～14	马立克二免 传染性法氏囊病	疫苗同1日龄 传染性法氏囊双价疫苗	同1日龄 饮水	用量加倍
20～24	鸡痘 传染性喉气管炎	鸡痘弱毒苗 传染性喉气管炎弱毒菌	翅下刺种 饮水与点眼	疫区使用
25～30	新城疫、传染性支气管炎传染性法氏	新城疫和传染性支气管炎H52联苗 传染性法氏囊双价疫苗	饮水或肌肉皮下注射	用量加倍

续表

日龄	防治疫病	疫苗	接种方法	备注
50～60	囊病传染性喉气管炎	弱毒苗	饮水	疫区使用
70～90	新城疫 新城疫	克隆30或IV系 新城疫油苗	喷雾或饮水 肌肉或皮下注射	若抗体水平不低可省去此免疫
110～120	传染性支气管炎	传染性支气管炎H52	饮水	
	减蛋综合征	减蛋综合征油苗	肌肉或皮下注射	
	鸡痘	鸡痘弱毒苗	翅下刺种	

第二节　常见疾病的防治

鸡的常见疾病不胜枚举，以下是一些普发性疾病的简单预防措施及治疗方法。

一、禽流感

禽流感曾一度称为“鸡瘟”，是感染多种禽类的呼吸道、肠道或神经系统的病毒性疾病，根据病毒血清型的不同有低致病型和高致病型之分。

1. 症状和病变：病鸡咳嗽，打喷嚏，气管有啰音，流泪，产蛋下降，下痢，眼睑水肿并有神经症状。典型病变是面部发绀和水肿，卵巢充血、出血破裂。腹部脂肪、各黏膜、浆膜以及腿、爪鳞出血。内脏器官可能有坏死灶。

2. 该病尚无可靠疫苗，主要靠综合防治及加强检疫，避免鸡群感染。

二、鸡新城疫

鸡新城疫俗称为亚洲鸡瘟，是一种急性病毒性传染病，家禽中以鸡最敏感。主要传染源是带毒的病鸡、死鸡。该病毒可通过呼吸道和消化道以及眼结膜、泄殖腔和损伤的皮肤进入体内。本病可发生于任何季节和任何品种的鸡。

1. 主要症状和病变：鸡群突然发病，死亡率高，发病鸡精神萎顿，减食或停食，口鼻中蓄积多量黏液，呼吸困难，常发出咕噜声，排黄绿色或白色稀便。

2. 防治：①建立健全卫生防疫制度；②切实搞好预防接种；③发生本病后须立即封锁、隔离发病鸡群，并彻底消毒；④病死鸡的尸体及粪便、垫草等应进行焚烧、深埋消毒处理。

三、传染性法氏囊病

传染性法氏囊病是一种主要侵害幼龄鸡的传染病，具高度接触传染性，病毒通过直接接触或带毒的中间媒介而扩散，入侵途径主要是呼吸道和消化道。

1. 主要症状和病变：雏鸡表现为突然发病和死亡，病鸡精神萎顿，无食欲，排软便或白色水样便，翅膀下垂，呆痴，病重的鸡因严重衰竭而死亡，部分病鸡经数日后康复，但发育增重缓慢。

2. 防治：①搞好疫苗免疫；②对发病初期鸡群迅速注射高免蛋黄液；③加强饲养管理及卫生防疫措施；④控制继发感染。

四、马立克氏病

马立克氏病为病毒性传染病，主要感染鸡，其易感性随日龄的增长而降低，病鸡和带毒鸡为主要传染来源，可经呼吸道、消化道及病鸡羽毛而传播。

1. 主要症状和病变：①神经型：腿麻痹，呈“劈叉”姿势，翅膀下垂，虹膜混浊，消瘦，可见坐骨神经或翅神经肿大，横纹消失；②肿瘤型：皮肤形成结节或内脏器官如肝、肾、心脏等处有肿瘤，精神沉郁，食欲减退，渐进性消瘦，突然死亡。

2. 防治：①严格执行卫生消毒制度，对种蛋、初生雏、育雏舍进行消毒；②对一日龄雏鸡认真做好接种疫苗工作，种鸡雏最好注射二价或三价疫苗。

五、传染性支气管炎

传染性支气管炎病仅见鸡感染且多发生于雏鸡。病鸡和康复后的带毒鸡为主要传染源，可从呼吸道、消化道感染。

1. 主要症状和病变：①呼吸型：张口呼吸，打喷嚏，咳嗽，气管有啰音。全身衰弱，畏寒，精神萎顿，食欲差，羽毛松乱，排白色稀粪。产蛋鸡的产蛋率急剧下降，蛋的质量变差。病变可见气管、支气管和鼻腔内有干酪样渗出物；②肾型：产蛋母鸡的卵泡充血，早期感染可见输卵管萎缩，形成“假母鸡”，肾肿大、苍白。

2. 防治：目前尚无有效药物治疗。①严格执行检疫、隔离、消毒等卫生防疫措施；②加强环境控制，供给优质饲料，增强鸡体的抵抗力；③接种疫苗，弱毒疫苗采用滴鼻、点眼或饮水方法，灭活苗采用皮下或肌肉注射方法。

六、传染性喉气管炎

鸡传染性喉气管炎以成年鸡的症状最为典型，通过呼吸道及眼结膜而感染。

1. 症状和病变：重症病鸡抬头伸颈喘气，咳嗽，打喷嚏，呼吸困难，体温上升，食欲减退，精神萎靡，下痢，咳出血样黏液。病情较轻的鸡患结膜炎，流泪，流鼻汁，眶下窦肿胀，很少死亡，但产蛋率下降。主要病变在喉头和气管上端有出血和黏液，严重时堵塞气管，影响呼吸而窒息死亡。

2. 防治：①坚持严格的隔离消毒制度，注意通风换气；②尽快接种疫苗，采用点眼或滴鼻方法接种，不要采用气雾或饮水方法接种；③注意控制继发霉形体、大肠杆菌等疾病。

七、鸡痘

由痘病毒引起，病鸡或带毒鸡是主要传染源。

1. 症状和病变：①皮肤型：首先出现灰白色小丘疹，相互融合形成干燥、粗糙、棕褐色的结痂；②黏膜型：可见喉头和气管黏膜上出现干酪（熟蛋黄）样伪膜，逐渐扩大增厚，使口腔咽喉部堵塞，导致呼吸困难和吞咽障碍；③混合型：皮肤和口腔黏膜上同时发生病变，病情严重，死亡率高。

2. 目前尚无特效药物治疗，有效手段是预防接种。

第七章　鸡场经营管理

第一节　鸡场经营管理的内容

一、鸡场经营管理的内容

1. 市场信息的收集、分析、预测：在市场经济迅速发展的今天，要发展一项产业，不论产前、产中、产后的决策，都必须首先进行市场调研，收集掌握市场信息，并进行分析预测，只有这样才能做出正确的经营决策。

2. 产前决策：包括经营方向的决策、生产规模的决策、饲养方式的决策等。

3. 计划的制订：包括产品销售计划、产品生产计划、鸡群周转计划、饲料供应计划、财务收支计划等。

4. 组织与劳动人事管理：包括建立与生产相适应的劳动组织，合理安排劳动用工、劳动定额，建立科学的劳动管理制度等。

5. 财务管理：包括资金的收支管理、经济核算等。通过科学的财务管理可以合理安排资金使用，加快资金周转，提高资金使用效率，以及检查生产计划和财务收支计划的执行情况，并可在此基础上总结经验，改善经营规律，提高鸡场经济效益。

6. 技术管理：通过技术管理，可以尽快提高鸡场的生产技术水平和产品的科技含量，使先进技术能够在生产中充分发挥作用，保持鸡场技术领先。

7. 产品营销：产品营销是经营管理的关键环节。如何将产品销出去并卖个好价钱，而且能够使市场不断扩大，这就需要进行巧妙的产品营销。包括产品宣传与促销及优质服务等。

8. 经济技术效果分析：为了检查和总结所采取的各项经济管理及技术措施的效果，必须通过大量的统计资料定期或不定期地进行经济技术效果分析，以便及时发现问题，总结经验，改进经营管理，不断提高鸡场经济效益。

二、组织结构与劳动管理

（一）鸡场组织结构与岗位职责

1. 鸡场组织结构（图 7－1）

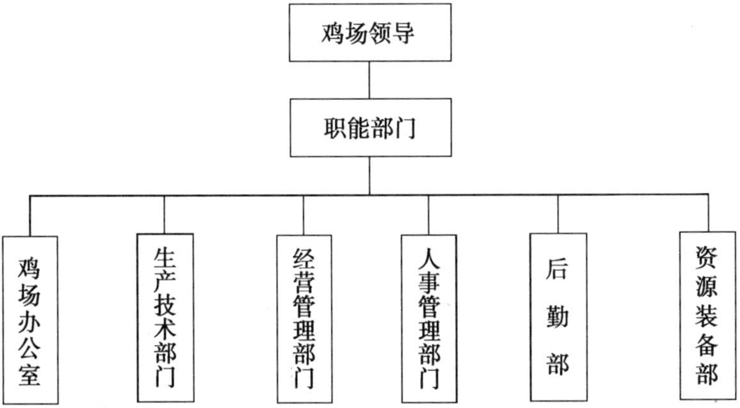

图 7－1　鸡场组织结构

2. 岗位职责

（1）场长：全面负责蛋鸡场管理，组织制定生产计划和各种规章制度，并监督检查其落实情况。组织制定和初审各批鸡的饲养管理方案和鸡的预防措施。负责落实经理办公会议有关决定，定期向经理办公会议汇报生产情况。

（2）副场长：负责各车间的饲养管理工作；合理地进行各车间的人员调动，认真做好考勤及纪律工作；制定各批蛋鸡的饲养管理方案和特殊时期的饲养管理；依据各项规章制度检查各岗位人员的工作状况。

（3）值班人员：工作时间从当日下班到次日上班，检查夜间各岗位工作情况，检查各鸡舍情况；现场处理各种突发事件；完成领导安排的其他工作。

（4）车间主任：带领本车间员工认真遵守公司的各项规章制度；带领本车间员工团结协作，按操作规程高质量地完成当日的各项工作；勤于观察及时发现鸡群及鸡舍内设施等存在的问题，如解决不了立即汇报；协助防疫部门做好免疫工作；服从分配，完成领导安排的其他工作。

（5）饲养人员：严格遵守公司的各项规章制度；服从领导，听从指挥，认真完成本职工作，不偷懒、不耍滑、不迟到、不早退、不旷工，熟练掌握各种操作技能；团结同事，不无事生非，不挑拨离间，不拉帮结伙。

（二）鸡场的劳动管理

鸡场的劳动管理是指鸡场在生产经营活动中对劳动力的计划、组织、指挥、协调和控制等一系列活动。包括劳动力的合理安排与使用、劳动计划的制订与执行、劳动定额与定员管理、组织劳动的分工与协作、建立与完善劳动组织、计算与分配劳动报酬、进行劳动监督和考核、维护劳动纪律、建立劳保福利和劳动奖惩制度以及对劳动者进行政治思想教育和业务培训等工作。要搞好鸡场的劳动管理，必须从以下几方面着手。

1. 建立科学的劳动管理制度：劳动管理制度是实现劳动管

理不可缺少的手段。主要包括考勤制度、劳动纪律、劳动竞赛制度、生产责任制、奖惩制度、劳动保护制度、劳动保障及福利制度、技术培训制度等。

上述制度的建立，一是要符合鸡场的劳动特点和生产实际；二是内容要具体化，用词准确，简明扼要，质和量的概念必须明确；三是要经全场职工认真讨论，通过并经场领导批准后公布执行；四是必须具有一定的严肃性，一经公布，全场干部职工都必须认真执行，不得搞特殊化；五是必须具有连续性，应长期坚持，不断在生产中完善。

2. 建立合理的劳动组织：鸡场为了充分合理地利用劳动力，不断提高劳动生产率，建立健全劳动组织。一般应遵循以下原则：

（1）根据实际条件和生产要求确定劳动组织的形式及规模，不同生产部门，不同技术装备水平和不同管理条件的企业，应分别建立不同形式的劳动组织，使其与当前的生产力发展水平相适应。

（2）充分发挥劳动分工与协作的优越性。劳动分工与协作是劳动组织的基础，分工是为使每个劳动者明确在各自的岗位上应负的责任，协作则是使各项工作相互紧密联系，形成集体力量。只有在分工基础上进行协作，才能有利于人尽其才，有利于劳动者主动提高劳动技能，有利于发挥分工和协作劳动的优越性。

（3）建立劳动组织同建立健全生产责任制相适应。实行责任制是劳动管理的重要措施，与鸡场劳动组织有着密切的关系，两者互为条件，在组织生产中共同发挥作用。

根据鸡场经营范围和规模的不同，各鸡场建立劳动组织的形式和结构也有所不同。一般包括场长、副场长、总畜牧兽医师、科长、班组长等组织领导结构及场职能机构，如生产技术科、销售科、财务科、后勤保障科，并根据生产工艺流程将生产劳动组织细化为孵化组、育雏育成组、蛋（种）鸡组、饲料组、清粪组等。对各部门各班组人员的配备要依个人的劳动态度、技术专长、体力和文化程度等具体条件，合理进行搭配，科学组织，并尽量保持人员和所从事工作的相对稳定。

3. 合理确定劳动定额：劳动定额是科学组织劳动的重要依据，是鸡场计算劳动消耗和核算产品成本的尺度，也是制订劳动力利用计划和定员定编的依据。制定劳动定额必须遵循以下四个原则：

（1）劳动定额应先进合理，符合实际，切实可行，劳动定额的制定，必须依据以往的经验和目前的生产技术及设施设备等具体条件，以本场中等水平的劳动力所能达到的数量和质量为标准，即不可过高，也不能太低。应使一般水平劳动者经过努力能够达到，先进水平的劳动者经过努力能够超产。只有这样劳动定额才是科学合理的，才能起到鼓动与促进劳动者的作用。

（2）劳动定额的指标应达到数量和质量标准的统一，如确定一个饲养员饲养鸡数量的同时，还要确定鸡的成活率、产蛋率、饲料报酬、药品费用等指标。

（3）各劳动定额间应平衡，不论养鸡还是搞孵化或者清粪，各项劳动定额应公平化。

（4）劳动定额应简单明了，便于应用，表 7－1 列出的鸡场劳动定额供参考。

表 7－1　养鸡场劳动定额

工　种	内　　容	人员定额	条　　件
饲养雏鸡	生火，4 层笼养，头 1 周值夜班，注射疫苗	6 000只/人	注射疫苗时防疫员尚需帮工

续表

工　种	内　　容	人员定额	条　　件
饲养育成鸡	3层笼养，饲喂清粪	6 000只/人	自动饮水，人工饲喂清粪
育成1～140日龄	机械化程度高，笼育，平面网上	6 000只/人	自动饮水，机械喂料刮粪
笼养产蛋鸡	全部手工饲喂捡蛋	5 000～10 000只/人	粪场位于200米以内，机械刮粪
清粪		2万～4万只/人	由笼下人工刮出来运走，粪场200米以内

4. 全面落实鸡场生产责任制：使责、权、利三者相统一，根据各场实际情况和工作内容，责任制可因地制宜，采取多种不同形式，以有利于调动职工积极性和责任感，提高鸡场经济效益为原则而定。

5. 及时兑现劳动报酬：对劳动者应得的劳动报酬，要按照签订的责任书内容和科学的计酬标准严格考核，及时兑现，奖罚分明，以调动职工的劳动积极性。

6. 做好职工思想工作：鸡场要以人为本，对全场职工在生活上关心，政治上帮助，工作上支持，遇事多与职工商量，充分发挥群众智慧和才能，以不断增强鸡场的凝聚力，使大家心系鸡场，以场为家，形成上下齐心协力的生产场面。

三、制度管理

1. 饲养管理技术操作规程：蛋鸡、种鸡饲养及孵化都要制定严格的操作规程。并使制度上墙，以便饲养管理工作人员有章可循。

2. 防疫免疫程序：免疫程序是预防烈性传染病危害鸡群，保证鸡群健康的有效措施，每个鸡场都要按照有关规定，请有丰富经验的兽医制定严格的免疫程序，并切实按免疫程序做好预防注射，以防患于未然。

3. 鸡场卫生消毒制度：为防止外界病菌的传入，除按程序做好免疫工作外，鸡场还要建立卫生消毒制度。以使进入鸡场的工作人员及车辆、用具做到严格消毒，并严格控制外来人员进入鸡场。

4. 劳动管理制度：劳动管理制度是鸡场做好劳动管理不可缺少的手段。主要包括考勤制度、劳动纪律、生产责任制、奖惩制度、劳保制度、技术培训制度等。

5. 财务制度：财务制度是保证鸡场资金正常运行，节约开支，避免浪费的重要措施。必须精打细算，严格执行。

6. 产品购销验收保管制度：进出原料及产品要层层严格保管手续，按程序运行。以防止产品流失、进料短缺现象的发生。

7. 生产统计和报表制度：鸡场的产供销、生产成本及收支等情况都要进行认真地统计和记录，并按不同需要实行严格报表制度。如鸡群变动、饲料消耗、孵化、育雏、产品销售等都要及时进行统计，按时上报。

四、营销管理

市场经济条件下鸡场的经营计划有别于计划经济时期的经营计划。它是以鸡场获取最大利润为最终目标，在市场调研和预测的基础上，根据市场需求，对预期内的经营目标和经营活动的事先安排。生产经营计划包括：产品销售计划、成本利润计划、产品生产计划、饲料需求计划、资金使用计划等。

产品销售计划：市场经济条件下产品销售计划是一切计划之

首，其他计划都必须依据销售计划来制订。所有鸡场都必须坚持“以销定产，产销结合”。制订销售计划既要根据市场和可能出现的各种风险因素，科学合理地进行，也要大胆地去开拓市场，千方百计扩大销路，扩销促产。扩大销售的途径很多，关键在于要树立市场观念，走“人无我有，人有我新，人新我优，人优我转（产）”的路子。销售计划包括销售量、销售渠道、销售收入、销售时间及销售方针策略等。

养鸡场销售计划种类有种蛋或种雏销售计划、商品蛋销售计划、淘汰鸡销售计划、鸡粪销售计划等。销售计划中的产品销售量原则上不应大于鸡场生产能力。

五、财务管理

财务管理的主要任务就是做好各项财务收支计划、控制、核算、分析和审核工作，建立并完善养殖场财务管理体系，及时、准确、全面、真实地反映养殖场的财务状况和经营成果。成本核算是所有财务活动的基础和核心。

第二节　成本核算

一、成本核算

每一个养鸡场都要力争少投入多产出，在抓好增收的基础上，要节约开支。

1. 鸡场支出（投入）明细

（1）雏鸡费：指鸡场为更新鸡群而购入苗鸡的费用。

（2）饲料费：包括鸡群实际耗用的各种饲料的价值。上年库存的饲料应折价列入当年开支；年底库存节余的饲料应折价转为下年开支。

（3）工资：生产人员的工资奖金、劳保福利费等。

（4）固定资产折旧：房屋（鸡舍、库房、饲料间、办公室、宿舍等）的折旧年限一般砖木结构房15年、土木结构房10年。设备（鸡笼、饲料加工设备等）的折旧年限一般5年，拖拉机、汽车折旧年限10年。固定资产修理费按折旧费的10%计算。

（5）管理费：指非生产人员的工资、奖金、福利、差旅费等，还有交通费、水电费、维修费、低值易耗品费等。

（6）燃料及水电费：指鸡场生产过程中所消耗的燃料和水电费。

（7）医药费：指养鸡生产过程中发生的医疗、药品、防疫等费用。

（8）运输费：指雏鸡、产品运输的一些费用。

（9）其他：指上述8项以外的支出。

2．鸡场产出（收入）明细

（1）商品产蛋鸡：主要靠出售商品蛋（保健蛋）、淘汰老鸡、鸡粪等。

（2）种鸡：主要靠出售种蛋、淘汰老鸡、鸡粪等。

二、生产盈利核算

蛋鸡生产盈利就是从产品价值中扣除成本以后的剩余部分，包括税收（一般养殖业免税）和鸡场利润两个部分。盈利核算可以从利润额和利润率两个方面衡量。利润额是指鸡场利润的绝对数量。

利润额 = 销售收入 - 生产成本 - 销售费用 - 税金 + 营业外收支差额。

营业外收支是指与鸡场生产经营无直接关系的收入或支出。因鸡场规模大小不同，利润额往往差别较大，而对利润率进行比较就能公正地评价鸡场办得好与坏。利润率是将利润与成本、产值、资金对比，以不同的角度说明问题。

资金利润率（%）＝年利润总额/（年平均占用资金总额×100年平均占用资金总额－年流动资金平均占用额＋年固定资产平均净值）。

资金利润率是一项核心指标。占用的资金不宜多，否则要多付利息和多承担折旧与修理费。

专业户养鸡，“除本即利”，所谓“本”，主要是指生产中直接耗费的金额，不计工资和折旧。即当年总收入减直接生产费用，剩下的便是利润了，这是不完全的成本、盈利核算。随着专业户生产规模的扩大和生产水平的提高，一般可发展为中小型的养殖企业，此时就必须加强投资成本的效益核算，提高管理水平，以维护良好的发展势头。

三、蛋鸡场生产水平指标

1．产蛋性能是衡量产蛋生产效益的重要指标

（1）产蛋计划完成率：若这一比率大于100%，则说明超额完成了任务。

产蛋计划完成率（%）＝实际完成量÷计划完成量×100%

（2）产蛋量：母鸡产蛋量（单产）越高越好。

（3）种蛋受精率：不低于90%。

（4）孵化率：受精蛋的孵化率和人孵蛋的孵化率分别要求在90%和85%以上。

（5）育雏率：蛋鸡的育雏期为0～6周龄，其育雏率应不低于95%。

（6）育成率：绿壳蛋鸡7～20周龄为育成期，这一阶段的鸡叫青年鸡（或后备鸡、育成鸡），育成率越高越好。

2．饲料报酬在蛋鸡生产中叫料蛋比，这一比值越低，说明饲料报酬越高。

第三节　鸡场生产计划与记录

一、鸡场生产计划的制订

（一）鸡群周转计划

任何一个养鸡场都将周转计划作为一切生产计划的基础，以此来制订引种、孵化、产品销售、饲料供应、财务收支等其他计划，在制订周转计划时要考虑鸡位、鸡位利用率、饲养日和平均饲养只数、入舍鸡数等因素。结合存活率、月死淘率，便可较准确地制订出一个鸡场的鸡群周转计划。

养鸡场的生产从进雏鸡、育雏、育成到上笼产蛋、下笼淘汰、种鸡场，还要进行种蛋孵化、雏鸡销售，这样周而复始，不停地运转。其生产过程环环紧扣，不能脱节。只有从生产实际和市场行情的预测出发，保证生产中每个环节不出问题，才能获得较高的经济效益。

（二）产品计划

按产量供给需求制订的生产计划，按产蛋重量制订鸡产蛋产量计划，基本指标是按每饲养即每只鸡日产蛋克数，做出每日、每月产蛋总量。

蛋鸡场的主要产品是鸡蛋，除此以外，还有淘汰鸡、鸡粪。在作生产计划时，这些次要的产品或副产品也应与主要产品一起编入产品计划。

对于所有产品的产出量，经营者都要根据市场条件，并对市场进行充分的调查研究和预测，按照生产计划、购售合同和生产过程中的具体情况进行调整，这样才不至于使其产品售价不理想，最终获得最大的利益。

（三）饲料计划

饲料是养鸡生产成败的物质条件之一，饲料的质量和价格直接制约着养鸡生产，只有高品质的饲料和最低的饲料价格，养鸡场才能取得理想的经济效益。若养鸡场的饲料来源于饲料厂，则可根据鸡群各阶段的需要购进全价饲料。不同生长阶段鸡日消耗饲料量不同，一般是逐步增加到一定水平后保持恒定，不同品种鸡生产饲养手册上均有详细说明。结合手册上的说明，鸡场实际鸡群周转计划都可以准确计划出每天、每周该场地饲料需要量。

（四）其他相关计划

以上三项是一个鸡场最主要的三项生产计划内容，作为一个鸡场，仅有这三项计划是远远不够的，还应有其他支持性计划来配合，这些计划包括设备更新计划、维修计划、财务计划、职员培训计划、产品检测计划等。

二、鸡场养殖档案及记录管理

1. 鸡的品种、数量、繁殖记录、标识情况、来源和进出场日期。

2. 饲料、饲料添加剂、兽药等投入品的来源、名称、使用对象、时间和用量。

3. 检疫、免疫和消毒情况。

4. 发病、死亡和无害化处理情况。

5. 产蛋期每日产蛋量，包括正常蛋、畸形蛋、破损蛋。

6. 种鸡产蛋期每日详细的光照时间，包括早晚开灯、关灯时间。

7. 销售的产品的重量和只数。

第八章　环境控制与粪污无害化处理

第一节　舍内环境控制

一、通风

不论鸡舍大小或养鸡数量多少，保持舍内空气新鲜、通风良好是必不可少的。在高密度饲养的鸡舍，这个问题尤为重要。因为通风不好，随时会有大量的有害气体如氨气、二氧化碳和硫化氢等释放出来，影响鸡的正常生长、产蛋并引发多种疾病。因此，生产中应在鸡舍的底部设置地窗，中部设大窗，房顶设带帽的排气圆筒。夏季全部开放，冬季可关闭中部大窗，仅留地窗和房顶的排气圆筒。也可在中部设排气扇，以便在冬季快速排除舍内污浊的空气。冬季要密切注意通风系统，不可引起贼风或把舍内温度降得太低，以减少饲料消耗，防止引发各种疾病。

二、光照

光照对鸡的产蛋性能影响较大，合理的光照能刺激排卵，促进鸡的正常生长发育，增加产蛋量。人工补充光照，以每天早晨天亮前效果最好。补充光照时，舍内每平方米地面以 3～5 瓦为宜。灯距地面2米左右，最好安装灯罩聚光，灯与灯之间的距离约3米，以保证舍内各处得到均匀的光照。

三、饲喂

蛋鸡多采用干粉料饲喂，饲喂次数宜采用上午9时和下午3时各喂一次，日饲喂量一般每只鸡100～125克，根据体重变化适当增减喂料量，以不影响产蛋为宜。为了保持鸡旺盛的食欲，每天应保证有一定的空槽时间，一是可以防止饲料长期在食槽存放发生霉变，二是可以防止鸡产生厌食和挑食的恶习。

四、饮水

水对养鸡生产十分重要，缺水的后果往往比缺料更严重，正常鸡蛋的含水量达70%以上，每只鸡每天需饮水220～380毫升，饮水不足，鸡采食量减少，影响正常生长发育，至少可以降低2%的产蛋率，水质不良也能导致产蛋率和蛋质蛋重下降。因此，蛋鸡养殖应及时供给符合饮用水标准的充足清洁的饮水。

五、温度

鸡最适宜的温度是18～23℃，温度过高过低均不利于产蛋。要保持鸡舍有一个适宜的温度，在夏季应注意鸡舍通风，冬季应注意做好保暖工作。鸡舍的门窗，在夜间或风雪天要挂草帘遮盖，有利于提高舍温，还可在鸡舍的北墙外用玉米秸秆等搭成风障墙、垛草垛挡风御寒，也可在天棚顶上加稻壳、锯末等作防寒层。

六、湿度

最适宜的湿度为60%～70%。如果舍内湿度太低，蛋鸡表现呆滞，羽毛紊乱，皮肤干燥，羽毛和喙爪等色泽暗淡，并且极易造成鸡体脱水，引起鸡群发生呼吸道疾病。潮湿空气的导热性为干燥空气的10倍，冬季如果舍内湿度过高，就会使鸡体散发的热量增加，使鸡更加寒冷；夏季舍内湿度过高，就会使鸡呼吸时排散到空气中的水分受到限制，鸡体污秽，病菌大量繁殖，易引发各种疾病，引起产蛋量下降。生产中可采用加强通风和在室内放生石灰块等办法降低舍内湿度。

第二节　舍外环境控制

舍外环境控制，要保持鸡舍及周围环境的安静，饲养人员应着固定工作服，闲杂人员不得进入鸡舍；堵塞鸡舍内的鼠洞，定期在舍外投放药饵以消灭老鼠；防止猫、犬、鼠等进入鸡舍；饲料加工、装卸应远离鸡舍，这不仅可以防止噪音应激，而且还可防止鸡群疾病的交叉感染。

1. 要搞好环境消毒，定期用2%的火碱溶液喷洒，门口设消毒池。

2. 及时清除鸡舍外的杂草，因为可能有致病性病原微生物附着在上面。

3. 在不影响鸡舍通风的情况下，在鸡舍外种植一些树木、藤蔓植物和草坪等，通过这些植物的光合作用吸收二氧化碳，释放氧气，降低细菌含量，除尘，除臭，减少有毒有害气体，还有防大风、防噪音的作用。

4. 严防各种应激因素发生。特别在鸡的产蛋高峰期，其生产强度较大，生理负担较重，生活能力趋于下降，抵抗力较差。如遇应激，就会导致鸡的生长发育受阻，饲料消耗增加，产蛋量急剧下降，死亡率上升，并且产蛋量下降后，很难恢复到原有水平。

第三节　粪污无害化处理

随着养殖业在我国的迅速发展，产生了大量的畜禽粪便。这不仅污染环境，也影响了养殖业的可持续发展。因此，如何对畜禽粪便进行无害化处理，资源化利用，防止和消除养殖场畜禽粪便的污染，对于保护生态环境，推动农业可持续发展和增强中国农产品市场竞争力具有十分重要的意义，是当今养殖业必须妥善解决的一项重要任务。

一、鸡粪对我国环境的影响

（一）鸡粪的主要成分和产量

1. 鸡粪的主要成分：由于鸡饲料的营养浓度高，而鸡无牙咀嚼且消化道短，消化能力有限，对饲料的消化吸收率低，有40%～70%未被吸收的营养物随鸡粪排出体外。因而在鸡粪中含有大量未被鸡消化吸收而又可以被其他动植物所利用的营养成分，尤其是雏鸡粪含量更高。鸡粪中的粗蛋白的含量也是常规饲料的2倍多。鸡粪中各种必需氨基酸齐全，还含有钙、磷、铜、铁、锰、锌、镁等丰富的矿物质元素，含有氮、磷、钾等主要植物养分。

2. 鸡粪的产量：鸡粪由饲料中未被消化吸收的部分以及体内代谢产物、消化道黏膜脱落物和分泌物、肠道微生物及其分解产物等共同组成。在实际生产中收集到的鸡粪中还含有在喂料及鸡采食时撒落的饲料、脱落的羽毛和破蛋等，而在采用地面垫料平养时，收集到的则是鸡粪与垫料的混合物。随着养鸡业特别是工厂化养鸡业的发展，鸡粪生产的数量十分可观。据测定，一个饲养10万只鸡的工厂化蛋鸡场，日产鸡粪可达10吨，年产鸡粪3 600多吨。据联合国粮农组织20世纪80年代估测，全世界仅鸡粪每年总量就达460亿吨。

（二）鸡粪对环境的污染

1. 污染水源：鸡粪便中危害水质的污染物主要有4种，即氮、磷、有机物和病原体。这些物质污染水源的方式主要有粪便中的有机质的腐败造成污染，磷的富营养化作用及生物病菌的污染等。鸡粪便不仅可以污染地表水，其有毒、有害成分还易渗入到地下水中，严重污染地下水。它可使地下水溶解氧含量减少，水质中有毒成分增多，严重时使水体发黑、变臭，失去价值。更为严重的是鸡粪便一旦污染地下水，极难治理和恢复，从而造成持久性的污染。严重影响人畜健康及畜禽养殖业的可持续性发展。

2. 污染空气：粪便堆放期间，在微生物的作用下。其中的有机物会被分解而产生一些气体如氨气、硫化氢、甲硫醇、乙醛、粪臭素等，空气中这些有害气体含量达到一定浓度时会对附近的人和动物产生有害影响。据估计，一个存栏3万只的蛋鸡场每天向空气中排放的氨气达1.8千克以上。在比较干燥的情况下，粪层表面的干燥物被风吹动会大量进入空气中，使空气中灰尘浓度明显增大，这对鸡群的呼吸系统会产生不良刺激，能诱发某些疾病。灰尘上面附着的微生物会随着空气的流动而四处扩散，是引起疾病的潜在因素。

3. 粪便中病原菌污染：鸡粪中含有大量的有害微生物、致病菌、寄生虫及寄生虫卵等有害物质。鸡养殖场排放污水平均每毫升含有33万个大肠杆菌和69万个大肠球菌；每1 000毫升沉淀池污水中含有190多个蛔虫卵和100多个线虫卵。随意堆放的鸡粪不仅对养殖场内的鸡有影响，而且对周边的环境也造成很大的影响，严重的能造成灾难性的后果。有些病原菌也是人类传染病的病原菌，粪便和排泄物中的病原菌通过土壤、水体、大气及农畜产品来传染疾病。

4. 污染土壤：鸡粪便中含有大量的钠盐和钾盐，如果直接用于农田，过量的钠和钾通过反聚作用而造成某些土壤的微孔减少，使土壤的通透性降低，破坏土壤结构，而且过量的氮、磷将会通过土壤渗入地下，污染地下水。另外，鸡粪便中大量的病原微生物和寄生虫虫卵，也将通过污染水源及粉尘等方式危害养殖场及周围人群。我国畜禽养殖业养分转化率很低，氮效率为12.79%，磷效率为4.9%。它不但造成了营养资源的浪费，同时造成了环境中氮磷污染，从而污染土壤。

二、鸡粪的无害化处理

（一）鸡粪加工处理的基本要求

首先，鸡粪产品应当是便于贮存和运输的商品化产品，应当经过干燥处理。其次，必须杀虫灭菌，符合卫生标准，而且没有难闻的气味。还应当尽可能保存鸡粪的营养价值。最后，在鸡粪加工处理过程中不能造成二次污染。

（二）脱水干燥处理

1. 高温快速干燥：采用以回转筒烘干炉为代表的高温快速干燥设备，可在短时间（10分钟左右）将含水率达70%的湿鸡粪迅速干燥至含水仅10%～15%的鸡粪加工品。采用的烘干温度依机器类型不同有所区别，主要在300～900℃之间。在加工干燥过程中，还可做到彻底杀灭病原体，消除臭味，鸡粪营养损失也比较小。

2. 太阳能自然干燥处理：这种处理方法是采用塑料大棚中形成的“温室效应”，充分利用太阳能来对鸡粪作干燥处理。专用的塑料大棚长度可达60～90米，内有混凝土槽，两侧为导轨，在导轨上安装有搅拌装置。湿鸡粪装入混凝土槽，搅拌装置沿着导轨在大棚内反复行走，并通过搅拌板的正方向转动来捣碎、翻动和推送鸡粪。利用大棚内积蓄的太阳能使鸡粪中的水分蒸发出来，并通过强制通风排除大棚内的湿气，从而达到干燥鸡粪的目的。在夏季，只需要约 1 个晚上的时间即可把鸡粪的含水量降到 10% 左右。

3. 笼舍内自然干燥：在国外最近推出的新型笼养设备中，都配置了笼内鸡粪干燥装置，适用于多层重叠式笼具。在这种饲养方式中，每层笼下面均有一条传送带承接鸡粪，并通过定时开动传送带来刮取收集鸡粪。这种鸡粪干燥处理方法的核心就是直接将气流引向传送带上的鸡粪，使鸡粪在产出后得以迅速干燥。为了实现这一目标，有几种不同的处理工艺。最常见的一种工艺是在每列笼子的侧后方装上一排小风管，风管上有许多小孔，可将空气直接吹到传送带的鸡粪上，起到自然干燥的作用。第二种工艺是将各层的传送带都升到一个水平面上，进入一个强制通风巷道，风机连续工作，对传送带上的鸡粪进行自然干燥。第三种工艺是在传送带上方装上许多塑料板，通过这些板的运动形成局部气流，以干燥鸡粪。但这种方法的干燥效率比前两种方法要差一些，处理后鸡粪含水率仍有 45% 左右。

（三）发酵处理

现常用的是充氧动态发酵法。该方法是在适宜的温度、湿度以及供氧充足的条件下，好气菌迅速繁殖，将鸡粪中的有机物质大量分解成易消化吸收的形式，同时释放出硫化氢、氨等气体。在45 ~ 55℃下处理 12 小时左右，可获得除臭、灭菌的优质有机肥料和再生饲料。现已开发利用的充氧动态发酵机采用“横卧式搅拌釜”结构，在处理前，要使鸡粪的含水率降至 45% 左右，再在鸡粪中加入少量辅料（粮食），以及发酵菌。这些配料混合后投入发酵罐，由搅拌器翻动，使发酵机内温度始终保持在 45 ~ 55℃。同时向机内充入大量空气，供给好气菌活动的需要，并使发酵产出的氨、硫化氢废气和水分随气流排出。充氧动态发酵的优点是发酵效率高，速度快，可以比较彻底地杀灭鸡粪中的有害病原体。由于时间短，鸡粪中营养成分的损失少，利用率高。

（四）其他处理方法

1. 微波处理：微波具有热效应和非热效应。其热效应是由物料中极性分子在超高频外电场作用下产生运动而形成的，因而受作用的物料内外同时产热，不需要加热过程。因此，整个加热过程比常规加热方法要快数十倍甚至数百倍。其非热效应是指在微波作用过程中可使蛋白质变性，因而可达到杀菌灭虫的效果。

2. 热喷处理器：热喷处理是将预干至含水 25% ~40% 的鸡粪装入压力容器（特制）中，密封后由锅炉向压力容器内输送高压水蒸气，在 120 ~140℃ 下保持压力 10 分钟左右，然后突然将容器内压力减至常压喷放，即得热喷鸡粪饲料。这种方法的特点是，加工后的鸡粪杀虫、灭菌、除臭的效果较好，而且鸡粪有机物的消化率可提高 13.4% ~20.9%。但是这一方法要求先将鸡粪作预干燥，而且在热喷处理过程中因水蒸气的作用，使鸡粪含水量不但没有降低，反而有所增加，未能解决鸡粪干燥的问题，从而使其应用具有一定局限性。

三、鸡粪的利用

（一）鸡粪用作饲料

1. 鸡粪用作饲料：鸡粪经加工用作饲料，在日粮中添加一定比例，可以节约饲料，降低饲料成本。鸡粪的营养价值随鸡饲料、鸡种、年龄、饲养管理、鸡粪处理等不同而发生变化。鸡粪中粗蛋白含量比较高，如用它作反刍动物饲料则其蛋白质营养成分能充分利用。目前，在北京地区广泛应用的主要是采用快速烘干法，用这种方法可以将排出的大量湿鸡粪及时进行烘干、避免了污染、减少了堆放场所，便于贮存、运输、出售，及时烘干的鲜鸡粪也可以用于再生饲料。鸡粪晒干后，可以养花、喂鱼和种蘑菇，用途很多。

2. 用鸡粪作饲料的注意事项：用鸡粪作产蛋鸡饲料时，一定要补加磷，因为鸡粪中钙磷比例失调；干鸡粪中基本不含淀粉类物质，能量较低，在配料时加入富含淀粉和油脂的饲料；鸡粪作饲料时不宜贮存，应随喂随制，一般不能超过1个晚上；鸡粪作饲料饲喂效果顺序为：羊>牛>鱼>猪>兔>鸡，鸡粪用作反刍动物的饲料效果较好。新生动物饲喂鸡粪时，饲料中鸡粪的比例应当随动物的增长逐渐增加。

（二）鸡粪用作肥料

鸡粪便是优质的有机肥料，可以作为肥料直接施用，但是由于水分含量高，使用不方便、易造成二次污染等原因而限制了它的使用。高温堆肥是处理鸡粪便的有效方法，通过微生物降解鸡粪便中的有机质，从而产生高温，杀死其中的病原菌，使有机物腐殖质，提高肥效。鸡粪便发酵后就地还田施用，是减轻其环境污染、充分利用农业资源最经济的措施。从我国鸡粪便的利用情况来看，不同鸡粪便使用差异较大。鸡粪便由于含有的营养成分比较高，含水量较低，大中型养鸡场、养鸡专业户的鸡粪充分供给农民作为肥料，得到充分的利用。

随着集约化养殖业的发展，鸡粪便的日趋集中，以及种植业逐渐转向省工、省力、高效、清洁的栽培模式转变，传统的有机肥料积、制、保、用技术已不能适应现代农业的发展，于是在一些地区也兴建了一批鸡有机肥生产厂。目前用鸡粪便制作有机肥作为资源化利用所占的比例仍较低。据对上海市有机肥生产的调查，上海市商品有机肥的产量仅占鸡粪便总量的2%～3%，而初级的及简易工程型的直接还田形式占鸡粪便处理利用量的90%。

（三）鸡粪用于培养料

1. 培养单细胞：生产出的单细胞可作为蛋白质饲料。

2. 养藻：可供养殖的藻类主要为微型藻，如小球藻、栅列藻、螺旋藻（丝状蓝藻）等。微型藻 2～6 小时即可增长 1 倍，并且富含蛋白质（35%～75%）、必需氨基酸（仅蛋氨酸略低）、维生素（B_1、B_2、B_{12}、C）、色素（叶黄素、胡萝卜素）、矿物质和某些抗生物质，含代谢能10.46～10.88 兆焦/千克，含粗纤维极少（0.5%～0.6%）。

3. 养蚯蚓：人工养殖蚯蚓是一项新兴的事业，它的用途很广，经济价值高，可作为畜、禽、鱼类等的蛋白质饲料，可利用蚯蚓处理城市有机垃圾，化废为肥，消除有机废物对环境的污染。蚯蚓粪粒比普通土壤中的氮素多 5 倍，磷多 7 倍，钾多 11 倍，镁多 3 倍，酸碱为中性，并含有丰富的铜、锌、钾、钼、硼等植物生长的微量元素，是一种土壤改良剂，具有增加土壤肥力的作用，蚯蚓还可以作为轻工业的原料，生产美肤剂化妆品。

4. 发酵产沼气：微生物发酵沼气是由多种产甲烷菌和非产甲烷共同产生的。大致可分三个阶段，第一阶段是液化阶段，由于各种固体有机物不能进入微生物体内被微生物利用，因此必须在好氧和厌氧微生物分泌的胞外酶和表面酶（纤维素酶、蛋白质酶和脂肪酶）的作用下，将固体有机质分解为分质量较大的单糖、氨基酸、甘油和脂肪酸，这些分质量较小的可溶性物质就可以进入微生物细胞内被进一步分解利用；第二个阶段是产酸阶段，由产氢产乙酸细菌群利用，第一个阶段产生的各种可溶性物质，氧化分解成乙酸、二氧化碳和分子氢等，这一阶段主要产物是乙酸，约占 70% 以上；第三个阶段是产甲烷阶段，由严格厌氧的产甲烷群完成，这个发酵体系庞大而又复杂，一方面产甲烷菌解除了非产甲烷菌生化反应的抑制，另一方面非产甲烷菌提供产甲烷菌生长及产甲烷所需基质，并且创造适宜的氧化还原条件，产甲烷菌群与非产甲烷菌群间通过互营联合来保证甲烷的形成。

（四）无害化绿色有机肥生产

以鸡粪和农作物秸秆为主原料，应用多维复合酶菌进行发酵可以生产无公害绿色生态有机肥，多维复合酶菌是由能产生多种酶的耐热性芽孢杆菌群、乳酸菌群、双歧杆菌群、酵母菌群等106种有益微生物组成的微生态发酵制剂，对人畜无毒、无污染，使用安全，能固氮、解磷、解钾。同时，还能分解化学农药及化肥的残留物质，对种植业和养殖业有增产、抗病的作用。

（五）用作其他能源

1. 直接燃烧：本法比生产沼气简单易行，只要有专门燃烧畜类的锅炉就行，又基本上不存在残渣处理问题。缺点是：燃烧时产生的烟尘对大气有污染物；粪便需事先干燥，在烘干、晒干过程中产生的恶臭也会污染大气；冬季需贮备足够的干燥粪便；经济效益低于用作饲料或用作肥料。

2. 发电：用鸡粪发电。世界上第一座以鸡粪为燃料的发电站——英国艾伊电站早在1993年10月就投入运转。有关专家认为，尽管鸡粪电站的发电能力比火力电站要小得多，但对发展中国家有吸引力，只要1 400万只鸡的鸡粪做燃料，所发的电力就可供1.2万人用上1年。

总之，随着养鸡业的大力发展，在给人们带来利益的同时也带来了烦恼，它就像一把棱角分明的双刃剑。鸡粪中含有大量的有机物质，含有大量的植物生长所需要的氮、磷、钾等元素，可作有机肥料，但其中也含有多种有害成分，如重金属、病原菌、有机物及各种激素、抗生素等。为了保护生态环境，扩大饲料资源，实现家禽养殖业的可持续发展，我们必须通过各种努力改革创新，对禽粪便进行无害化处理，资源化利用，变废为宝，提高养殖业的经济效益。

参考文献

[1] 秦富，赵一夫，马骥. 2009中国蛋鸡产业经济 [M]. 北京：中国农业出版社，2010.

[2] 魏刚才，韩芬霞. 蛋鸡安全高效生产技术 [M]. 北京：化学工业出版社，2012.

[3] 宁金友，韩学平，等. 动物营养与饲料加工 [M]. 青海：青海人民出版社，2010.

[4] 张晋青，范涛，等. 养鸡实用技术 [M]. 青海：青海人民出版社，2010.

[5] 郭庆宏. 无公害肉鸡安全生产手册 [M]. 北京：中国农业出版社，2008.

[6] 李云甫，郭欣怡，张振仓，等. 养禽与禽病防治 [M]. 北京：中国农业出版社，2010.

[7] 罗安程，孙晓华，周焱. 规模化畜禽养殖场环境治理，中国土壤学会第十次全国会员代表大会暨第五届海峡两岸土壤肥料学术交流研讨会论文集（面向农业与环境的土壤科学综述篇），2004.

[8] 谢永刚. 我国蛋品行业的发展策略 [J]. 饲料博览，2009.

ལེའུ་དང་པོ། སྒོང་བྱའི་བྱ་རྒྱུད།

གཅིག ནང་འདྲེན་བྱས་པའི་བྱ་རྒྱུད།

(གཅིག)ཧེ་ལན་ཧེག

དེ་ནི་ཨ་མེ་རི་ཁའི་ཧེ་ལན་རྒྱལ་སྤྱིའི་ཀུང་ཟིས་གསོ་སྐྱོང་བྱས་པའི་སྒོང་ངའི་ཆེ་ཆུང་འབྲིང་ཙམ་གྱི་སྒོང་ཤུན་ཁམ་མདོག་ཅན་གྱི་སྒོང་བྱ་ཞིག་ཡིན། སྒོང་བྱ་དེ་རིགས་ཀྱི་གཤིས་ཀ་འཇམ་ཞིང་། འགྲོད་བསྟུན་རང་བཞིན་བཟང་བ་དང་། སྒོང་གཏོང་སྔ་བ་དང་སྒོང་གཏོང་ཚད་མཐོ་བའི་ཚད་དུ་བསླེབ་པ་སྔ་ཞིང་རྒྱུན་བསྲིང་བའི་དུས་ཡུན་ཙུང་རིང་བ་ཡོད། ཚོང་རྫས་ཚབ་མའི་སྒོང་བྱ་དེ་སྒྲོ་མདོག་གཞིར་བཟུང་ནས་ཕོ་མོའི་དབྱེ་བ་འབྱེད་ཐུབ་པ་དང་། ཆ་སྙོམ་གྱིས་སྒོང་གཏོང་བའི་དུས་ཡུན་ནི་ཉིན 155དང་། ན་ཚོད་གཟའ་འཁོར 72ཅན་གྱི་སྒོང་ངའི་ཐོན་ཚད་དེ་སྒོང 285~310བར་དང་། ཆ་སྙོམ་གྱི་སྒོང་ངའི་ལྗིད་ཚད་ཁེ 64ཡིན། མཚོ་སྔོན་ཞིང་ཆེན་དུ་གཙོ་བོ་ཟི་ལིང་དང་མཚོ་ཤར་ས་ཁུལ་དུ་ཁྱབ་ཡོད། (རི་མོ 1–1)

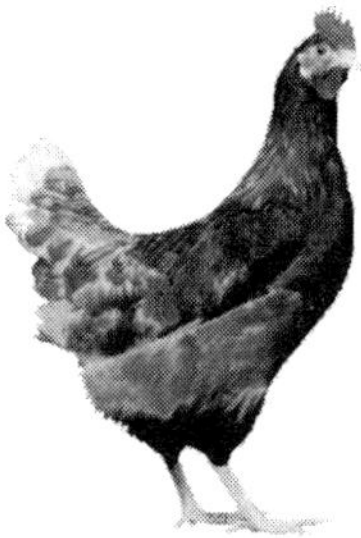

རི་མོ 1–1 ཧེ་ལན་ཧེག

(གཉིས)ཧེ་ལན་པའེ།

ཧེ་ལན་པེ་ཁྲིམ་བྱ་ནི་ཨ་མེ་རི་ཁའི་ཧེ་ལན་ཀུང་ཟིས་གསོ་སྐྱོང་བྱས་པའི་སྒོང་བྱ་ཞིག་ཡིན་ལ། ཧེ་ལན་ཀུང་ཟིས་ཨ་མེ་རུ་ཁ་རང་ས་ནས་ཕྱིར་འཚོང་བྱེད

པའི་སྒོང་བྱ་ཡིས་ཨ་མེ་རི་ཁའི་ཚོང་ར་སྤྱིའི 80%ཟིན་ཡོད། མིག་སྔར་སྒོང་ཤུན་དཀར་པོ་ཅན་གྱི་སྒོང་བྱའི་རྒྱུད་གཉིས་ཡོད་དེ། ཧེ་ལན W –36དང་ཧེ་ལན W –77གཉིས་ཡིན། ཨ་མེ་རི་ཁ་དང་འཛར་པན་སོགས་ཀྱིས་གཙོ་བོ་སྒོང་ཤུན་དཀར་པོ་ཅན་གྱི་སྒོང་བྱ་གསོ་སྐྱོང་བྱེད་བཞིན་ཡོད་ལ། ཉེ་བའི་ལོ་ངོ་བཅུའི་རིང་ལ། ཧེ་ལན W –36ཡིས་གྲངས་འབོར་ཅུང་ཆེན་པོ་བཟུང་ཡོད་པ་དང་། ཨ་མེ་རི་ཁའི་སྒོང་བྱའི་ཚོང་རར་ཧེ་ལན W–36ཡིས་གོ་གནས་ཨང་དང་པོ་བཟུང་ཡོད། ཀྲུང་གོས་ཀྱང་སྒོང་བྱ་དེ་རིགས་ཀྱི་གདོད་མའི་རྒྱུད་པ་ནང་འདྲེན་བྱས་ཡོད་པ་དང་། སྒོང་ཤུན་དཀར་པོ་ཅན་གྱི་སྒོང་བྱའི་ཁྲོད་ནས་ཆེས་ལེགས་པའི་ཚད་དུ་སོན་ཡོད། སྒོང་བྱ་དེ་རིགས་ལ་ལུས་གཟུགས་ཆུང་བ་དང་། གཤིས་ཀ་འཇམ་པ། གཟན་ཆག་གི་འགྲོ་སྒྲོན་ཉུང་བ། རིམས་འགོག་གི་ནུས་པ་བཟང་བ། སྒོང་འབོར་ཚད་མཐོ་བ། གཤང་ཤ་ལུག་པ་དང་སྒྲོ་སྤུ་བཏོག་པའི་ནད་རིགས་ཐོག་ཚད་དམའ་བའི་ཁྱད་ཆོས་ཡོད། ཧེ་ལན W–36ཡི་སྒོང་ཤུན་དཀར་པོ་ཅན་གྱི་སྒོང་བྱའི་ཐོན་སྐྱེད་ནུས་པའི་དམིགས་ཚད་གཙོ་བོ་ནི། འཚར་ལོངས་དུས་ཀྱི་གསོན་ཚད 97%~98%དང་། ན་ཚོད་གཟའ་འཁོར 0~18ཅན་གྱི་གཟན་ཆག་འགྲོ་སྒྲོན་ནི་སྟོང་ཁེ 5.66 སྒོང་འབོར་ཚད 55%ལ་བསླེབས་པའི་དུས་ཡུན་ཉིན 155 སྒོང་འབོར་ཚད་ཆེས་མཐོ་བའི་ཚད་དེ 93%~94%ན་ཚོད་གཟའ་འཁོར 80ཅན་གྱི་སྒོང་འབོར་ཚད་སྒོང 330 ~339སྒོང་གཏོང་བའི་དུས་སྐབས་ཀྱི་གསོན་ཚད 96% ན་ཚོད་གཟའ་འཁོར 70ཅན་གྱི་སྒོ་ངའི་ཆ་སྙོམས་ལྗིད་ཚད་ཁེ 63 གཟན་ཆག་དང་སྒོ་ངའི་སྦྱར་ཚད 1.99:1བཅས་ཡིན་ནོ།། (རི་མོ 1–2)

རི་མོ 1–2 ཧེ་ལན་པའི།

གཉིས། རྒྱལ་ནང་གི་བྱ་རྒྱུད་གཙོ་བོ།

(གཅིག)པེ་ཅིང་ཁྱིམ་བྱ་དཀར་པོ།

པེ་ཅིང་གྲོང་ཁྱེར་གྱིས་ཆེད་མཁས་པ་རྣ་འཛུགས་བྱས་ཏེ་སྒོང་ཤུན་དཀར་པོ་ཅན་གྱི་སྒོང་བྱའི་རིགས་རྒྱུད་གསར་པ་བཟང་པོ་ཞིག་གསོ་སྐྱོང་བྱས་ལ། བྱ་རྒྱུད་དེའི་ལུས་གཟུགས་ཆུང་ཞིང་ཡག་པ་དང་། ལུས་ཡོངས་ཀྱི་སྒྲོ་སྤུ་དཀར་ཞིང་ལུས་ལ་འབྱར་ཡོད་པ་དང་། ཟེ་བ་ཆེ་ཞིང་དམར་མདངས་ཀྱིས་ཁྱུག་པ་དང་། ཕོ་བྱའི་ཟེ་བ་མཐུག་ཅིང་དྲང་པོར་བརྫེངས་ཡོད་པ་དང་། མོ་བྱའི་ཟེ་བ་སྲབ་ཅིང་ཕྱོགས་གཅིག་ལ་ཉལ་ཡོད། མཆུ་ཏོ་དང་། རྐ། སུག་ཏིའི་སྐྱི་པགས་སེར་ཤས་ཆེ་བ་དང་། རྣ་གཤོག་དཀར་པོར་ཆགས་ལ། རྣམ་རིག་བཀྲ་ཞིང་འགུལ་སྐྱེན་པ་དང་། གཟན་འཚོལ་བའི་ནུས་པ་བཟང་བ། འཚར་ལོངས་ཀྱི་དུས་ཐུ་བ་དང་སྒོང་གཏོང་བའི་ཚད་མཐོ་བ། གཟན་ཆག་གི་འགྲོ་གྲོན་ཉུང་ཞིང་འཕྲོད་བསྟུན་གྱི་རང་བཞིན་བཟང་བ་ཡོད། པེ་ཅིང་ཁྱིམ་བྱ་དཀར་པོའི་ལོ་རེའི་སྒོང་འབོར་ཚད་ 260ཡས་མས་དང་། བྱ་སྒོང་གི་ཆ་སྙོམ་ལྗིད་ཚད་ཁེ་ 57ཡོད་ལ། ཚང་མ་ཚོང་རྫས་ཚབ་མའི་སྒོང་བྱའི་རྒྱལ་སྤྱིའི་ཆུ་ཚད་ལ་བསླེབས་ཡོད་པ་ཡིན། (རི་མོ 1–3)

(མོ)　　(ཕོ)

རི་མོ 1–3 པེ་ཅིང་ཁྱིམ་བྱ་དཀར་པོ།

(གཉིས)པེ་ཅིང་ཁྱིམ་བྱ་དམར་པོ།

པེ་ཅིང་གྲོང་ཁྱེར་ཞིང་ལས་ཚན་རིག་ཁང་ཕྱུགས་ལས་སའོ་སྒོང་བྱའི་སོན་གསོ་ལས་གཞི་ཚན་པས 1975ལོ་ནས་མགོ་བཙུགས་ཏེ། དབྱིན་ཇི་རྒྱལ་ཁབ་ཀྱིས་གནང་བའི་ཚོང་རྫས་ཚབ་མའི་སེད་ཁུ་སི་སྒོང་བྱ་དེ་གསོ་སྐྱོང་གི་རྒྱུ་ཆར་བདམས་པ་དང་། བྱ་རྒྱུད་འདེམ་གསོ་དང་རྒྱུད་ཉེ་ཚན་སྤེལ་གྱི་སོན་གསོ་བྱེད་ཐབས་སྤྱད་ནས། ཁྱིམ་བྱ་རེ་རེ་ཁར་འགེར་གྱིས་མིས་ཐབས་ཀྱིས་ཁུ་བ་འདྲེན་པའི་གསོ་སྐྱེལ་ངོ་དམ་བྱེད་ཐབས་སྤྱད་ནས། ལོ་ངོ་བཅུ་ལྷག་གི་རིང་བརྩོན་ལ་བརྟེན་ནས་སྒོང་ཤུན་ཁམ་མདོག་ཡིན་པའི་པེ་ཅིང་བྱ་དམར I རྒྱུད་དང་པེ་ཅིང་བྱ་དམར IIརྒྱུད་ཀྱི་རྒྱུད་གཙང་སྒོང་བྱ་རིགས་གཉིས་གསོ་སྐྱོང་བྱས། པེ་ཅིང་བྱ་དམར Iརྒྱུད་ཀྱི་ལུས་གཟུགས་འབྲིང་གི་ཚད་ཙམ་ཡིན་ལ། ལུས་ཡོངས་ཀྱི་སྒྲོ་སྤུ་ལ་དམར་ཤས་ཆེ་བ་དང་། སྐྱི་མདོག་དང་སུག་མདོག་སེར་པོ་ཡིན་ལ། མཆུ་ཏོ་ཁམ་མདོག་ཤས་ཆེ་བ་དང་། ཟེ་བ་རིམ་པ་གཅིག་ཅན་དང་། ཟེ་བའི་སོ་ཁ་མི་སྙོམ་པ། ངོ་དང་། རྣ་གཤོག ཨག་ཤ་ཚང་མ་དམར་ཤས་ཆེ་བ། འཇའ་སྤྱི་གསེར་མདོག་ཏུ་མདོན། བྱ་རྒྱུད་འདིའི་སྒོང་གཏོང་རན་པའི་ལུས་ཀྱི་ལྗིད་ཚད་ཁེ 1900དང་། སྒོང་གཏོང་བའི་དུས་ཡུན་མཐུག་གི་ལུས་ཀྱི་ལྗིད་ཚད་ཁེ 2000ཡིན་ལ། སྒོང་ཤུན་ཁམ་མདོག་ཏུ་གྲུབ། ཆ་སྙོམ་སྒོང་རེའི་ལྗིད་ཚད་ཁེ 50~55དང་། ཏྭ་ཧྲི་རྩིས་གཞི 80 >ན་ཚོད་ཉིན 500ལ་བསླེབས་པའི་སྒོང་གཏོང་བའི་ཚད་དེ 160~180ཡིན་ནོ། །

(གསུམ)པིན་པའི་ཁྱིམ་བྱ།

དེ་ནི་བྱང་ཤར་ཞིང་ལས་སློབ་གྲྭ་ཆེན་མོས 1976 ~1984ལོའི་བར་དུ་གསོ་སྐྱོང་བྱས་པའི་ལུས་གཟུགས་ཆུང་ཞིང་སྒོང་ཤུན་དཀར་པོ་ཅན་གྱི་རྒྱུད་འདྲེས་སྒོང་བྱ་ཞིག་ཡིན། དེའི་ལུས་གཟུགས་ཆུང་ལ་སྒྲོ་སྤུའི་རྫོང་མཐུག་པ་དང་། ལུས་ཡོངས་ཀྱི་སྒྲོ་སྤུ་དཀར་ཤས་ཆེ་བ་དང་། ཟེ་བ་ཤར་མོ་གཅིག་ཅན་ཞིང་ཆེ་ལ

ཁ་དོག་དམར་པོར་མངོན། མོ་བྱའི་ཟེ་བ་མང་ཆེ་བ་ཕྱོགས་གཅིག་ཏུ་ཉལ་བ་དང་། ངོ་དང་། ཨག་ཤ་དམར་པོ་ཡིན་ཞིང་། རྣ་གཤོག་འོ་མདོག་དང་། མཆུ་ཧོ་དང་། ཁེ། སུག་ཧྲིའི་སྐྱེ་པགས་སེར་པོ་ཡིན། ཕིན་པའི་སྒོང་བྱའི་མཚན་མའི་སྐྱེ་འཕེལ་སྡེ་ལ་སྒོང་གཏོང་ཚད་མཐོ་བ་དང་། ན་ཚོད་གཟའ་འཁོར་72ཅན་གྱི་སྒོང་གཏོང་ཚད་229ཡིན་ལ། ཆ་སྙོམ་སྒོང་ངའི་ལྗིད་ཚད་ཁེ་60 སྒོང་སྒྲིའི་ལྗིད་ཚད་སྟོང་ཁེ་13.5~15ཡོད་པ་དང་། སྒོང་ངའི་རྒྱུ་ཕྲུས་བཟང་ཞིང་སྒོང་ཤུན་སྲ་བ་དང་། སྒོང་ཤུན་དཀར་ཞིང་དབྱིབས་ལ་དྲང་འཁྱོག་ཡ་ཡོ་མེད་པ། གཉིས་ཀར་རྣམ་རིག་གསལ་བ་དང་སྐྱེ་འཕེལ་ནུས་པ་བཟང་བ་སོགས་ཀྱི་ཁྱད་ཆོས་ལྡན་པ་ཡིན། ཕིན་པའི་སྒོང་བྱ་ནི་གཙོ་བོ་ཧེ་ལུང་ཅང་དང་། ཅི་ལིན། ལའོ་ཉིན། ཧེ་པའེ། ཧྲན་ཏུང་། ནང་སོག སི་ཁྲིན་སོགས་ཞིང་ཆེན་དང་ས་ཁུལ་དུ་ཁྱབ་པ་དང་། བྱ་རྒྱུད་དེ་རིགས་ནི་ས་གནས་དེ་དག་གི་གསོ་སྐྱེལ་ཆ་རྐྱེན་དང་འཕྲོད་པ་དང་། ཐོན་སྐྱེད་ནུས་ཤུགས་བརྟན་བརླིང་ཡིན་ལ་སྒོང་ངའི་ཐོན་ཚད་མཐོ་བས། ས་གནས་མང་ཚོགས་ཀྱིས་དགའ་བསུ་ཐོབ་བཞིན་ཡོད་དོ། །(རི་མོ 1–4)

རི་མོ 1–4 ཕིན་པའི་ཁྲིམ་བྱ།

(བཞི)ཞིན་དབྱང་ཧྲིག་སྒོང་བྱ།

དེ་ནི་ཧྲང་ཧེ་ཞིན་དབྱང་སྒོ་ཕྱུགས་སོན་གསོ་ལྟེ་གནས་ཀྱིས་སྡེབ་སྦྱོར

བྱས་པ་ཞིག་ཡིན་ལ། སྒོང་འི་ཐོན་ཚད་མཐོ་བ་དང་གསོན་ཚད་མཐོ་བ། དཔལ་འབྱོར་ཕན་ནུས་བཟང་བ་བཅས་ཀྱི་ཁྱད་ཆོས་ལྡན་ལ། ལོ་རེའི་སྒོང་འི་ཐོན་ཚད་སྟོང་ཁ 19དང་། སྒོང་གཏོང་རིང་གི་གསོན་ཚད 95%ཡན་ཡིན་ནོ།། (རི་མོ 1–5)

རི་མོ 1–5 ཞིན་དབྱང་ཧྲིག་སྒོང་བྱ།

གསུམ། མཚོ་སྔོན་ཞིང་ཆེན་གྱི་ས་གནས་རང་གི་བྱ་རྒྱུད།

མཚོ་ཤར་ཁྲིམ་བྱ།

དེ་ནི་གཙོ་བོ་མཚོ་སྔོན་ཞིང་ཆེན་ཤར་ལུལ་གྱི་མིན་ཡོན་དང་། རེབ་གོང་། ཁྲི་ཀ་སོགས་སུ་ཁྱབ་ཡོད། 1985ལོར་བརྟག་དཔྱད་བྱས་པ་ལྟར་ན། མཚོ་ཤར་གྱི་ཁྲིམ་བྱ་ཡིས་མཚོ་སྔོན་ཞིང་ཆེན་གྱི་ཁྲིམ་བྱ་གསོས་གྲངས་སྤྱིའི 40%ཟིན་པ་དང་། མཚོ་ཤར་ཁྲིམ་བྱ་དེ་ནི་ཤ་སྒོང་མཉམ་སྤྱོད་ཀྱི་རིགས་སུ་གཏོགས་པ་དང་། ལུས་གཟུགས་ཅུང་ཆུང་ལ། མོ་བྱ་ཕལ་ཆེ་བའི་སྒྲོ་སྤུ་ནག་ཤས་ཆེ་བ་དང་། ཕོ་བྱ་ཕལ་ཆེ་བའི་སྒྲོ་སྤུ་དཀར་ནག་འདྲེས་མར་ཡོད། མོ་བྱའི་ལོ་རེའི་སྒོང་གཏོང་ཚད 60 ~80དང་། སྒོང་གཏོང་ཚད་ཆེས་མཐོ་དུས 160ལ་བསླེབ་སྲིད་པ་ཡིན། ཆ་སྙོམ་སྒོང་འི་ལྗིད་ཚད་ཁ 53.21ཡིན་ལ། སྒོང་འི་ཁ་དོག་ཁམ་སེར་ཤས་ཆེ་བ་ཡིན། ཕོ་བྱ་དར་མའི་ཆ་སྙོམ་ལྗིད་ཚད་སྟོང་ཁ 1.86དང་། མོ་བྱའི་ལྗིད་ཚད

སྟོང་ཁེ 1.44ཡིན། མཚོ་ཤར་ཁྱིམ་བྱ་ནི་མཐོ་སྒང་གི་གྲང་ངར་ཆེ་བའི་གནམ······གཤིས་དང་འཕྲོད་པ་དང་། རིམས་འགོག་གི་ནུས་པ་བཟང་ལ་གཟན་ཆག་གི···འགྲོ་གྲོན་ཆུང་བ་ཡོད། དེ་ལས 10% ~14%དེ་ཕྲུའུ་ཀྲུའུ་སྒོང་བྱའི་རིགས་སུ་གཏོགས་པ་ཡིན་ནོ།། (རི་མོ 1–6)

(ཕོ) (མོ)

རི་མོ 1–6 མཚོ་ཤར་ཁྱིམ་བྱ།

ལེའུ་གཉིས་པ། བྱ་གསོ་ར་བ་དང་བྱ་ཁང་གི་འཛུགས་སྐྲུན།

བྱ་གསོ་ར་བའི་གནས་གཞི་གདམ་གསེས་དང་འཆར་འགོད། བྱ་ཁང་གི་ཧྲུས་འགོད། སྒྲིག་ཆས་སྒྲུབ་འཛུགས་སོགས་ཀྱིས་ཐད་ཀར་བྱ་ཁང་ནང་གི་དྲོད་ཚད་དང་། རླན་ཚད། ཉི་འོད་ཕོག་ཚད། རླུང་རྒྱུ་བ་བཅས་ལ་ཤུགས་རྐྱེན་ཐེབས་པ་ལས། བྱ་ཁང་ནང་གི་ཁོར་ཡུག་གི་ཆ་རྐྱེན་དང་མཁའ་དབུགས་ཀྱི་རྒྱུ་ཁྱུས་ལ་ཤུགས་རྐྱེན་བཟོ་བར་བྱེད་ལ། དེས་ཐད་ཀར་སྒོང་བྱའི་སྐྱེ་འཚར་དང་ཐོན་སྐྱེད་ནུས་ཤུགས་ལ་ཤུགས་རྐྱེན་ཐེབས་པར་བྱེད་པ་ཡིན། དེ་བས་ཚན་རིག་དང་མཐུན་པའི་སྒོ་ནས་བྱ་གསོ་ར་བ་འཆར་འགོད་བྱེད་པ་དང་། བྱ་ཁང་ལ་འཆར་གཞི་བཟོ་བ། སྒྲིག་ཆས་གདམ་གསེས་དང་སྒྲུབ་འཛུགས་བྱེད་པ་སོགས་ནི་སྒོང་བྱ་གསོ་སྐྱོང་ལ་ངེས་པར་དུ་མཁོ་བའི་རྒྱུ་རྐྱེན་ཡིན་ནོ།།

ས་བཅད་དང་པོ། བྱ་གསོ་ར་བ་དང་བྱ་ཁང་གི་འཛུགས་སྐྲུན།

གཅིག བྱ་གསོ་ར་བའི་གནས་གཞི་གདམ་གསེས་བྱེད་སྟངས།

བྱ་གསོ་ར་བའི་གནས་གཞི་འདེམ་པར་གཙོ་བོ་ཐོན་སྐྱེད་བདག་གཉེར་བྱེད་པར་སྟབས་བདེ་ཞིང་། འགྲིམ་འགྲུལ་དང་རིམས་འགོག་གི་ཆ་རྐྱེན་བཟང་བ། མ་རྩ་མང་པོ་མི་དགོས་པ་བཅས་ནི་རྩ་དོན་དུ་བྱེད་དགོས་པ་དང་། དེ་དང་མཉམ་དུ་རང་བྱུང་གི་ཆ་རྐྱེན་དང་སྤྱི་ཚོགས་ཀྱི་ཆ་རྐྱེན་ལ་བསམ་གཞིགས་བྱེད

དགོས་པར་མ་ཟད། རྗེས་ཕྱོགས་ཀྱི་འཕེལ་རྒྱས་ཁ་ཕྱོགས་ལའང་བསམ་གཞིགས་བྱེད་དགོས་པ་ཡིན། བྱ་གསོ་ར་བ་འཛུགས་སྐྲུན་བྱས་རྗེས་བཅོས་སྒྱུར་བྱེད་རྒྱུ་ཤིན་ཏུ་ཚེགས་ཆེ་བས། བྱ་གསོ་ར་བ་འཛུགས་སྐྲུན་མ་བྱས་སྔོན་ལ་གནམ་གྱི་རྒྱུ་རྐྱེན་དག་ལ་བསམ་གཞིགས་ཡང་ཡང་གཏོང་དགོས་པ་ཡིན།

1.ས་བབ། བྱ་གསོ་ར་བ་ནི་ས་བབ་ཅུང་མཐོ་ཞིང་སྐམ་ཤས་ཆེ་བ་དང་། བདེ་ཞིང་སྙོམ་པའམ་ཡང་ན་གསེག་ཚད(1°–3°)ངེས་ཅན་ཞིག་ལྡན་དགོས་པ་ཡིན། གལ་ཏེ་ལ་ངོས་དང་རི་ཁུལ་དུ་འཛུགས་སྐྲུན་བྱེད་ན། རྒྱབ་ཕྱོགས་རླུང་གི་རྒྱུ་ཕྱོགས་ལ་ཁ་གཏོད་པ་དང་མདུན་ཕྱོགས་ཉི་མར་གཏོད་དགོས་ལ། ལ་ངོས་ཀྱི་གཟེར་ཚད་ཆེས་མང་ནའང 25°ལས་བརྒལ་མི་རུང་བ་ཡིན། རི་རྩེ་དང་ལུང་མཐིལ་དུ་བྱ་གསོ་ར་བ་འཛུགས་མི་འཚམ་ལ། བྱ་གསོ་ར་བ་དེ་གནས་གང་ཞིག་ཏུ་བཙུགས་ཀྱང་ཉི་འོད་ཐོག་བཟང་བ་དང་བཙོག་ཆུ་འདོར་བཟང་བར་ཁག་ཐེག་དགོས་པ་ཡིན།

2.ས་དབྱིབས། བྱ་གསོ་ར་བ་དེ་ཁོད་ཡངས་ཤིང་བདེ་སྙོམ་ཡིན་དགོས་པ་མ་ཟད། གསོ་སྐྱེལ་གཞི་ཁྱོན་དང་རྗེས་ཕྱོགས་འཕེལ་རྒྱས་ཀྱི་དགོས་མཁོའི་རྒྱ་ཁྱོན་དང་ཡང་འཚམ་དགོས་པ་ཡིན། དེ་ལྟར་བྱས་ན་བྱ་གསོ་ར་བའི་ནང་གི་འཛུགས་སྐྲུན་གྱི་ལུགས་མཐུན་བཀོད་སྒྲིག་དང་ཉུས་པའི་ཁུལ་གྱི་ལུགས་མཐུན་སྒྲིག་བཀོད་བྱེད་པར་སྟབས་བདེ་བ་ཡིན། བྱ་གསོ་ར་བ་དེ་ས་དབྱིབས་རྙོག་འཛིང་ཆེ་བ་དང་། རླུང་ཤུགས་དྲག་པ། ས་ཆ་དོག་ཅིང་གྲོག་ཤུར་གྱི་གནས་སུ་འཛུགས་མི་འཚམ་ཡིན། དེ་ལྟའི་གནས་སུ་འཛུགས་སྐྲུན་བྱས་ན་མ་རྩའི་འགྲོ་གྲོན་ཆེ་བ་དང་ཐོན་སྐྱེད་ཀོ་རིམ་ཁྲིད་དུ་ཁེ་སྤོང་རིག་ངེས་པ་ཡིན།

3.ཆུ་ཁུངས། ཆུ་ནི་སྒོང་བྱ་གསོ་སྐྱེལ་བྱེད་པར་མེད་དུ་མི་རུང་བའི་འཚོ་བཅུད་ཀྱི་རྒྱུ་གལ་ཆེན་ཞིག་ཡིན་ལ། སྒོང་བྱ་དང་སྒོང་བྱའི་ཐོན་རྫས་ཀྱི་གལ་ཆེའི

གྲུབ་ཆ་ཞིག་ཀྱང་ཡིན། སྐོང་བྱའི་འཚོ་བཅུད་ཀྱི་སྣུད་ལེན་དང་། བཙོག་པ་འདོར་བ། ལུས་ཀྱི་དྲོད་ཚད་སྙོམ་སྒྲིག་བྱེད་པར་ཆུ་མཁོ་བ་དང་། དེ་དང་མཉམ་དུ་སྐོང་བྱར་ཉིན་རྒྱུན་དུག་སེལ་བྱེད་པ་དང་། མེ་སྐྱོན་འགོག་པ། ལས་སྒྲུབ་མི་སྣའི་ནར་མའི་འཚོ་བ་སོགས་ཀྱང་ཆུ་དང་འབྲལ་ཐབས་མེད། བྱ་གསོ་ར་བར་ཆུ་འདང་ངེས་ཤིག་དགོས་པ་ཕུད། ད་དུང་ཆུའི་རྒྱུ་ཁུངས་ལ་ཁག་ཐེག་བྱེད་དགོས་པ་སྟེ། ཆུའི་རྒྱུ་ཁུངས་དེ་མི་ཕྱུགས་ཀྱི་འཐུང་ཆུའི་རྒྱུ་ཁུངས་ཀྱི་བླང་བྱ་དང་འཚམ་དགོས། བྱ་གསོ་ར་བ་དེ་སྒྲིར་བཏང་དུ་གྲོང་ཁྱེར་དང་ཁ་ཐག་རིང་བ་ཡོད་པས། གལ་ཏེ་རང་འབབ་ཆུའི་ཀུང་ཟེས་མཁོ་སྤྲོད་མེད་ན། རང་ཉིད་ཀྱིས་དོང་ཆུ་བྲུས་ཚོག་ལ། ཆུ་གསོག་རྫིང་བཟོས་ཏེ་བྱ་གསོ་ར་བར་ཆུ་མཁོ་སྤྲོད་ཐུབ་པར་ཁག་ཐེག་བྱེད་དགོས་པར་མ་ཟད། དེ་ལས་ཀྱང་གལ་ཆེ་བ་ཞིག་ནི་ས་འོག་ཆུ་ལ་འབབ་བཙོག་མི་ཐེབས་པར་མཉམ་འཛོག་བྱེད་དགོས་པ་དེ་ཡིན།

4.ས་རྒྱུ། བྱ་གསོ་ར་བའི་གནས་ཀྱི་ས་རྒྱུ་ལ་རླུང་དང་ཆུའི་སིམ་འཛུལ་ནུས་པ་བཟང་ཞིང་། འབབ་བཙོག་མ་ཐེབས་ཤིང་སའི་ཐེག་ཚད་རང་བཞིན་ངེས་ཅན་ཞིག་ལྡན་དགོས་པ་ཡིན།

5.འགྲིམ་འགྲུལ། བྱ་གསོ་ར་བ་དེ་སྒྲིར་བཏང་དུ་འགྲིམ་འགྲུལ་སྟབས་བདེ་བའི་གནས་དང་། རྒྱ་ལམ་དང་ཐག་ཉེ་བ། འཛད་སྤྱོད་བྱེད་གནས་དང་གཟན་ཆག་ཐོན་ཁུངས་ཀྱི་གནས་དང་ཐག་ཉེ་དགོས་པ་ལས་གཞན། བྱ་གསོ་ར་བའི་གནས་དེ་འགྲིམ་འགྲུལ་ལམ་ཐིག་གཙོ་བོ་དང་བར་ཐག(ཆེས་བཟང་ན་བར་ཐག་སྨིད 1000ཡན་ཡོད་དགོས)ངེས་ཅན་ཞིག་ཡོད་དགོས་ལ། རིམས་འགོག་བྱ་བར་སྟབས་བདེ་བ་དང་། བྱ་གསོ་ར་བའི་སྐྱེལ་འདྲེན་དགོས་མཁོ་ཡང་སྐོང་ཐུབ་དགོས་པ་ཡིན། གཞན་ཡང་སྤོད་དམངས་ཀྱི་བཙོག་ཆུ་འདོར་ཁུངས་དང་བྲལ་དགོས་པ་མ་ཟད། རྫས་འགྱུར་བཟོ་གྲྭ་དང་། ཀོ་ཆས་བཟོ་གྲྭ། བཤས་ར་སོགས་

ཁོར་ཡུག་ལ་འབབ་བཙོག་ཐེབས་པར་བྱེད་པའི་ཁེ་ལས་དང་རྒྱང་བསྐྱེད་དགོས་པ་ཡིན།

6.གློག་ཁུངས། བྱ་གསོ་ར་བ་དེ་གློག་ལ་བརྟེན་ཞུགས་དྲག་པའི་རྐྱེན་གྱིས། བྱ་གསོ་ར་བ་ཆེ་བ་དང་འབྲིང་བ་དག་གིས་དགོས་ངེས་ཀྱི་གློག་རྒྱུན་སྒྲིག་སྒྲོར་བྱེད་པ་སྟེ། གློག་ལམ་གཉིས་ཅན་གྱི་གློག་གི་མཁོ་སྤྲོད་དང་གློག་འདོན་འཕྲུལ་ཆས་སོགས་སྒྲོར་འཛུགས་བྱས་ནས་གློག་ཆད་པར་དོགས་ཟོན་བྱེད་དགོས།

7.བྱ་གསོ་ར་བ་འཛུགས་གནས་ཀྱི་འཆར་འགོད། བྱ་ཕྱུགས་གསོ་སྐྱེལ་ལས་རིགས་ཀྱི་བཅའ་ཁྲིམས་ཀྱི་བླང་བྱ་ལྟར་འཆར་འགོད་བྱེད་དགོས་པ་སྟེ། 《ཀྲུང་ཧྭ་མི་དམངས་སྤྱི་མཐུན་རྒྱལ་ཁབ་ཕྱུགས་ལས་བཅའ་ཁྲིམས》ཀྱི་དོན་ཚན་བཞི་བཅུ་པ་ལས། གཤམ་གྱི་ས་ཁུལ་དག་ཏུ་བྱ་ཕྱུགས་གསོ་སྐྱེལ་ར་བ་དང་གསོ་སྐྱེལ་ཁུལ་འཛུགས་མི་ཆོག་པར་གཏན་འཁེལ་བྱས་ཡོད་དེ།

(1)འཚོ་བའི་འཐུང་ཆུའི་ཆུ་མགོའི་སྲུང་སྐྱོབ་ཁུལ་དང་། ལྟོངས་གནས་གྲགས་ཅན་ཁུལ། རང་བྱུང་སྲུང་སྐྱོབ་ཁུལ་གྱི་ལྟེ་བའི་ཁུལ་དང་བར་བཅད་ས་ཁུལ་སོགས།

(2)གྲོང་བརྡལ་སྡོད་དམངས་ཁུལ་དང་། རིག་གནས་སློབ་གསོ་དང་རིག་གཞུང་ཞིབ་འཇུག་ཁུལ་སོགས་མི་འདུས་སྡོད་ཆེ་བའི་ས་ཁུལ།

(3)བཅའ་ཁྲིམས་དང་སྒྲིག་སྲོལ་གྱིས་གསོ་སྐྱེལ་མི་ཆོག་པར་གཏན་འཁེལ་བྱས་པའི་ས་ཁུལ།

གཉིས། བྱ་གསོ་ར་བའི་བཀོད་སྒྲིག

བྱ་གསོ་ར་བའི་འཆར་གཞི་སྒྲིག་བཀོད་ནི་འཛུགས་སྐྲུན་བྱེད་གནས་དེའི་ཁོར་ཡུག་གི་ཆ་རྐྱེན་དང་སྤྱི་ཚོགས་ཀྱི་ཆ་རྐྱེན་གཞིར་བཟུང་ནས། གསོ་སྐྱེལ་གྱི་གཞི་ཁྱོན་དང་ཐོན་སྐྱེད་བཟོ་རྩལ་གཏན་འཁེལ་བྱེད་པ་དང་། འཛུགས་སྐྲུན་དངོས་

པོའི་སྒྲིག་ཆས་ཀྱི་གྲངས་ཀ་སྣ་ཚོགས་དང་གཞི་ཁྱོན་གཏན་ཁེལ་བྱེད་པ་མ་ཟད། གནས་དེའི་ས་བབ་ས་དབྱིབས་དང་ལོ་རྒྱུན་པོའི་རླུང་གི་རྒྱུ་ཕྱོགས་གཞིར་བཟུང་……ནས་བྱ་གསོ་ར་བའི་ནུས་པའི་ཁྱུལ་སྣ་ཚོགས་དང་འཛུགས་སྐྲུན་དངོས་པོའི་ཁྱབ……སྤྲངས་བཀོད་སྒྲིག་གཏན་ཁེལ་བྱེད་པའི་གོ་རིམ་ལ་ཟེར། (རི་མོ 2–1)

(གཅིག)བྱ་གསོ་ར་བ་ཁག་བགོ་བའི་རྩ་དོན།

1.ལུགས་མཐུན་གྱི་སྒོ་ནས་ཐོན་སྐྱེད་བདག་གཉེར་ཁྱུལ་དང་། རིགས་འདེགས་ཐོན་སྐྱེད་ཁྱུལ། ཐོན་སྐྱེད་ཁྱུལ། བཙོག་ཆུ་ལེགས་བཅོས་ཁྱུལ་སོགས……ནུས་པའི་ཁྱུལ་སྒྲིག་བཀོད་བྱེད་དགོས་ཏེ། དེ་ཡང་རླུང་གི་རྒྱུ་ཕྱོགས་ཀྱི་མགོ་ནས་མཇུག་བར་དང་། ས་བབ་མཐོ་བའི་གནས་ནས་ས་བབ་དམའ་བའི་གནས་ཀྱི……རིམ་པ་ལྟར་ཐོན་སྐྱེད་བདག་གཉེར་ཁྱུལ་དང་། རིགས་འདེགས་ཐོན་སྐྱེད་ཁྱུལ། ཐོན་སྐྱེད་ཁྱུལ། བཙོག་ཆུ་ལེགས་བཅོས་ཁྱུལ་སོགས་ཀྱི་རིམ་པ་ལྟར་ནུས་པ་ཁྱུལ……གྱི་གོ་རིམ་མ་འཚོལ་བར་བྱེད་དགོས།

2.འཛུགས་སྐྲུན་དངོས་པོའི་སྒྲིག་བཀོད་ནི་ངེས་པར་དུ་རིམས་ནད་འགོག་བཅོས་དང་ཐོན་སྐྱེད་བསྐྱར་སྒྲིག་གི་བྱ་བར་འགོག་རྐྱེན་མི་ཐེབས་པ་ཞིག་ཡིན……དགོས།

3.འཐུས་སྒོ་ཚང་བའི་བཀག་སྒོའི་མ་ལག་འཛུགས་པ་དང་། ལུགས་མཐུན་གྱི་སྒོ་ནས་ཐོན་སྐྱེད་ཁྱུལ་གྱི་གཙང་ལམ་དང་བཙོག་ལམ་སྒྲིག་སྒྲུར་བྱེད་པ་མ་ཟད། ཕྱིང་བྱ་ནན་མོའི་སྒོ་ནས་དེ་དག་བཀོལ་སྤྱོད་དང་ཚོད་དམ་བྱེད་དགོས།

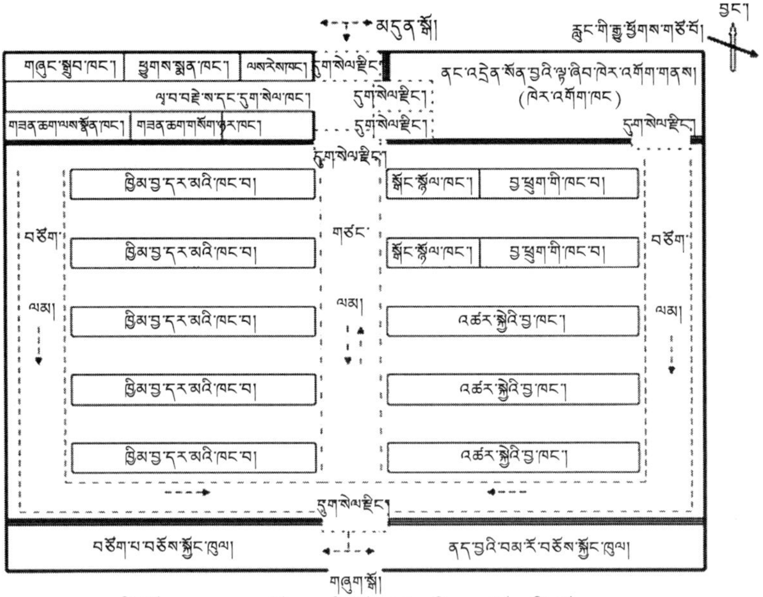

རི་མོ 2–1 བྱ་གསོ་ར་བའི་ངོས་སྒྲོམ་སྒྲིག་བཀོད་རི་མོ།

གསལ་བཤད། 1.གོ་རིམ་གསུམ་ཅན་གྱི་གསོ་སྐྱེལ་བྱེད་ཐབས་ནི་བྱ་ཕྲུག་གི་གནས་སྐབས་དང་། སྐྱེ་འཚར་གྱི་གནས་སྐབས། དར་མའི་གནས་སྐབས་སོགས་ལ་ཁང་པ་རེ་རེ་བགོས་ཏེ་གསོ་སྐྱེལ་བྱེད་པ་དེ་ཡིན་ལ། བྱ་ཁང་རིགས་གསུམ་གྱི་སྡུར་བ་ནི 1: 2: 6གི་ཚད་ཡིན།

2.བྱ་ཁང་རེ་རེའི་བར་ཐག་ནི་སྤྱིར་བཏང་དུ་བྱ་ཁང་གི་མཐོ་ཚད་ཀྱི་ལྡབ 3 –5ཡིན་ན་འོས་འཚམ་ཡིན།

3.གཙང་ལྕུང་གི་ཞེང་ལ་སྨིད 2དང་། བཙོག་ལྕུང་གི་ཞེང་ལ་སྨིད 1.5ཡོད་དགོས།

(གཉིས)བྱ་གསོ་ར་བའི་སྒྲིག་བཀོད་ལ་ཤུགས་རྐྱེན་བཟོ་བའི་རྒྱུ་རྐྱེན།

1.གསོ་སྐྱེལ་བྱེད་ཐབས། སྒོང་བྱ་གསོ་སྐྱེལ་བྱེད་སྟངས་ལ་གོ་རིམ་གཉིས་ཅན་དང་གོ་རིམ་གསུམ་ཅན་གྱི་རིགས་གཉིས་ཡོད་ལ། གོ་རིམ་གཉིས་ཅན་གྱི་གསོ་སྐྱེལ་ནི་བྱ་ཕྲུག་གི་གནས་སྐབས་དང་འཚར་སྐྱེའི་གནས་སྐབས་ཀྱི་གསོ་སྐྱེལ་དེ་གོ་རིམ་གཅིག་དང་། དར་མའི་གསོ་སྐྱེལ་དེ་གོ་རིམ་གཅིག་ཡིན་ལ། གསོ་སྐྱེལ་གྱི་བྱེད་ཐབས་དེ་ལ་བྱ་ཁང་གཉིས་འཛུགས་དགོས་པ་དང་། སྤྱིར་བཏང་དུ་བྱ

ཁང་གཉིས་ཀྱི་སྤྱར་བ་ནི 1:2ཡིན། གོ་རིམ་གསུམ་ཅན་གྱི་གསོ་སྐྱེལ་བྱེད་ཐབས་ནི་བྱ་ཕྲུག་གི་གནས་སྐབས་དང་། འཚར་སྐྱེའི་གནས་སྐབས། དར་མའི་གནས་སྐབས་བཅས་སོ་སོར་བྱ་ཁང་རེ་རེ་བཙུགས་ཏེ་གསོ་དགོས་ལ། བྱ་ཁང་དེ་གསུམ་གྱི་སྤྱར་བ་ནི་སྤྱིར་བཏང་དུ 1:2:6ཡིན། བྱ་ཕྲུག་གི་ཁང་པ་ནི་རླུང་གི་རྒྱུ་ཕྱོགས་ཀྱི་གོང་དང་། དེ་ནས་རིམ་པར་འཚར་སྐྱེའི་བྱ་ཁང་དང་དར་མའི་བྱ་ཁང་བཅས་ཀྱི་རིམ་པ་ལྟར་བསྒྲིག་དགོས།

2.བྱ་ཁང་གི་འཁོར་ཕྱོགས། ལུགས་མཐུན་གྱི་འཁོར་ཕྱོགས་དེས་བྱ་ཁང་ནང་དུ་རླུང་རྒྱུ་བ་དང་བྱ་ཁང་ནང་གི་དྲོད་ཚད་སྙོམ་སྒྲིག་བྱེད་པར་རོགས་འདེགས་བྱེད་པ་མ་ཟད། བྱ་གསོ་ར་བ་སྤྱིའི་སྒྲིག་བཀོད་ལུགས་མཐུན་ཅན་དུ་བཏང་ནས་འཛུགས་སྐྲུན་རྒྱ་ཁྱོན་ལ་གྲོན་ཆུང་བྱེད་ཐུབ་པ་ཡིན། དེ་གཙོ་བོ་ས་གནས་སོ་སོའི་ཉི་འོད་ཀྱི་འགྱེད་འཕྲོ་དང་རླུང་གི་ཁ་ཕྱོགས་གཙོ་བོ་གཉིས་ཀྱི་རྒྱུ་རྐྱེན་གཞིར་བཟུང་ནས་གཏན་ཁེལ་བྱེད་དགོས་པ་ཡིན། མཚོ་སྔོན་ཞིང་ཆེན་དུ་སྤྱིར་བཏང་དུ་ཤར་ནས་ནུབ་ཀྱི་འགྲོ་ཕྱོགས་སམ། ལྷོ་ནས་ཤར་ལ་གསེག་པའམ་ཡང་ན་ནུབ་ཀྱི་གསེག་ཚད 15°ཡས་མས་ཀྱི་ཁ་ཕྱོགས་ལ་གཏད་ན་འཚམ་པོ་ཡོད། དེ་ལྟར་བྱས་ན་དགུན་ཁར་ཉི་འོད་འགྱེད་འཕྲོ་བེད་སྤྱད་ནས་བྱ་ཁང་གི་གྲང་ངར་འགོག་ཐུབ་པས། གསོ་སྐྱེལ་གྱི་མ་རྩ་རང་བཞིན་གྱིས་ཇེ་ཉུང་དུ་གཏོང་ཐུབ་པ་ཡིན་ནོ། །

3.བྱ་ཁང་བར་གྱི་བར་ཐག བྱ་ཁང་བར་གྱི་བར་ཐག་ཆུང་དྲགས་ན་འཕྲོད་སྙེན་རིམས་འགོག་དང་། མེ་སྐྱོན་སྔོན་འགོག ཉི་འོད་སྤྱད་པ་དང་རླུང་རྒྱུ་བ་བཅས་ལ་འགོག་རྐྱེན་བཟོ་བ་དང་། བྱ་ཁང་བར་གྱི་བར་ཐག་ཆེ་དྲགས་ན་འཛུགས་སྐྲུན་གྱི་ས་ཆ་ཆུད་ཟོས་བཏང་ནས་གསོ་སྐྱེལ་འགྲོ་གྲོན་ཆེ་རུ་བཏང་འགྲོ་བ་ཡིན། སྤྱིར་བཏང་དུ་བྱ་ཁང་གི་མཐོ་ཚད་ཀྱི་ལྡབ 3~5བྱས་ན་གསོ་སྐྱེལ་བླང་བྱ་དང་མཐུན་

པ་ཡིན་ལ། རེའུ་མིག 2–1ལ་ཟུར་ལྟ་བྱས་ཀྱང་ཆོག་པ་ཡིན།

རེའུ་མིག 2–1 བྱ་ཁང་བར་གྱི་བར་ཐག

རིགས།	རིགས་གཅིག་པའི་བྱ་ཁང་བར་གྱི་བར་ཐག(སྨིད)	རིགས་མི་མཐུན་པའི་བྱ་ཁང་བར་གྱི་བར་ཐག(སྨིད)
བྱ་ཕྲུག་དང་འཚར་སྐྱེའི་བྱ་ཁང་།	15~20	30~40
ཚོང་རྫས་སྒོང་ཞྭའི་བྱ་ཁང་།	12~15	20~25
སོན་བྱའི་བྱ་ཁང་།	15~20	30~35

4.བྱ་གསོ་ར་བའི་ནང་གི་བགྲོད་ལམ། ཐོན་སྐྱེད་ཁུལ་གྱི་བགྲོད་ལམ་དེ་གཙང་ལམ་དང་བཙོག་ལམ་གཉིས་སུ་བགོ་དགོས་པ་དང་། གཙང་ལམ་དེ་ཆེད་དུ་སྒོང་བྱ་དང་། གཟན་ཆག བྱ་ཕྲུ་བརྗེ་སྤོར་བྱེད་པའི་སྐྱེལ་འདྲེན་དུ་བཀོལ་བ་དང་། བཙོག་ལམ་ནི་ཆེད་དུ་བྱ་བྲུན་དང་བྱ་རོ་སྐྱེལ་འདྲེན་ཐད་བཀོལ་དགོས་པ་ཡིན།

5.ལྗོང་སྒྱུར། ལྗོང་སྒྱུར་གྱིས་ས་གནས་མཛེས་སྒྱུར་དང་། བྱ་གསོ་ར་བའི་རང་བྱུང་གི་ཁོར་ཡུག་ལེགས་སྒྱུར་བྱེད་པ་མ་ཟད། བྱ་གསོ་ར་བའི་ཁོར་ཡུག་ལ་སྲུང་སྐྱོབ་དང་། བདེ་འཇགས་ཐོན་སྐྱེད་ལ་སྐུལ་འདེད། ཐོན་སྐྱེད་དཔལ་འབྱོར་ཕན་འབྲས་མངོན་གསལ་གྱིས་མཐོ་རུ་འདེགས་པ་བཅས་ལ་ནུས་པ་མི་དམན་པ་ཡོད། བྱ་གསོ་ར་བའི་ལྗོང་སྒྱུར་སྒྲིག་བཀོད་དེ་ས་གནས་མི་འདྲ་བའི་འདེབས་འཛུགས་འཕྲོད་མཐུན་མི་འདྲ་བ་གཞིར་བཟུང་ནས་དེ་མཐུན་གྱི་སྡོང་པོ་བཙུགས་ནས། སྡོང་པོ་རིགས་སོ་སོའི་ནུས་པ་བླ་ལྷག་ཏུ་འདོན་པར་བྱེད་དགོས།

6.བྱ་ཁང་ཕྲེང་བསྟར་སྒྲིག་ཚུལ། བྱ་ཁང་ནི་བྱ་གསོ་ར་བའི་འཛུགས་སྐྲུན་གཙོ་བོ་ཡིན་ལ། བྱ་ཁང་གི་ཕྲེང་བསྟར་སྒྲིག་ཚུལ་ནི་གསོ་སྤེལ་གྱི་གཞི་ཁྲོན་དང་།

གསོ་སྐྱོང་བཟོ་རྩལ། ས་བབ་ས་དབྱིབས་སོགས་མི་འདྲ་བའི་དབང་གིས་མི་འདྲ་བ་ཡིན། སྤྱིར་བཏང་དུ་བསྟར་ཕྲེང་གཅིག་ཅན་དང་། བསྟར་ཕྲེང་གཉིས་ཅན། བསྟར་ཕྲེང་མང་པོ་ཅན་བཅས་བསྟར་ཕྲེང་སྒྲིག་ཚུལ་རིགས་གསུམ་ཡོད། (རི་མོ 2–2)

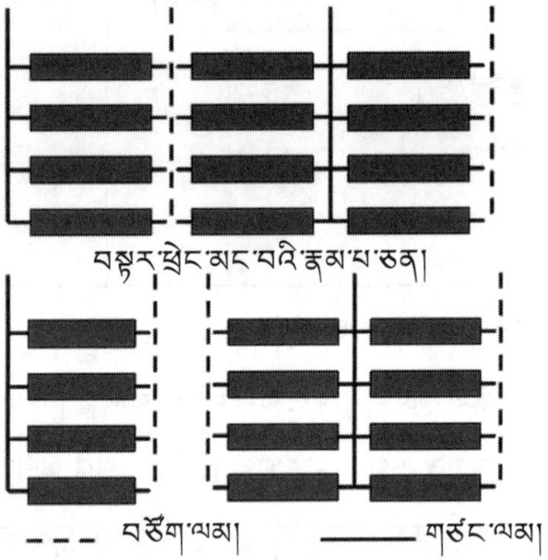

རི་མོ 2–2 བྱ་ཁང་གི་བསྟར་ཕྲེང་རྣམ་པ།

གསུམ། བྱ་ཁང་གི་འཛུགས་སྐྲུན།

(གཅིག)བྱ་ཁང་གི་རིགས་དབྱེ།

བྱ་ཁང་གི་འཛུགས་སྐྲུན་རྣམ་པ་གཞིར་བཟུང་ན། ཁ་སྲུམ་པའི་རྣམ་པ་ཅན་གྱི་བྱ་ཁང་དང་། ཁ་ཕྱེ་བའི་རྣམ་པ་ཅན་གྱི་བྱ་ཁང་། ཡོལ་སྒྲིལ་རྣམ་པ་ཅན་གྱི་བྱ་ཁང་བཅས་རིགས་གསུམ་ཡོད་པ་དང་། གསོ་སྐྱོང་གི་རྣམ་པ་དང་སྒྲིག་ཆས་གཞིར་བཟུང་ན། ཐང་གསོའི་བྱ་ཁང་དང་གཟེབ་གསོའི་བྱ་ཁང་གཉིས་ཡོད་པ། གསོ་སྐྱོང་གི་གོ་རིམ་གཞིར་བཟུང་ན། བྱ་ཕྲུག་གི་ཁང་པ་དང་། འཚར་སྐྱེའི་བྱ་ཁང་། དར་མའི་བྱ་ཁང་། བྱ་ཕྲུག་འཚར་ལོངས་བྱ་ཁང་། འཚར་སྐྱེའི་སྒོ་ང་གཏོང་བའི་བྱ་ཁང་། བྱ་ཕྲུག—འཚར་སྐྱེ—སྒོ་ང་གཏོང་བའི་བྱ་ཁང་སོགས་ཡོད

ཏོ།།

1.ཁ་སྲུམ་པའི་རྣམ་པ་ཅན་གྱི་བྱ་ཁང་། བྱ་ཁང་འདིའི་རིགས་ཀྱི་ཁང་གླད་དང་འགྲམ་ངོས་ཧྲིལ་པོ་ཧྲད་འགོག་རྒྱ་ཆ་སྒྲུད་ནས་ཁ་སྲུམ་ཡོད་པ་དང་། མཁའ་དབུགས་འཛུལ་ཁུང་དང་རླུང་འདོར་འཕྲུལ་ཆས་སྒྲིར་འཛུགས་བྱས་ཡོད་ལ། ཁང་པའི་ནང་དུ་རྒྱུན་པར་མིས་བཟོས་འོད་འཕྲོའི་སྒྲིག་ཆས་སྒྲུད་ནས་ཉི་འོད་སྡུད་བཞིན་ཡོད་པ་དང་། ཁང་པའི་ནང་དུ་ད་དུང་རླུང་འཐེན་འཕྲུལ་ཆས་དང་རླུང་རྒྱ་འཕྲུལ་ཆས་སྒྲིར་འཛུགས་བྱས་ཡོད་པས། ཁང་པའི་ནང་གི་དྲོད་ཚད་དང་རླན་ཚད་དེ་རླུང་རྒྱུ་བའི་ཚད་ཀྱི་ཆེ་ཆུང་དང་མཁའ་དབུགས་རྒྱུ་ཚད་ཀྱི་མྱུར་ཚད་མགྱོགས་དལ་ལ་བརྟེན་ནས་སྙོམ་སྒྲིག་བྱེད་བཞིན་ཡོད། ཁང་པའི་དྲོད་ཚད་མར་ཕབ་པར་རླུང་རྒྱུ་མཁའ་དབུགས་བརྗེ་གསོར་གྱི་ཚད་ཇི་དྲག་ཏུ་གཏོང་བ་དང་། བྱ་ཁང་གི་རླུང་རྒྱུ་ཁུང་བུ་ཁར་མཁའ་དབུགས་འཁྲུག་བཟོའི་འཕྲུལ་ཆས་སྒྲིག་སྦྱོར་བྱེད་པ་སོགས་ཀྱི་བྱེད་ཐབས་སྤྱོད་པ་ཡིན།

བྱ་ཁང་རིགས་འདིའི་དགེ་མཚན་ནི། གཤམ་གྱི་རང་བྱུང་རྒྱུ་རྐྱེན་ངན་པ་དག་གིས་བྱ་ཕྲུ་ལ་ཤུགས་རྐྱེན་ངན་པ་ཐེབས་པའི་ཤུགས་ཆུང་དུ་གཏོང་བའམ་མེད་པར་བཟོས་པ་ལ་བརྟེན་ནས། བྱ་ཕྲུ་དེ་ཚུང་གཏན་འཛུགས་དང་འོས་འཚམ་ཡིན་པའི་ཁོར་ཡུག་ཁྲོད་བྱ་རྒྱུད་རང་གི་སྣས་པའི་ནུས་པ་བླ་ལྷག་ཏུ་འདོན་ཐུབ་པ་དང་། ཐོན་སྐྱེད་ཀྱི་ཚད་གཞི་དེ་བརྟན་སྲུང་བྱེད་ཐུབ་པ་ཡིན། གཞན་ད་དུང་བྱ་སླག་དང་འབུ་སྲིན་གྱིས་རྐོལ་བ་ཤོག་པ་དང་། བྱ་ཕྲུ་འབབ་བཟོའི་གོ་སྐབས་ཇེ་ཉུང་དུ་བཏང་སྟེ། རང་བྱུང་གི་རིམས་ནད་འགོ་བའི་ཚད་ཇེ་ཉུང་དུ་བཏང་ནས་འཕྲོད་བསྟེན་རིམས་འགོག་ངོ་དམ་ལ་ཕན་པ་ངེས་ཅན་ཡོད། བྱ་ཁང་འདིའི་རིགས་ཀྱི་འཕྲུལ་ཆས་ཅན་གྱི་ཚད་མཐོ་བ་དང་། གསོ་བྱའི་གྲངས་འབོར་མང་བ། ངལ་རྩོལ་པའི་འགྲོ་གྲོན་ཆུང་བ་མ་ཟད། ད་དུང་བྱ་ཁང་ནང་དུ་རླུང་རྒྱུ་འཕྲུལ

ཆས་སྒྲོར་འཛུགས་བྱས་པ་དེས། བྱ་ཁང་སོ་སོའི་བར་ཐག་ཇེ་ཆུང་དུ་བཏང་ཚོག་པས་ན། ཐོན་སྐྱེད་ཁུལ་གྱི་འཛུགས་སྐྲུན་རྒྱ་ཁྱོན་ལ་གྲོན་ཆུང་བྱེད་ཐུབ་པ་ཡིན།

2.ཁ་ཕྱེ་བའི་རྣམ་པ་ཅན་གྱི་བྱ་ཁང་། བྱ་ཁང་འདིའི་རིགས་ལ་ཁ་ཕྱེ་བའི་རྣམ་པ་ཅན་དང་ཕྱེད་ཕྱེ་བའི་རྣམ་པ་ཅན་གྱི་རིགས་གཉིས་ཡོད། ཁ་ཕྱེ་བའི་རྣམ་པ་ཅན་གྱི་བྱ་ཁང་ནི་གཙོ་བོ་རང་བྱུང་གི་མཁའ་དབུགས་རྒྱུ་བ་ལ་བརྟེན་ནས་བྱ་ཁང་ནང་དུ་རླུང་རྒྱུ་བ་དང་མཁའ་དབུགས་བརྗེ་གསོར་བྱེད་པ་ཡིན་ལ། བྱ་ཁང་ནང་དུ་རང་བྱུང་གི་འོད་སྣང་པར་བྱེད་པ་ཡིན། ཕྱེད་ཕྱེ་བའི་རྣམ་པ་ཅན་གྱི་བྱ་ཁང་ནི་རང་བྱུང་གི་རླུང་རྒྱུ་བ་དང་འཕྲུལ་ཆས་ཀྱིས་རླུང་རྒྱུ་བ་མཉམ་དུ་སྤྱོད་པ་དང་། བྱ་ཁང་ནང་དུ་འོད་སྣང་དུས་ཀྱང་རང་བྱུང་གི་ཉི་འོད་སྣང་པ་དང་མིས་ཐབས་ཀྱིས་ཉི་འོད་སྣང་པ་ཟུང་འབྲེལ་བྱེད་པ་དང་། དགོས་མཁོ་བྱུང་དུས་མིས་ཐབས་ཀྱིས་ཉི་འོད་སྣང་པས་བྱ་ཁང་ནང་དུ་ཉི་འོད་སྣང་པར་རོགས་བྱེད་པ་ཡིན། བྱ་ཁང་འདིའི་རིགས་ཀྱི་དགེ་མཚན་ནི་འགྲོ་གྲོན་ཇེ་ཉུང་དུ་གཏོང་བ་དང་། ཐོན་ཁུངས་ཟད་གྲོན་དུ་འགྲོ་བའི་ཚད་ཆུང་བ། མ་བཙོས་རྒྱུ་ཆའི་འགྲོ་སོང་མི་མཐོ་བས། དར་རྒྱས་མི་ཆེ་བའི་ས་ཁུལ་དང་གཞི་ཁྱོན་མི་ཆེ་བའི་སྒེར་གྱི་གསོ་སྐྱོང་ལ་འཚམ་པ་ཡིན། བྱ་ཁང་འདིའི་རིགས་ལ་དགེ་མཚན་གྱི་ཞོར་དུ་ཞན་ཆ་ཞིག་ཀྱང་ཡོད་པ་ནི་རང་བྱུང་ཆ་རྐྱེན་གྱི་ཤུགས་རྐྱེན་ཆེ་བ་དང་། ཐོན་སྐྱེད་ནུས་པ་བརྟན་འཛུགས་མིན་པ་དེ་ཡིན་ལ། གཞན་ཡང་རིམས་འགོག་དང་བདེ་འཛུགས་ཐོན་སྐྱེད་ཆ་སྙོམས་པར་མི་ཕན་པ་དེ་འོ། །

3.ཡོལ་སྒྲིལ་རྣམ་པ་ཅན་གྱི་བྱ་ཁང་། བྱ་ཁང་འདིའི་རིགས་ལ་ཁ་ཕྱེ་བའི་རྣམ་པ་ཅན་གྱི་བྱ་ཁང་དང་ཕྱེད་ཕྱེ་བའི་རྣམ་པ་ཅན་གྱི་བྱ་ཁང་གཉིས་ཀའི་དགེ་མཚན་ཡོད་པས། རང་རྒྱལ་གྱི་ལྷོ་དང་བྱང་གི་གནམ་གཤིས་དྲོད་ཚད་མཐོ་བའི་ས་ཁུལ་དང་གྲང་ངར་ཆེ་བའི་ས་ཁུལ་གང་ལའང་སྤྱོད་འཚམ་པོ་ཡོད། བྱ་ཁང་གི

སྨད་ཁེབས་ཀྱི་རྒྱུ་ཆར་རྫོ་བལ་གྱི་དང་། ཞྭགས་རིགས་བསྲེས་མའི་གྱོ། ཟ་གཡམ་དཀྲུས་མ། ཤེལ་འགྱུར་ཞྭགས་ཀྱི་གྱོ་མོ་སོགས་སྤྱད་ཡོད་པ་མ་ཟད། ད་དུང་ཆུ་འཛུམ་པ་དང་དྲོད་འགོག་པར་དྲོད་འགོག་རྒྱུ་ཆས་སྤྱད་ཡོད། བྱ་ཁང་འདིའི་རིགས་ནི་ས་ངོས་ལས་ལི་སྨིད 15ཡན་ལ་ལི་སྨིད 50ཡོད་པའི་གྲུང་ར་སྲབ་མོ་བརྩིགས་ཡོད་པ་ལས་གཞན་ཚང་མ་ཁ་ཕྱེ་ཡོད་ལ། བྱ་ཁང་གི་རྩིག་ལྡེབས་ཡོད་ཚད་ལ་ཕྱི་ནང་རིམ་པ་གཉིས་བྱས་ཏེ་དྲོད་འགོག་ཡོལ་སྒྲིལ་སྤྲད་ཡོད་ལ། འཕྲུལ་ཆས་ལ་བརྟེན་ནས་ཕྱི་ནང་གི་ཡོལ་སྒྲིལ་གཉིས་ཀ་ཁ་ཕྱོགས་མི་འདྲ་བའི་ཕྱོགས་སུ་འབྱེད་པའམ་ཟུམ་ཆོག་པ་དང་། ཁ་འབྱེད་པའམ་ཟུམ་པའི་ཆེ་ཆུང་ལའང་ཚོད་འཛིན་བྱེད་ཆོག་པས། བྱ་ཁང་ནང་དུ་རླུང་གི་རྒྱུ་ཚད་ཚོད་འཛིན་བྱེད་ཐུབ་པ་ཡིན། དེ་ཡང་དབྱར་ཁར་ཚ་དྲོད་ཆེ་དུས་ཡོལ་སྒྲིལ་ཕྱེ་ཆོག་པ་དང་དགུན་ཁར་གྲང་ངར་ཆེ་དུས་ཟུམ་ཆོག་པ་ཡིན།

(གཉིས)བྱ་ཁང་གི་གཞི་ཁྲོན་གཏན་ཁེལ།

བྱ་ཁང་གི་གཞི་ཁྲོན་གྱིས་གསོ་སྐྱེལ་རྣམ་པ་དང་། སྒྲིག་ཆས། གཟེབ་དྲའི་འཛུག་སྟངས། ཆེ་ཆུང་སོགས་ཐག་གཅོད་བྱེད་པ་ཡིན། ཐང་གསོའི་བྱ་ཁང་ལ་གཟེབ་དྲའི་འཛུག་སྟངས་ཀྱི་རྣམ་པ་དང་ཆེ་ཆུང་སོགས་ཀྱི་ཚད་བཀག་མེད་པས། གསོ་སྐྱེལ་གྱི་གྲངས་འབོར་གྱི་སླང་བྱ་དང་མཐུན་པར། སྲིད་ཞིང་གི་ཆེ་ཆུང་དེ་གསོ་སྐྱེལ་གྲངས་འབོར་གྱི་རྒྱ་ཁྱོན་ལྟར་དང་ས་བབ་གཞིར་བཟུང་ནས་རང་འདོད་ལྟར་གཏན་ཁེལ་བྱས་ཆོག་པ་ཡིན། གཟེབ་གསོའི་བྱ་ཁང་གི་ཚད་གཞི་གཏན་འབེབས་ནི་གཤམ་གསལ་ལྟར་ཏེ།

1.བྱ་ཁང་གི་རིང་ཚད།

བྱ་ཁང་གི་རིང་ཚད(སྨིད)= བྱ་ཁང་ནང་དུ་སྐོང་བའི་ཁྱིམ་བྱའི་གྲངས་འབོར(ཁ་གྲངས) ⁄ གཟེབ་དྲ་རེའི་ནང་དུ་སྐོང་བའི་ཁྱིམ་བྱའི་གྲངས་འབོར(ཁ་གྲངས)× གཟེབ་དྲའི་བསྟར་ཕྲེང་གི་གྲངས་ཀ

×གཟེབ་དྲ་རེའི་རིང་ཚད། +སྲང་ལམ་གྱི་ཞེང་ཚད(སྨིད) +བྱ་ལས་ཁང་གི་རིང་ཚད(སྨིད) +སྣེ་གཉིས་ཀྱི་གྱང་གི་མཐུག་ཚད(སྨིད)

2.བྱ་ཁང་གི་ཞེང་ཚད།

བྱ་ཁང་གི་ཞེང་ཚད(སྨིད) =གཟེབ་དྲ་བསྟར་ཕྲེང་རེ་རེའི་བར་སྟོང(སྨིད) ×གཟེབ་དྲའི་བསྟར་ཕྲེང་གི་ཁ་གྲངས+སྲང་ལམ་གྱི་ཞེང་ཚད(སྨིད)×སྲང་ལམ་གྱི་ཁ་གྲངས+གྱང་གི་མཐུག་ཚད(སྨིད)

(གསུམ)བྱ་ཁང་གི་འཛུགས་སྐྲུན་འཆར་འགོད།

1.བྱ་ཁང་གི་རྒྱ་ཁྱོན་དང་སྐོང་ཚད་འཆར་འགོད། བྱ་ཁང་ཆུང་བའི་རིགས་ཀྱི་ཞེང་ལ་སྨིད 7 ~8དང་། རིང་ཚད་ལ་སྨིད 33 ~53གཟེབ་གསོའི་ཁྱིམ་བྱ 2800~5000གཏོང་བར་འཆར་འགོད་བྱེད་དགོས་ལ། བྱ་ཁང་ཆེ་བ་དང་འབྲིང་བའི་རིགས་ཀྱི་ཞེང་ལ་སྨིད 10 ~12དང་། རིང་ཚད་ལ་སྨིད 40 ~64གཟེབ་གསོའི་ཁྱིམ་བྱ 5000~10000གཏོང་བར་འཆར་འགོད་བྱེད་དགོས།

2.འཛུགས་སྐྲུན་རྒྱུ་ཆའི་གདམ་གསེས། འཛུགས་སྐྲུན་རྒྱུ་ཆ་སྤྱིའི་བླང་བྱ་ནི་དྲོད་རྒྱུ་བའི་གཞི་གྲངས་དམའ་བ་དང་། དྲོད་གསོག་པའི་གཞི་གྲངས་མཐོ······བ། བོངས་དང་ལྗིད་ཚད་ཆུང་བ། མེ་འགོག་རང་བཞིན་དང་འཁྱག་འགོག་རང་བཞིན་དང་ལྡན་པ། ཆུ་དང་དྲོད་སྣུད་པའི་ནུས་པ་ཆེ་བ། ཆུའི་སྲུམ་འཛུམ་གྱི···ནུས་པ་ཆུང་བ། ཆུ་ཐུབ་ཀྱི་རང་བཞིན་ཆེ་བ་སོགས་དང་། གཞན་ཡང་མཁྲེགས་ཚད་དང་། མཉེན་ཚད། གཙུབ་བརྡར་ཐེག་པའི་ཚད་ངེས་ཅན་དང་ལྡན་དགོས་པ་དེའོ། །

3.བྱ་ཁང་གི་སྒྲིག་གཞི་གཙོ་བོའི་འཆར་འགོད་བླང་བྱ།

(1)རྟིང་གཞི། རྟིང་གཞི་ལ་མཁྲེགས་ཚད་དང་བརྟན་བརླིང་རང་བཞིན་

བཟང་པོ་དགོས་པ་དང་། རྟིང་གཞི་ལ་གནོན་ཤུགས་ཐེག་པའི་ཚད་མཐོ་ཞིང་མར་འབབ་པ་ལྡོག་པའམ་མར་འབབ་པའི་ཚད་རིམ་ཇེ་ཆུང་དུ་གཏོང་ཐུབ་པ་དགོས་པ་དང་། རྟིང་གཞིའི་མཁྲེགས་ཚད་སྙོམ་པོ་ཡིན་པ། ཚ་སྒྲིས་རང་བཞིན་ཆུང་བ་དང་ཆུས་བཤོས་མི་ཐུབ་པ། རླུང་ཟགས་འགོག་པའི་ནུས་པ་དང་ལྡན་དགོས་ལ། གྱང་རྟིང་ལ་བརྟན་ཞིང་ཡོམ་འགོག་གི་ནུས་པ་ལྡན་པ་དང་། བརླན་མི་འཛིན་ཞིང་བརྟན་ཚུགས་པའི་ཁྱད་ཆོས་དགོས་པར་མ་ཟད། ད་དུང་དྲོད་འཛིན་པ་དང་དྲོད་འགོག་པའི་ནུས་པ་ངེས་ཅན་ལྡན་དགོས་པ་ཡིན།

(2)གྱང་ལྡེབས། གྱང་ལྡེབས་ལ་དྲོད་འཛིན་པ་དང་དྲོད་འགོག་པའི་ནུས་པ་བཟང་པོ་ཡོད་དགོས་ལ། གྲུབ་སྟངས་སྟབས་བདེ་བ་དང་། གད་བདར་དང་། འབྲུད་འཕྱིད། དུག་སེལ་བྱེད་སླ་བ། སྲ་ཞིང་ཡོམ་འགོག་གི་ནུས་པ་བཟང་བ། ཆུ་དྲག་འགོག་པ་དང་ཆུ་ཐུབ་པ། བཀོལ་ཡུན་རིང་བ་བཅས་ཀྱི་ཁྱད་ཆོས་ལྡན་དགོས་པ་ཡིན།

(3)སྒོ་དང་སྐྱེའུ་ཁུང་། རླུང་རྒྱུ་ཁུང་བུ། བྱ་ཁང་གི་སྒོ་ལ་གཙང་སྒོ་དང་བཅོག་སྒོ་གཉིས་དགོས་པ་དང་། སྤྱིར་བཏང་དུ་སྒོའི་ཞེང་ཚད་ལ་སྨིད 1.5~2 དང་། མཐོ་ལ་སྨི 2 ~2.4དགོས་པ་ཡིན། དེ་ལྟར་དུ་སྐྱེའུ་ཁུང་ཅན་གྱི་བྱ་ཁང་གི་སྐྱེའུ་ཁུང་ཅུང་ཆེན་པོ་བཞག་ནས། བྱ་ཁང་ནང་དུ་རང་བྱུང་དུ་རླུང་རྒྱུ་བར་ཁག་ཐེག་བྱེད་དགོས། རླུང་རྒྱུ་ཁུང་བུའི་འཆར་འགོད་དེ་རླུང་རྒྱུ་བའི་རྣམ་པ་མི་འདྲ་བར་བརྟེན་ནས་མི་འདྲ་སྟེ། རང་བྱུང་དུ་རླུང་རྒྱུ་བའི་རྣམ་པ་ཅན་གྱི་བྱ་ཁང་ལ་མཚོན་ན། གྱང་ལྡེབས་ཀྱི་གོང་ཕྱོགས་ནས་ཚ་སྙོམ་པོའི་ངང་ནས་རླུང་རྒྱུ་ཁུང་བུ་མང་པོ་བསྐར་དགོས་པ་དང་། འཕྲུལ་ཆས་ཀྱིས་རླུང་རྒྱུ་བར་བྱེད་པའི་རྣམ་པ་ཅན་གྱི་བྱ་ཁང་ལ་མཚོན་ན། མཁའ་དབུགས་ནང་འདྲེན་དང་ཕྱིར་གཏོང་གི་ཁུང་བུ་ཁ་གཏད་དེ་བསྐར་དགོས་པ་ཡིན།

(4)ཁང་སྣོད་དང་གནམ་རྒྱན། ཁང་སྣོད་དང་གནམ་རྒྱན་གྱི་རྒྱུ་ཆ་དེ་གཙོ་བོ་དྲོད་འཛིན་པ་དང་། དྲོད་འགོག་པ། ཆུ་འགོག་པ། སྲ་མཁྲེགས་ཡིན་པ། ལྗིད་ཚད་ཆུང་བ་བཅས་ཀྱི་ཁྱད་ཆོས་ལྡན་དགོས། བྱ་ཁང་ལ་ཅི་ནུས་ཀྱིས་གནམ་རྒྱན་རྒྱག་དགོས་པར་མ་ཟད། ཁང་སྣོད་དང་གནམ་རྒྱན་བར་དུ་བར་སྟོང་ངེས་ཅན་ཡོད་དགོས་པ་ཡིན།

(5)ཁང་མཐིལ། ཁང་མཐིལ་བརྟན་པོ་ཡིན་པ་དང་། ཆུ་འགོག་ཐུབ་པ། བདེ་ཞིང་འཇམ་ལ་མི་འཁྱིལ་བ། གནོད་ཤུགས་ཐེག་པ། རྡུལ་ཟེགས་མི་འགྲོ་བ། དྲོད་འཛིན་གྱི་ནུས་པ་ངེས་ཅན་ལྡན་པ། རླན་མི་འཛིན་པ། ཆུ་མི་ཆགས་པ། གད་བདར་འཁྲུད་འབྱིད་དང་དུག་སེལ་བྱེད་པར་སྟབས་བདེ་བ་སོགས་ཀྱི་ཁྱད་ཆོས་ལྡན་དགོས་པར་མ་ཟད། བྱ་གསོ་ར་བའི་མཐིལ་ངོས་ལས་ལི་སྨིད 20 ~30 ཡིས་མཐོ་དགོས་པ་ཡིན།

(6)བྱ་ཁང་གི་གཞན་པའི་འཆར་འགོད་བླང་བྱ། བྱ་ཁང་གི་འཆར་འགོད་དེ་གྲང་ངར་འགོག་པ་དང་དྲོད་སྲུད་པ་གཉིས་ལ་བསམ་བློ་གཏོང་བ་དང་། དྲོད་འགོག་པ་དང་དྲོད་འབབ་པ་མཉམ་དུ་སྦྱོད་པ། རླུང་རྒྱུ་བ་དང་མཁའ……དབུགས་བརྗེ་གསོར་བྱེད་པར་སྟབས་བདེ་བ། བྱ་ཁང་ནང་དུ་ཉི་འོད་ཡོག་ཚད་བཟང་བ་བཅས་ཡིན་དགོས་སོ། །

ས་བཅད་གཉིས་པ། ཁྱིམ་བྱའི་གསོ་ཚགས་སྒྲིག་ཆས།

གཅིག ཁྱིམ་བྱའི་གཟེབ་དྲ།

(གཅིག)ཁྱིམ་བྱའི་གཟེབ་དྲའི་ལྷུ་སྒྲིག

གཟེབ་དྲ་རྒྱང་བ་དེ་དག་ལྷུ་བསྒྲིགས་ནས་གཟེབ་དྲ་ཚན་སྐོར་ཞིག་ཏུ་སྒྲིག་པ་ལ་རིགས་མི་འདྲ་བ་འགའ་ཡོད་དེ། དེ་ཡང་བྱ་གསོ་ར་བའི་བྱེ་བྲག་གི་གནས་ཚུལ་ཏེ་དཔེར་ན་བྱ་ཁང་གི་རྒྱ་ཁྱོན་དང་། གསོ་སྐྱེལ་གྱི་གྲངས་འབོར། འཕྲུལ་ཆས་ཅན་གྱི་ཚད། བདག་གཉེར་གནས་ཚུལ། རླུང་རྒྱུ་བ་དང་ཉི་འོད་ཐོག་པའི་གནས་ཚུལ་སོགས་གཞིར་བཟུང་ནས་ལྷུ་སྒྲིག་གི་རྣམ་པ་མི་འདྲ་བ་ཡོད།

1.ཐེམ་སྐས་རྣམ་པ་ཅན་གྱི་ཁྱིམ་བྱའི་གཟེབ་དྲ། ལྷུ་སྒྲིག་བྱེད་དུས་གོང་འོག་གི་གཟེབ་དྲའི་རིམ་པ་དག་ཐེམ་སྐས་ཀྱི་རྣམ་པར་བསྒྲིགས་པ་དང་། རྒྱུན་མཐོང་དུ་རིམ་པ 2 ~3ཅན་ཡིན། དེའི་དགེ་མཚན་ནི། བྱ་བྲུན་ཐད་ཀར་འོག་ཞབས་ཀྱི་འོབས་རྐའམ་སྟག་རྫིང་དུ་འབབ་ཐུབ་པས། གཟེབ་དྲའི་ཞབས་ལ་བྲུན་གསོག་པང་ལེབ་འདིང་མི་དགོས་ལ། སྟག་རྫིང་དུ་གཙང་ཕྱགས་འཕྲུལ་ཆས་ཀྱི་མ་ལག་སྒྲིར་འཛུགས་མ་བྱས་ཀྱང་ཆོག་པས། བྱ་ཁང་རྩིལ་པོའི་གྲུབ་སྟངས་སྟབས་བདེ་ལ། གློག་ཆད་པའམ་འཕྲུལ་ཆས་ལ་ཆག་སྐྱོན་ཤོར་དུས་མིས་ལས་ཀ་བྱེད་ཆོག་པ་དང་། གཟེབ་དྲ་རིམ་པ་སོ་སོའི་ཁ་དབྱེ་བའི་རྒྱ་ཁྱོན་ཆེ་བས། རླུང་རྒྱུ་བ་དང་ཉི་འོད་ཐོག་ཚད་མཐོ་བ་ཡོད། དེའི་ཞན་ཆ་ནི། བཟུང་བའི་ས་ཆའི་རྒྱ་ཁྱོན་ཆེ་བ་དང་། གསོ་ཚགས་ཀྱི་གྲངས་འབོར་དམའ་བ(10 ~12/མིད་ངོས་སྙོམ་གྲུ་བཞི་མ)། སྒྲིག་ཆས་ཀྱི་མ་རྩ་མཐོ་བ་བཅས་ཡིན། མིག་སྔར་རང་རྒྱལ་གྱིས་སྤྱོད་པ་ཆེས་མང་བ་ནི་རིམ་པ་གསུམ་ཅན་གྱི་ཐེམ་སྐས་རྣམ་པ་ཅན་གྱི་སྒོང་བྱའི་གཟེབ་

དྲ་དང་རིམ་པ་གཉིས་ཅན་གྱི་ཐེམ་སྐས་རྣམ་པ་ཅན་གྱི་མིས་ཐབས་ཀྱིས་ཁྱུ་བ་སྡུག་པའི་སོན་བྱའི་གཟེབ་དྲ་གཉིས་ཡིན།

2.ཐེམ་སྐས་རྣམ་པ་ཕྱེད་ཅན་གྱི་གཟེབ་དྲ། གོང་འོག་གཟེབ་དྲའི་རིམ་པ་དེ 1/4 ~1/2གི་ཆ་དེ་བསྣོལ་བ་དང་། འོག་རིམ་གྱི་བསྣོལ་བའི་ཆ་ཤས་དེར་སྦྲུན་འགོག་པང་ལེབ་འདིང་བ་དང་། དེ་ཡང་གསེག་ཚད་ངེས་ཅན་ལྡན་པར་བྱས་ནས་བྱ་སྦྲུན་རང་བཞིན་གྱིས་སྟུག་རྡིང་ནས་འབབ་ཐུབ་པ་བཟོ་དགོས། འོན་ཀྱང་སྦྲུན་འགོག་པང་ལེབ་ཀྱི་རྐྱེན་གྱིས་རླུང་རྒྱུ་བའི་ཕན་འབྲས་ཐེམ་སྐས་རྣམ་པ་ཅན་གྱི་གཟེབ་དྲ་ལས་དམའ་བ་ཡིན། གསོ་ཚགས་ཀྱི་གྲངས་འབོར་དེ 15~17/སྨིད་ངོས་སྒོམ་གྲུ་བཞི་མ་ཡིན།

3.བརྩེགས་རིམ་ཅན་གྱི་གཟེབ་དྲ། གོང་འོག་གི་གཟེབ་དྲའི་རིམ་པ་དག་ཡོངས་སུ་བརྩེགས་ཡོད་ལ། རྒྱུན་མཐོང་དུ་རིམ་པ 3~4ཅན་ཡིན་ལ། ཆེས་མཐོ་བ་རིམ་པ 8ཅན་ཡོད་པས། གསོ་ཚགས་ཀྱི་གྲངས་འབོར་ཇེ་མཐོར་བཏང་ཡོད། འདིའི་དགེ་མཚན་ནི། བྱ་གསོ་རབའི་ས་ཁྱོན་བེད་སྤྱོད་བྱས་པ་མཐོ་བ་དང་ཐོན་སྐྱེད་ལས་ཕྱོད་མཐོ་བ། གསོ་ཚགས་ཀྱི་གྲངས་འབོར་ནི་ཐོག་རྩེག་གསུམ་པར 16~18/སྨིད་ངོས་སྒོམ་གྲུ་བཞི་མ་དང་། ཐོག་རྩེག་བཞི་པར 18~20/སྨིད་ངོས་སྒོམ་གྲུ་བཞི་མ་ཡིན། འདིའི་ཞན་ཆ་ནི། བྱ་ཁང་གི་འཛུགས་སྐྲུན་དང་། རླུང་རྒྱུའི་སྒྲིག་ཆས། གཙང་ཕྱགས་སྒྲིག་ཆས་སོགས་ཀྱི་བླང་བྱ་མཐོ་བ་དང་། གཞན་ཡང་། ཐོག་རྩེག་གོང་མ་དང་འོག་མའི་གཟེབ་དྲའི་བྱ་ཁྱུ་ལ་ལྟ་ཞིབ་བྱེད་མི་ཐུབ་པས། བདག་གཉེར་བྱེད་མཁན་ལ་དཀའ་ཚེགས་ངེས་ཅན་ཞིག་བཟོས་ཡོད་པ་དེ་ཡིན། རང་རྒྱལ་གྱི་མིག་སྔའི་ཆ་རྐྱེན་འོག་ཏུ་བྱ་གསོ་ར་བ་ཆེས་ཉུང་ཤས་ཤིག་གིས་མ་གཏོགས་སྤྱོད་ཀྱི་མེད་དོ།།

4.རིམ་པ་གཅིག་ཅན་བསྟར་བའི་རྣམ་པ་ཅན་གྱི་གཟེབ་དྲ། བསྟར་ཕྲེང་

གཅིག་གི་ཡྨད་ཀྱི་དྲ་ཁེབས་དེ་ངོས་སྒོམ་གཅིག་གི་སྟེང་དུ་ཡོད་པ་དང་། གཟེབ་དྲའི་ཚན་སྒོར་ལ་དབྱེ་བ་གསལ་པོ་མེད་ལ། གཟེབ་དྲའི་ཚན་སྒོར་བར་དུ་བགྲོད་ལམ་ཡང་མེད། བདག་གཉེར་དང་གཟན་ཆག་སྐྱེར་བའི་བྱ་བ་ཡོད་ཚད་གཟེབ་དྲའི་གནམ་ནས་འཁོར་སྐྱོད་བྱེད་བཞིན་པའི་འཕྲུལ་ཆས་ཀྱིས་སྒྲུབ་དགོས་པ་ཡིན། རྒྱུན་ལྡན་དུ་བྱེད་ཐབས་འདིའི་རིགས་མི་སྤྱོད་པ་ཡིན།

(གཉིས)འཚར་སྐྱེ་ཁྱིམ་བྱའི་གཟེབ་དྲ།

སྒྲིར་བཏང་དུ་རིམ་པ 2 ~3ཅན་གྱི་བརྩོལ་བའི་རྣམ་པ་ཅན་ནམ་ཕྱེད་ཐེམ་སྐས་ཅན་གྱི་རྣམ་པའི་གཟེབ་དྲ་བེད་སྤྱོད་པ་ཡིན། སྒྲིར་བཏང་དུ་ཚིད་ངོས་སྒོམ་གྲུ་བཞི་མ་རེའི་ནང་དུ་ཁྱིམ་བྱ 10ཡས་མས་གསོ་བ་ཡིན་མོད། གཟེབ་དྲ་འདིའི་རིགས་ཀྱི་ཆེ་ཆུང་ལ་ལི་ཚིད 187.5cm ×ལི་ཚིད 44cm ×ལི་ཚིད 33ཡོད་པས། འཚར་སྐྱེའི་ཁྱིམ་བྱ 20གསོ་ཆོག་པ་དང་། ཤ་སྤྱོད་གཟན་བྱ་འོས་འཚམ་གྱིས་ཇེ་མང་དུ་གཏོང་ཆོག་པ་ཡིན།

(གསུམ)སྒོང་གཏོང་བའི་ཁྱིམ་བྱའི་གཟེབ་དྲ།

སྒོང་གཏོང་བའི་ཁྱིམ་བྱའི་གཟེབ་དྲ་ལ་གཏིང་དུ་བྱིངས་པའི་གཟེབ་དྲ་དང་ཁ་རྣ་གཡེང་བའི་གཟེབ་དྲ་གཉིས་ཡོད་ལ། གཏིང་དུ་བྱིངས་པའི་གཟེབ་དྲ་ལ་ལི་ཚིད 50དང་། ཁ་རྣ་གཡེང་བའི་གཟེབ་དྲ་ལ་ལི་ཚིད 30~35ཡོད། ཆེ་ཆུང་གི་ཚད་གཞི་མི་འདྲ་བ་གཞིར་བཟུང་ནས་ཆེ་འབྲིང་ཆུང་གསུམ་གྱི་སྒོང་གཏོང་བའི་ཁྱིམ་བྱའི་གཟེབ་དྲའི་དབྱེ་བའང་ཡོད། སྒོང་བྱའི་གཟེབ་དྲའི་དྲ་མིག་གཅིག་གི་ནང་དུ་སྤྱིར་བཏང་དུ་ཁྱིམ་བྱ 3~5དང་། གཟེབ་དྲ་གཅིག་གི་ནང་དུ་ཁྱིམ་བྱ 20~30གསོ་དགོས་པ་ཡིན།

(བཞི)སོན་བྱའི་གཟེབ་དྲ།

སོན་བྱའི་གཟེབ་དྲ་ལ་རྗེག་མ་གཅིག་ཅན་གྱི་སོན་བྱའི་གཟེབ་དྲ་དང་

རྩིག་མ་གཉིས་ཅན་གྱི་མིའི་ཐབས་ཀྱིས་ཁུ་བ་བླུག་པའི་ཁེར་སྲུང་སོན་བྱའི་གཟེབ་དྲ་གཉིས་ཡོད་ལ། རྩིག་མ་གཅིག་ཅན་གྱི་སོན་བྱའི་གཟེབ་དྲའི་ཆེ་ཆུང་དེ་ལི་སྨིད་190cm×ལི་སྨིད་88cm×ལི་སྨིད་60དང་། ཕོ་བྱ་དང་མོ་བྱ་གཉིས་གཟེབ་དྲ་གཅིག་ཏུ་བཙུག་ནས་རང་བྱུང་དུ་སྦྱོར་སྡེབ་བྱེད་དུ་འཇུག་དགོས། དེའི་ནང་དུ་མོ་བྱ་22དང་ཕོ་བྱ་2རེ་བཙུག་སྟེ་གསོ་འཚམ་པ་ཡིན། ཁེར་སྲུང་གཟེབ་དྲ་དེ་རྒྱུན་ལྡན་དུ་མིས་ཐབས་ཀྱིས་ཁུ་བ་བླུག་པའི་བྱ་གསོ་ར་བར་བཀོལ་བ་དང་། གདོང་མའི་སོན་གསོ་ར་བར་རྒྱུད་དག་ཁེར་སྲུང་གིས་སྒོ་ང་གཏོང་བ་ཟིན་ཐོར་འགོད་དུས་བེད་སྤྱོད་བྱེད་པ་ཡིན།

གཉིས། བཏུང་ཆུའི་སྒྲིག་ཆས།

བཏུང་ཆུའི་སྒྲིག་ཆས་ལ་ཆུ་འཐེན་འཕྲུལ་ཆས་དང་། ཆུ་གསོག་ལྟོག་དྭངས་སྒྲིགས་འབྱེད་ཆས། ཚོད་འཛིན་གཅོད་སྒོ། བཏུང་ཆུའི་འཕྲུལ་ཆས། སྤྲུག་འདྲེན་སྒྲིག་ཆས་སོགས་ཡོད་ལ། རྒྱུན་མཐོང་གི་བཏུང་ཆུའི་འཕྲུལ་ཆས་ལ་གནམ་གསལ་གྱི་རིགས་འགའ་ཡོད་དེ།

(གཅིག)ཡུར་གཞོང་རིང་པོ་ཅན། འདི་ནི་བྱ་གསོ་ར་བ་རྙིང་བ་ཕལ་ཆེ་བས་རྒྱུན་དུ་སྤྱོད་པའི་བཏུང་ཆུ་འཕྲུལ་ཆས་ཤིག་ཡིན་ལ། སྤྱིར་བཏང་དུ་ཏི་ཚ་བྱུག་པའི་ལྕགས་ལེབ་དང་། ལྕགས་ལེབ། འཁྱིག་སོགས་ཀྱིས་བཟོས་ཡོད། བཏུང་ཆུ་འཕྲུལ་ཆས་འདིའི་རིགས་ཀྱི་དགེ་མཚན་ནི་གྲུབ་སྟངས་སྟབས་བདེ་བ་དང་། མ་རྩ་དམའ་བ། ཆུ་བཏུང་བདེ་བ། རིམས་འགོག་གི་ཁྱད་ཆོས་སོགས་དང་ལྡན་པ་ཡིན་ལ། ཞན་ཆ་ནི་ཆུ་ཟད་གྲོན་ཆེ་བ་དང་། འབག་བཙོག་ཐེབས་སླ་བ། འཁྲུད་འབྱེད་ཀྱི་བྱ་བར་ཚོགས་ཆེ་བ་དེ་ཡིན།

(གཉིས)སྟོང་སྤྲུག་བཏུང་ཆུ་འཕྲུལ་ཆས།

ཙུས་ཡིས་ཞིས་འཁྱིག་སྤྲུག་དང་ཆུ་སྡེར་གཉིས་ཀྱིས་གྲུབ་ཅིང་། འཁྱིག···

སྦུག་ཆུ་སྡེར་སྟེང་ལྡོག་སྟེ་བཙུགས་ཡོད། ཆུ་ནི་ཆུ་སྡེར་འགྲམ་ངོས་ཀྱི་ཁུང་བུ་ཆུང་ངུ་ལས་བཞུར་ཏེ་ཆུ་སྡེར་ནང་འབབ་པར་བྱེད་ཅིང་། ཆུས་ཆུ་སྡེར་ངོས་ཀྱི་ཁུང་བུ་ནུབ་པའི་མཚམས་དེར་ཆུ་བཞུར་མཚམས་ཆད་འགྲོ་བ་ཡིན། བཏུང་ཆུ་འཕྲུལ་ཆས་འདིའི་རིགས་ནི་བྱ་ཕྲུག་དང་ཐང་གསོའི་ཁྱིམ་བྱར་སྤྱོད་འཚམ་པ་ཡིན། འདིའི་དགེ་མཚན་ནི་བཏུང་ཆུ་མཁོ་སྤྲོད་ཆ་སྙོམ་པ་དང་། སྤྱོད་སྟབས་བདེ་བ་བཅས་ཡིན། ཞན་ཆ་ནི་འཁྲུད་འབྱེད་ཀྱི་བྱ་བར་ཚེགས་ཆེ་བ་དང་། བཏུང་ཆུ་མང་དུ་དགོས་དུས་སྤྱོད་མི་འཚམ་པ་དེ་ཡིན།

(གསུམ)ནུ་ཏོག་དབྱིབས་ཀྱི་བཏུང་ཆུ་འཕྲུལ་ཆས།

འདི་ནི་དེང་རབས་ཅན་གྱི་ཆེས་བློ་ཡིད་ཆེས་པའི་བཏུང་ཆུ་འཕྲུལ་ཆས་རིགས་ཤིག་ཡིན། དེ་ནི་ཐད་ཀར་ཆུ་སྦུག་དང་འབྲེལ་ཡོད་པ་དང་། སྦུ་སྙུག་སྦུ་གུར་བརྟེན་ནས་ཆུ་ཐིགས་པར་ཚོད་འཛིན་བྱེད་ལ། གཙོད་སྣོའི་སྐེ་མོ་ནས་རྒྱུན་དུ་ཆུ་ཐིགས་ཤིག་དཔྱངས་ཡོད་པ་དང་། ཆུ་འཐུང་བའི་དུས་སུ་མཆུ་ཏོས་གཙག་ན་ཆུ་རང་བཞིན་གྱིས་བཞུར་ནས་འོངས་པ་ཡིན། དེའི་དགེ་མཚན་ནི་ཆུ་གྲོན་ཆུང་བྱེད་ཐུབ་ལ་རིམས་འགོག་ལའང་ཕན་པ་མ་ཟད། འཁྲུད་འབྱེད་བྱེད་མི་དགོས་ལ་བཀོལ་ཡུན་རིང་བ་སོགས་ཀྱི་ཁྱད་ཆོས་ལྡན་པ་ཡིན། ཞན་ཆ་ནི་གཟེབ་དྲ་རིམ་པ་རེ་རེ་ལ་གནོན་ཤུགས་ཛེ་ཆུང་དུ་གཏོང་བའི་ཆུ་སྒྲིམ་སྒྱུར་འཛུགས་བྱེད་དགོས་པས། བཏུང་ཆུའི་རིམས་འགོག་ལ་མི་ཕན་པར་མ་ཟད། རྒྱུ་ཆ་དང་བཟོ་སྐྲུན་ཚད་ཀྱི་གླང་བྱ་ཅུང་མཐོ་བ་ཡིན།

(བཞི)ཕོར་བའི་དབྱིབས་ཀྱི་བཏུང་ཆུ་འཕྲུལ་ཆས།

བཏུང་ཆུ་འཕྲུལ་ཆས་འདིའི་དབྱིབས་ཕོར་པ་དང་མཚུངས་ཤིང་ཆུ་སྦུག་དང་འབྲེལ་ཡོད། འགྲིག་མདའི་ངེས་སྲོལ་ལ་བརྟེན་ནས་ཆུ་མཁོ་སྤྲོད་བྱེད་པ་ཡིན། ཆུ་འདྲེན་སྦུ་གའི་ཆུའི་གནོན་ཤུགས་དབང་གིས་དུས་རྒྱུན་དུ་གཙོད་སྣོའི་ཁ

བཅད་ཡོད་པ་དང་། ཁྱིམ་བྱས་ཆུ་འཕྲུང་འདོད་ནས་མཆུ་ཏོས་ཐོར་བའི་ཞབས་ཛོས་ལ་རེག་པ་ན། དེ་དང་འབྲེལ་བའི་འཁྱོག་མདའི་ཤུགས་ཀྱིས་སྦྲ་གུའི་སྣེ་མོའི་གཅོད་སྒོ་ཕྱེས་ཏེ་ཆུ་རང་བཞིན་གྱིས་ཐོར་བའི་ནང་བཞུར་འོངས་པ་དང་། ཆུའི་གཡེང་ཤུགས་ལ་བརྟེན་ནས་ཆུ་ཚད་ངེས་ཅན་ཞིག་ལ་བསླེབ་དུས་གཅོད་སྒོ་ཟུམ་ནས་ཆུ་བཞུར་མཚམས་ཆད་འགྲོ་བ་ཡིན། འདིའི་ཞན་ཆ་ནི་ཐོར་བ་རྒྱུན་དུ་གཙང་བཀྲུས་བྱེད་དགོས་པ་མ་ཟད། ཆུའི་དྭངས་སྙིགས་འབྱེད་ཆས་དང་ཆུ་ཤུགས་སྙོམ་སྒྲིག་སྒྲིག་ཆས་སྦྱོར་འཛུགས་བྱེད་དགོས་པ་དེ་ཡིན།

(ལྔ)དཔྱངས་སྟེར་དབྱིབས་ཀྱི་ཆུ་ལྡུད་འཕྲུལ་ཆས།

ཆུ་ལྡུད་འཕྲུལ་ཆས་འདི་གཙོ་བོ་སྟེང་གི་གཅོད་སྒོ་དང་ཞབས་ཀྱི་དཔྱངས་སྟེར་གཉིས་ལས་གྲུབ་པ་དང་། གཅོད་སྒོ་དེ་འཕར་ལྡེམ་ལ་བརྟེན་ནས་རང་འགུལ་གྱིས་དཔྱངས་སྟེར་ནང་གི་ཆུའི་མཐོ་དམར་སྙོམ་སྒྲིག་བྱེད་པ་ཡིན། སྤྱིར་བཏང་དུ་ཐག་པའམ་རྩེ་སྐུད་ཀྱིས་བར་སྣང་དུ་དཔྱངས་ཡོད་ལ། ཁྱིམ་བྱའི་ལུས་གཟུགས་ཀྱི་མཐོ་དམན་ལྟར་ཆུ་ལྡུད་འཕྲུལ་ཆས་ཀྱི་མཐོ་དམའ་སྙོམ་སྒྲིག་བྱས་ཆོག དེ་བས་ཆུ་ལྡུད་འཕྲུལ་ཆས་འདིའི་རིགས་ནི་ཐང་གསོའི་ར་བར་སྤྱོད་འཚམ་པ་དང་། སྤྱིར་བཏང་དུ་ཁྱིམ་བྱ་50ལ་ཆུ་ལྡུད་ཐུབ་པ་ཡིན། འདིའི་དགེ་མཚན་ནི་ཆུ་གྲོན་ཆུང་བྱེད་ཐུབ་པ་དང་འཁྲུད་འབྱིད་བྱེད་པར་སྟབས་བདེ་བ་དེ་ཡིན།

གསུམ། གཟན་སྟེར་སྒྲིག་ཆས།

གཟན་སྟེར་སྒྲིག་ཆས་ལ་གཟན་གསོག་སྒམ་དང་། གཟན་འདྲེན་འཕྲུལ་ཆས། གཟན་སྟེར་འཕྲུལ་ཆས། གཟན་གཞོང་བཅས་གྲུབ་ཆ་བཞི་ཡོད། གཟན་གསོག་སྒམ་དེ་སྤྱིར་བཏང་དུ་བྱ་ཁང་གི་སྣེ་གཅིག་གམ་ཡང་ན་འགྲམ་ངོས་སུ་ཡོད་ལ། ཏའོ་སྨིད་ 1.5ཙམ་གྱི་ཏི་ཚ་བྱུག་པའི་རྫ་ལྕགས་ལེབ་མོས་བཟོས་པ་དང་། སྟེང་ཕྱོགས་ཟླུམ་དབྱིབས་དང་ཞབས་ངོས་འཕེག་དབྱིབས་སུ་ཡོད་ལ་ས་ངོས་དང

60°ཙམ་གསེག་ནས་ཡོད། གཟན་ཆག་སྐེར་དུས་གསེག་པའི་འཛིན་ཤུགས་དབང་གིས་གཟན་ཆག་གཟན་གཞོང་དུ་ལྷུག་སླ་བ་ཡིན།

(གཅིག)གཟན་གཞོང་མཐུད་སྒྲིལ་རྣམ་པའི་གཟན་སྐེར་འཕྲུལ་ཆས།

གཟན་སྐེར་འཕྲུལ་ཆས་འདིའི་རིགས་ནི་ཡོངས་ཁྱབ་ཏུ་ཐང་གསོ་དང······གཟེབ་གསོ་དར་བྱའི་བྱ་ཁང་ལ་སྤྱོད་བཞིན་ཡོད་པ་རེད། དེ་ནི་གཟན་སྣམ་དང་། ལྕགས་ཐག གཟན་གཞོང་རིང་པོ། འདེད་སྐུལ་འཕྲུལ་ཆས། ཟུར་ཚད་སྐོར་བའི་འཁོར་ལོ། གཟན་ཆག་གཙང་བཟོ་འཕྲུལ་ཆས་སོགས་ཀྱིས་གྲུབ་པ་དང་། ལྕགས་ཐག་གི་འཛིན་ཤུགས་ལ་བརྟེན་ནས་གཟན་ཆག་གཟབ་ལེབ་སྟེང་གི་གཟན་གཞོང་གི་གནས་སོ་སོར་སྐྱེལ་བར་བྱེད་པ་ཡིན། (རི་མོ 2–3)

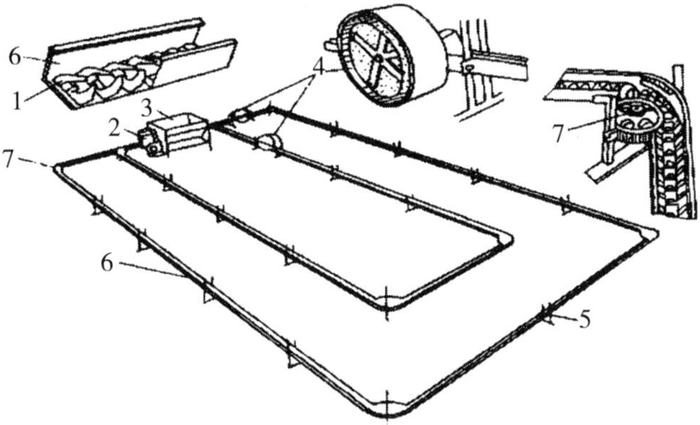

རི་མོ 2–3 མཐུད་སྒྲིལ་རྣམ་པའི་གཟན་སྐེར་འཕྲུལ་ཆས།

1.མཐུད་སྒྲིལ་གཟན་ལེབ། 2.འདེད་སྐུལ་འཕྲུལ་ཆས། 3.གཟན་སྣམ། 4.གཙང་བཟོའི་ཚགས། 5.གཟན་གཞོང་འདེགས་སྒྲོམ། 6.གཟན་གཞོང་། 7.ཟུར་ཚད་སྐོར་བའི་འཁོར་ལོ།

(གཉིས)གཤོག་འཁྱིལ་འཕེར་ལྡེམ་རྣམ་པའི་གཟན་སྐེར་འཕྲུལ་ཆས།

གཟན་སྐེར་འཕྲུལ་ཆས་འདིའི་རིགས་ནི་ཐང་གསོའི་དར་བྱའི་བྱ་ཁང་ལ··

རྒྱ་ཁབ་ཏུ་སྤྱོད་པ་ཡིན། དེ་ནི་གློག་སྒྲུལ་འཕྲུལ་ཆས་ཀྱིས་བང་འཕྲི་འཕྲུལ་ཆའི་ནུས་པར་བརྟེན་ནས་གཟན་འདྲེན་སྦུ་གུ་ནང་གི་གཞོག་འཁྱིལ་འཕེར་ལྕེམ་འཁོར་སྐྱོད་བྱེད་དུ་བཅུག་ནས། གཟན་སྒམ་ནང་གི་གཟན་ཆག་གཟན་འདྲེན་སྦུ་གུའི་ནང་སྐྱེལ་བ་དང་། དེ་ནས་གཟན་འདྲེན་སྦུ་གུའི་ཞབས་ཀྱི་གཟན་སྟེར་ཁུང་བུ་སོ་སོ་བརྒྱུད་ནས་གཟན་གཞོང་དུ་ལྷུག་པ་ཡིན། (རི་མོ 2–4)

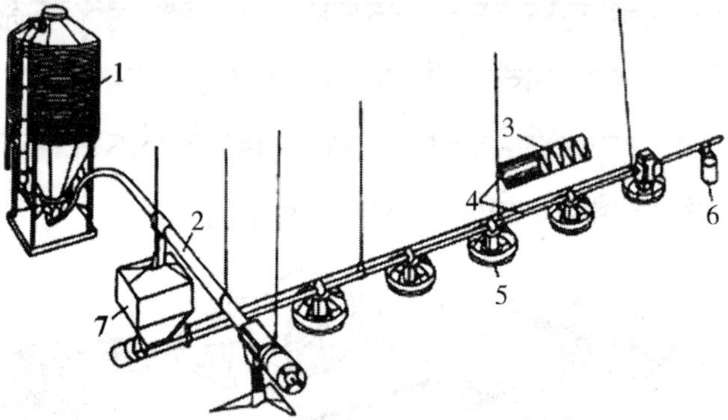

རི་མོ 2–4 གཞོག་འཁྱིལ་འཕེར་ལྕེམ་རྣམ་པའི་གཟན་སྟེར་འཕྲུལ་ཆས།

1.གཟན་གསོག་སྦྱོག 2.གཟན་འདྲེན་འཕྲུལ་ཆས། 3.གཞོག་འཁྱིལ་འཕེར་ལྕེམ། 4.གཟན་འདྲེན་སྦུ་གུ། 5.སྡེར་ཟོའུ་རྣམ་པའི་གཟན་གཞོང་། 6.བདེ་འཛུགས་ཚོད་འཛིན་གཏོང་འཛིན་གྱི་གཟན་ལེན་ཟོའུ། 7.གཟན་སྒམ།

(གསུམ)བཙང་སྡེར་རྣམ་པའི་གཟན་སྟེར་འཕྲུལ་ཆས།

འདི་ནི་སྒོམ་ཕྲ་ལི་སྨིད 5～6ཡོད་པའི་རྫ་སྐྱུད་དང་ལི་སྨིད 7～8རེའི་མཚམས་སུ་ཡོད་པའི་བཙང་སྡེར་གྱིས་གྲུབ་པ་དང་། (བཙང་སྡེར་ནི་རྫ་ལྕགས་ལེབ་མོའམ་འཁྱིག་གིས་བཟོས་པ་ཡིན) བཙང་སྡེར་དེ་དག་གཟན་སྒམ་བརྒྱུད་དུས་གཟན་ཆག་མཉམ་དུ་སྐྱེལ་འགྲོ་བ་ཡིན། འདིའི་དགེ་མཚན་ནི་གཟན་ཆག་དེ་ཁ་སུམ་པའི་སྦུ་གུའི་ནང་ནས་སྐྱེལ་འགྲོ་བས་བཙོག་སླད་ཞུགས་དཀའ་བ་དང་།

གཟན་སྐེར་འཕྲུལ་ཆས་གཅིག་གིས་དུས་མཉམ་དུ་བྱ་ཁང་2~3ལ་གཟན་ཆག······
མཁོ་སྐྱོད་བྱེད་ཐུབ་པ་ཡིན། ཞན་ཆ་ནི་བཙང་སྐེར་ཆག་པའམ་རྩོ་སྐྱུད་ཆད་དུས།
ཞིག་གསོ་ལྷུ་སྒྲིག་བྱེད་པར་སྟབས་མི་བདེ་བ་དང་ལག་རྩལ་མཐོ་དགོས་པ་དེ་ཡིན།
(རི་མོ 2–5)

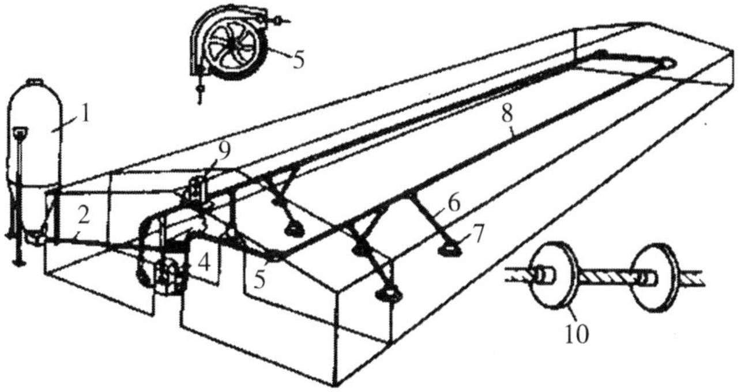

རི་མོ 2–5 བཙང་སྐེར་རྣམ་པའི་གཟན་སྐེར་འཕྲུལ་ཆས།

1.གཟན་གསོག་སྒམ 2.གཟན་འདྲེན་འཕྲུལ་ཆས། 3.གཟན་ཆག་ཕྱིར་སྟུད་སྦུ་གུ།
4.གཟན་འཐོ། 5.གྲུ་འཁོར། 6.གཟན་ལྷུག་སྦུ་གུ། 7.སྐེར་སྦུག་དབྱིབས་ཀྱི་གཟན་གཞོང་།
8.གཟན་ཆག་བགོ་འདྲེན་སྦུ་གུ། 9.འདེད་སྐྱུལ་སྒྲིག་ཆས། 10.འགྱིག་གི་བཙང་སྐེར།

(བཞི)གཟན་གཞོང་།

འདི་ནི་ཐང་གསོའི་དར་བྱའི་བྱ་ཁང་ལ་སྤྱོད་པ་ཉུང་མང་ཞིང་། སྐམ······
པའི་གཟན་ཆག་དང་། རློན་པའི་གཟན་ཆག གཟན་ཆག་རིལ་བུ་ཅན་ལྷུད་པ་ལ··
སྤྱོད་འཚམ་པ་ཡིན། ཁྱིམ་བྱའི་ལུས་གཟུགས་ཀྱི་ཆེ་ཆུང་གཞིར་བཟུང་ནས་བཟོས··
པའི་ཆེ་འབྲིང་ཆུང་གསུམ་གྱི་ནར་དབྱིབས་གཟན་གཞོང་རིགས་གསུམ་ཡོད།

(ལྔ)གཟན་ཟོའུ།

འདི་ནི་དེང་རབས་བྱ་གསོ་ལས་རིགས་ཀྱིས་རྒྱུན་དུ་སྤྱོད་པའི་གཟན་སྐེར་

སྒྲིག་ཆས་ཤིག་ཡིན་ལ། འཕྲིག་གིས་བཟོས་པའི་གཟན་ཟའུ་དང་། ཟླུམ་དབྱིབས་ཀྱི་གཟན་སྣེར། སྤེལ་མཐུད་སྙོམ་སྒྲིག་སྒྲིག་ཆས་བཅས་ཀྱིས་གྲུབ། གཟན་ཟོའུ་དང་གཟན་སྣེར་བར་དུ་ལྕགས་ཐག་གིས་ཐུང་ངུར་སྦྲེལ་བ་དང་། བར་དུ་བར་སྟོང་ངེས་ཅན་ཞིག་ཡོད་པ་ཡིན།

(དྲུག)འཕོ་དབྱིབས་ཀྱི་གཟན་ལྷུག་ཧྲངས་འཁོར་དང་འཁྲུལ་སྐྱོད་རང་བཞིན་གྱི་གཟན་ལྷུག་ཧྲངས་འཁོར།

གཟན་ལྷུག་ཧྲངས་འཁོར་རིགས་འདི་གཉིས་ཀ་མང་ཆེ་བ་རྗེས་རིམ་ཅན་གྱི་གཟེབ་དྲ་དང་བསྒོལ་རིམ་ཅན་གྱི་གཟེབ་དྲའི་དར་བྱའི་བྱ་ཁང་ལ་སྤྱོད་བཞིན་ཡོད།

བཞི། གློག་སྒྲོན་གྱི་སྒྲིག་ཆས།

བྱ་ཁང་དུ་མིས་ལས་ཀ་བྱེད་དུས་སྤྱིར་བཏང་གི་ཤེལ་ཏོག་དང་གྲོན་ཆུས་ཤེལ་ཏོག་སྤྱོད་པ་དང་། ཤེལ་ཏོག་སྟེང་དུ་འོད་སྒྲིབ་སྒྲིག་ཆས་སྦྲད་དེ་རྟུལ་འགོག་པ་དང་འོད་ཀྱི་དྲག་ཚད་ཅི་ནུས་ཀྱིས་ཇེ་ཆུང་དུ་གཏོང་དགོས། དེ་ཡང་གསོ་སྐྱེལ་གྱི་དུས་མཚམས་གཞིར་བཟུང་ནས་ནུས་ཤུགས་མི་འདྲ་བའི་ཤེལ་ཏོག་སྤྱོད་པ་སྟེ། དཔེར་ན་བྱ་ཕྲུག་གི་ཁང་བར་ཝ 40 ~60ཅན་གྱི་ཤེལ་ཏོག་དང་། དར་བྱའི་བྱ་ཁང་དུ་ཝ 15 ~25ཅན་གྱི་ཤེལ་ཏོག སྒོང་གཏོང་བའི་བྱ་ཁང་དུ་ཝ 25 ~45 ཅན་གྱི་ཤེལ་ཏོག་བཅས་སྤྱོད་པ་དང་། ཤེལ་ཏོག་རེ་རེའི་བར་ཐག་སྨིད 2~3ཡིན་དགོས། གཟེབ་གསོའི་བྱ་ཁང་གི་སྲང་ལམ་རེ་རེ་ལ་གློག་འོད་རིམ་པ་རེ་སྦྱོར་འཛུགས་བྱེད་པ་དང་། ཐང་གསོའི་བྱ་ཁང་ལ་གློག་འོད་ཆ་སྙོམ་གྱིས་བཀོད་སྒྲིག་བྱེད་དགོས།

ལྔ། རླུང་རྒྱུའི་སྒྲིག་ཆས།

འཕྲུལ་ཆས་ཀྱིས་རླུང་རྒྱུ་བར་བྱེད་པའི་རྣམ་པ་དེ་གཙོ་བོ་མཁའ་དབུགས་

ནང་དུ་གཏོང་བ་དང་མཁའ་དབུགས་ཕྱིར་འདྲེན་པའི་རིགས་གཉིས་ཡོད་ལ། མཁའ་དབུགས་ཕྱིར་གཏོང་བ་ནི་རླུང་འཁོར་གྱིས་ཁང་བའི་ཕྱིའི་མཁའ་དབུགས་གསར་པ་བཙན་གྱིས་ནང་དུ་བཏང་ནས། ཁང་བའི་ནང་གི་མཁའ་དབུགས་ཀྱི་གནོན་ཤུགས་ཇེ་དྲག་ཏུ་བཏང་བ་ལས་བྱ་ཁང་ནང་གི་མཁའ་དབུགས་འབག་སླད་ཅན་རླུང་རྒྱུའི་ཁུང་བུའམ་རླུང་རྒྱུའི་སྒྲོ་གུ་ལས་རང་བཞིན་གྱིས་ཕྱིར་འབུད་པའི་མཁའ་དབུགས་བརྗེ་གསོར་བྱེད་པའི་རྣམ་པ་ཞིག་ཡིན་ལ། ཕྱེད་སུམ་པའི་རྣམ་པ་ཅན་གྱི་བྱ་ཁང་ལ་རྒྱུན་དུ་སྤྱོད་པ་དང་། མཁའ་དབུགས་ཕྱིར་འདྲེན་པ་ནི་རླུང་འཁོར་གྱིས་བྱ་ཁང་ནང་གི་མཁའ་དབུགས་ཕྱིར་དྲངས་པ་ལས། བྱ་ཁང་ནང་གི་མཁའ་དབུགས་ཀྱི་གནོན་ཤུགས་དེ་ཁང་བའི་ཕྱིའི་མཁའ་དབུགས་ཀྱི་གནོན་ཤུགས་ལས་ཆུང་དུ་བཏང་བ་ལ་རྐྱེན་བྱས་ཏེ། བྱ་ཁང་ཕྱིའི་མཁའ་དབུགས་གསར་པ་དེ་རང་བཞིན་གྱིས་རླུང་རྒྱུའི་ཁུང་བུའམ་རླུང་རྒྱུ་སྒྲོ་གུ་བརྒྱུད་ནས་ནང་དུ་འགྲོ་བའི་མཁའ་དབུགས་བརྗེ་གསོར་བྱེད་པའི་རྣམ་པ་ཞིག་ཡིན་ལ། ཡོངས་སུ་སུམ་པའི་རྣམ་པ་ཅན་གྱི་བྱ་ཁང་ལ་སྤྱོད་པ་ཡིན།

དྲུག དྲོད་སྲུང་སྒྲིག་ཆས།

དྲོད་སྲུང་སྒྲིག་ཆས་ལ་དྲོད་ཚད་ཇེ་མཐོར་གཏོང་བའི་སྒྲིག་ཆས་དང་དྲོད་ཚད་ཇེ་དམར་གཏོང་བའི་སྒྲིག་ཆས་གཉིས་ཡོད་ལ། དྲོད་ཚད་ཇེ་མཐོར་གཏོང་བའི་སྒྲིག་ཆས་ལ་རིགས་སྣ་མང་བ་སྟེ། གཅིག་གྱུར་གྱིས་དྲོད་སྐྱེར་བའི་དྲོད་རླུང་དང་། རླངས་འབུགས། ད་དུང་ཆ་ཤས་ལ་དྲོད་སྐྱེར་བའི་དམར་ཕྱིའི་འོད་ཐིག་གི་གློག་སྒྲོན་དང་། སོལ་ཐབ། དྲོད་སྲུང་གདུགས་སོགས་ཡོད། དྲོད་ཚད་ཇེ་དམར་གཏོང་བའི་སྒྲིག་ཆས་ལ་ཁ་ཕྱེ་བའི་རྣམ་པ་ཅན་གྱི་བྱ་ཁང་ལ་རྒྱུན་དུ་སྤྱོད་པའི་རླངས་སྤྲུད་རྣམ་པའི་དྲོད་ཚད་ཇེ་དམར་གཏོང་བའི་སྒྲིག་ཆས་དང་ཁ་སུམ་པའི་རྣམ་པ་ཅན་གྱི་བྱ་ཁང་ལ་རྒྱུན་དུ་སྤྱོད་པའི་རླན་ཡོལ་རླུང་འཁོར་གྱི་དྲོད་ཚད་

ཛེ་དམར་གཏོང་བའི་སྒྲིག་ཆས་མ་ལག་གཉིས་ཡོད།

བདུན། འཁྲུད་འབྱིད་དུག་སེལ་སྒྲིག་ཆས།

(གཅིག)ལས་སྒྲུབ་མི་སྣའི་དུག་སེལ་སྒྲིག་ཆས།

བྱ་གསོ་ར་བའི་སྒོ་ཁར་ལས་མིའི་དུག་སེལ་ཁང་བཙུགས་ཡོད་ལ། ཕྱི་ཡོང་གི་མི་སྣ་དང་བྱ་གསོ་ར་བ་རང་གི་ལས་སྒྲུབ་མི་སྣ་བྱ་གསོ་ར་བའི་ནང་འགྲོ་དུས་ངེས་པར་དུ་དུག་སེལ་ཁང་དུ་སོང་ནས་དུག་སེལ་བྱེད་དགོས། ཐོན་སྐྱེད་ཁུལ་གྱི་འཛུལ་སྒོར་དུག་སེལ་ལྭ་བ་བརྗེ་གསོར་བྱེད་པའི་ཁང་བ་བཙུགས་ཡོད་ཅིང་། ཐོན་སྐྱེད་ཁུལ་དུ་འགྲོ་བའི་ཕྱི་ཡོང་གི་མི་སྣ་དང་བྱ་གསོ་ར་བ་རང་གི་ལས་སྒྲུབ་མི་སྣ་ནང་དུ་འགྲོ་དུས་ངེས་པར་དུ་དུག་སེལ་ཁང་དུ་སོང་ནས་ཆེད་ལས་ལས་སྒྲུབ་ལྭ་དང་ལྷམ་བརྗེ་བ་དང་། དུག་སེལ་རྫིང་བརྒྱུད་དེ་དམར་ཕྱིའི་འོད་ཀྱི་འོད་རྣོན་སྤྲུད་པ་སོགས་ཀྱི་གོ་རིམ་བརྒྱུད་རྗེས་ད་གཟོད་འགྲོ་ཆོག་པ་ཡིན།

(གཉིས)རླངས་འཁོར་གྱི་འཁྲུད་འབྱིད་དང་དུག་སེལ་སྒྲིག་ཆས།

བྱ་གསོ་ར་བའི་འཛུལ་སྒོར་རླངས་འཁོར་གྱི་དུག་སེལ་སྒྲིག་ཆས་སྒྲིར་འཛུགས་བྱས་ཡོད་ལ། དེར་གཙོ་བོ་འཁྱིག་འཁོར་གཙང་འཁྲུད་དུག་སེལ་རྫིང་དང་རླངས་འཁོར་ཧྲིལ་པོ་ཁྲུས་བྱེད་པའི་རླངས་སྤྲུད་སྒྲིག་ཆས་གཉིས་ཡོད། རླངས་འཁོར་དུག་སེལ་རྫིང་གི་གཏིང་ཚད་ལ་སྨིད 0.3 ~0.5དང་། ཞེང་ཚད་དེ་རླངས་འཁོར་གྱི་ཞེང་ཚད་ལྟར་གཏན་ཁེལ་བྱེད་པ་སྟེ། སྤྱིར་བཏང་དུ་སྨིད 3 ~5 དང་། རིང་ཚད་དེ་འཁྱིག་འཁོར་དུག་སེལ་རྫིང་དུ་མ་མཐའ་ཡང་སྐོར་བ་གཅིག་རྒྱུག་ཐུབ་པའི་ཚད་དུ་བྱེད་པ་སྟེ། རྒྱུན་ལྡན་དུ་སྨིད 5~9དང་། དུག་སེལ་རྫིང་གི་སྐྱོར་ར་དེ་དུག་སེལ་སྨན་ཆུ་ལས་སྨིད 0.05 ~0.1གིས་མཐོ་དགོས་པ་ཡིན། དུག་སེལ་རྫིང་གི་གོང་ཕྱོགས་སུ་གླད་ཁེབས་བསྐྲུན་ན་ཆེས་བཟང་བ་དང་། དུག་སེལ་སྨན་ཆུ་དེ་རྒྱུན་ལྡན་དུ 2% ~3%ཅན་གྱི་ཆེན་དབྱང་ཧྭ་ནཱ་བཞུ་ཁུ(བུལ་ཏོག་སྲེག་

མ)འམ་ཡང་ན 5%ཅན་གྱི་ཙ་ཧྲིན་བཞུ་ཁུ(ལེད་སུའོ་ཨར)སྤྱོད་པ་དང་། ཉིན 3~4མཚམས་སུ་ཐེངས་རེ་བརྗེ་དགོས། གཞན་ཡང་། དགུན་ཁར་དུག་སེལ་རྫིང་ལ་ངེས་པར་དུ་འཁྲུག་འགོག་བྱེད་ཐབས་སྤྱོད་དགོས་པ་ཡིན།

(གསུམ)བྱ་གསོ་ར་བ་ནང་གི་འཁྲུད་འབྱེད་དུག་སེལ་སྒྲིག་ཆས།

བྱ་གསོ་ར་བས་རྒྱུན་དུ་སྤྱོད་པའི་ནང་གི་འཁྲུད་འབྱེད་དུག་སེལ་སྒྲིག་ཆས་ལ་གནོན་ཤུགས་དྲག་པའི་འཁྲུད་བཤལ་འཕྲུལ་ཆས་དང་། རླངས་སྤྲུད་འཕྲུལ་ཆས། སློག་ཐུས་སྐམ་སྐམ། མེ་ལྕེའི་དུག་སེལ་འཕྲུལ་ཆས། དམར་ཕྱིའི་འོད་ཀྱི་དུག་སེལ་སློག་སྒྲོན། གནོན་ཤུགས་དྲག་པའི་རླངས་པའི་འབུ་ཕྲ་གསོད་ཆས་སོགས་ཡོད།

1.གནོན་ཤུགས་དྲག་པའི་འཁྲུད་བཤལ་འཕྲུལ་ཆས་ནི་སྒུལ་ཤུགས་ཡོ་བྱད་ཀྱི་ནུས་པར་བརྟེན་ནས་བྱུང་བའི་གནོན་ཤུགས་དྲག་པའི་ཆུ་མདས་དངོས་གཟུགས་ཀྱི་ཕྱི་ངོས་འཁྲུད་བཤལ་བྱེད་པ་ཞིག་ཡིན་ལ། ཆུ་མདའི་ཤུགས་དེ་དངོས་གཟུགས་ཕྱི་ངོས་སུ་འབྱར་བའི་དྲི་མ་སོགས་ཀྱི་འབྱར་ཤུགས་ལས་ཆེ་བའི་རྐྱེན་གྱིས་ནག་ཉོག་གི་དྲི་མ་བཤལ་ནས་དངོས་གཟུགས་ཕྱི་ངོས་གཙང་བར་བཟོ་བའི་དམིགས་ཡུལ་དུ་བསླེབ་པར་བྱེད་པ་ཡིན།

2.མེ་ལྕེའི་དུག་སེལ་འཕྲུལ་ཆས་ནི་གཙོ་བོ་ས་ངོས་དང་གཞིབ་དྲར་དུག་སེལ་བྱེད་པ་ཡིན།

3.སློག་ཐུས་སྐམ་སྐམ་ནི་དྲོད་ཚད་མཐོ་བའི་གནས་ཚུལ་འོག་མི་ཆོག་པའམ་དབྱིབས་མི་འགྱུར་བའི་དངོས་པོའི་རིགས་ལ་དུག་སེལ་བྱེད་པར་སྤྱོད་འཚམ་པ་སྟེ། དཔེར་ན་ལྕགས་རིགས་དང་། རྫ་གཡམ། ཤེལ་སྣོ་སོགས་ཀྱིས་བཟོས་པའི་ཡོ་བྱད་རིགས་ལ་དུག་སེལ་བྱེད་པ་ལྟ་བུ་ཡིན། སློག་ཐུས་སྐམ་སྐམ་ནང་གི་དྲོད་ཚད་དེ 160° ~170°བར་ཚོད་འཛིན་བྱས་ན་འཚམ་པ་དང་། དུག་སེལ་

དུས་ཡུན་ནི་སྐར་ཆ 60~100བར་བཞག་ན་འོས་འཚམ་ཡིན།

4.དམར་ཕྱིའི་འོད་ཀྱི་དུག་སེལ་སྒློག་སྒྲོན། དམར་ཕྱིའི་འོད་ཀྱི་རླབས་རྒྱུན་དེ་ན་མུས 100 ~400དང་། འབུ་སྲ་གསོད་པའི་རླབས་རྒྱུན་རིང་ཚད་དེ་གཙོ་བོ་ན་མུས 200 ~300བར་འོས་འཚམ་ཡིན་པ་དང་། མཁའ་དབུགས་ཀྱི་དུག་སེལ་དེ་སྦྱོར་བཏང་གི་གནས་ཚུལ་འོག ཁང་བ་ནང་གི་དྲོད་ཚད་ཧྲུའུ 20°~40°དང་། བརྫོས་བཅས་རླན་ཚད 60%ལས་མི་བརྒལ་བ། འོད་ཐོག་ཚད་སྐར་ཆ 30བཅས་ཀྱི་ཚད་གཞི་གཞིར་བཟུང་ན་དུག་སེལ་གྱི་དམིགས་ཡུལ་དུ་བསླེབ་ཐུབ་པ་ཡིན། དངོས་གཟུགས་ཀྱི་ཕྱི་ངོས་ལ་དུག་སེལ་བྱེད་ན། སྦྱོར་བཏང་དུ་དམར་ཕྱིའི་འོད་ཀྱི་སྒློག་སྒྲོན་དེ་དངོས་གཟུགས་སྟེང་ངོས་ཀྱི་སྨིད 1གི་མཚམས་སུ་བསྟར་བ་དང་། འོད་ཐོག་པའི་དུས་ཡུན་ཕལ་ཆེར་སྐར་ཆ 30ཡིས་ཆོག་པ་ཡོད།

5.གནོན་ཤུགས་དྲག་པའི་རླངས་པའི་འབུ་སྲ་གསོད་ཆས། འབུ་སྲ་གསོད་པའི་ཆ་རྐྱེན་ནི་ཧྲུའུ 115°དང་། སྐར་ཆ 30དང་། ཧྲུའུ 121°དང་། སྐར་ཆ 20 ཧྲུའུ 126°དང་། སྐར་ཆ 10བཅས་བྱས་ན་དུག་སེལ་གྱི་ནུས་པ་ཐོན་ཐུབ་པ་ཡིན།

ལེའུ་གསུམ་པ། ཁྱིམ་བྱའི་གསོ་སྐྱེལ་ལག་རྩལ།

མོ་བྱའི་ཁམས་དམར་སྣོད་དེ་ལ་ཕྲ་མཐོང་ཆེ་ཤེལ་སྦྱད་ནས་བལྟས་ན་ཁམས་དམར་ལྷུ་བ 12000ལས་གྲུབ་པ་མཐོང་ཐུབ། སྒོང་གཏོང་ཚད་མཐོ་བའི་སྒོང་བྱའི་ལོ་རེའི་སྒོང་གཏོང་ཚད 300ལས་བརྒལ་བ་དང༌། ཕོ་བྱའི་སྐྱེ་འཕེལ་ནུས་པ་བཟང་བ། ཁུ་བ་ཉུང་ཤུང་ནའང་འདུས་ཚད་མཐོ་བ་དང༌། ཁུ་བའི་གྲངས་ཀ་མང་ཞིང་གསོན་ཡུན་རིང་བ་བཅས་ཡོད་ན། ཕོ་བྱ་གཅིག་གིས་མོ་བྱ 10 ~15ལ་སྦྱོར་སྡེབ་བྱས་ཀྱང་ཁམས་སྣུད་ཚད་ཉུང་མཐོན་པོ་ཡོང་བ་ཡིན། ཕོ་བྱའི་ཁུ་བ་དེ་མོ་བྱའི་ཁམས་འདྲེན་སྦུ་གུའི་ནང་དུ་ཉིན 5~10བར་གསོན་ཐུབ་ལ། ཁ་ཤས་ཤིག་ཉིན 30ཡན་ལ་གསོན་ཐུབ་པ་ཡིན།

ས་བཅད་དང་པོ། རང་བྱུང་གི་སྦྱོར་སྡེབ།

གཅིག བྱ་ཕྲུའི་ཆེན་པོའི་སྦྱོར་སྡེབ།

བྱ་ཕྲུའི་ཆེ་ཆུང་དེ་བྱ་ཁང་དང༌། གསོ་སྐྱེལ་རྒྱ་ཁྱོན་སོགས་བྱེ་བྲག་གི་གནས་ཚུལ་ལས་གཏན་ཁེལ་བྱེད་དགོས་པ་ཡིན། སྤྱིར་བཏང་དུ་ཁྱིམ་བྱ 100 ~1000གི་བར་ལ། སྟུར་ཚད་ལྟར་དུ་ཕོ་བྱ་འོས་འཚམ་རེ་བཏང་སྟེ་རང་རང་གི་འདོད་པ་ལྟར་དུ་སྦྱོར་སྡེབ་བྱེད་དུ་འཇུག་དགོས། ཁྱིམ་བྱ་ཕོ་མོའི་སྟུར་བ་དེ་ལུས་གཟུགས་ཆུང་བའི་སྒོང་བྱའི་སྟུར་བ་ནི 1:10 ~15དང༌། ལུས་གཟུགས་འབྲིང་

བའི་སྔོང་བྱའི་སྦུར་བ་ནི 1:10~12 ལུས་གཟུགས་ཆེ་བའི་སྔོང་བྱའི་སྦུར་བ་ནི 1:8~10ཡིན། བྱེད་ཐབས་འདིའི་ཁམས་སྦུད་ཚད་ཅུང་མཐོ་བ་དང་། དོ་དམ་བྱེད་པར་སྟབས་བདེ་བ་ཡིན། འོན་ཀྱང་བྱེད་ཐབས་འདིས་བྱ་ཕྲུག་གི་ཕ་རྒྱུད་གསལ་པོར་ཐག་གཅོད་མི་ནུས་པས་གསོ་སྐྱེལ་ཁོ་ན་ལ་འཚམ་པ་ལས། བྱེད་ཐབས་འདིའི་རིགས་ནི་སྤྱིར་བཏང་དུ་རྒྱུད་པ་ཚོད་ལེན་དང་བྱ་རྒྱུད་གསོ་སྐྱེལ་སྐབས་སུ་སྤྱོད་མི་འཚམ་པ་ཡིན།

སྦྱོར་སྐྱེབ་མ་བྱས་པའི་སྔོན་ལ་ཕོ་བྱའི་འདོད་འཕེལ་འགྱུལ་སྤྱོད་ནུས་པ་དང་། ལུས་སྟོབས། ཁུ་བའི་རྒྱུ་ཕྱུས། ལུས་གཟུགས་ཕྱི་དབྱིབས་སོགས་ནུས་པའི་དམིགས་ཚད་གཞིར་བཟུང་ནས་ཕོ་བྱ་ནན་ཏན་གྱིས་གདམ་གསེས་བྱེད་པ་དང་། སྦྱོར་སྐྱེབ་ཀྱི་དུས་ཡུན་ནང་དུ་བྱ་ཁྲུ་ཡོངས་ལ་ལྟ་ཞིབ་ནན་ཏན་བྱས་ནས་ཚད་མི་ལོངས་པའི་སོན་བྱར་དེ་མུར་སྐོམ་སྒྲིག་བྱེད་དགོས་པ་མ་ཟད། བྱ་ཁྲུ་ཆེན་པོ་ལ་སྦྱོར་སྐྱེབ་བྱེད་སྐབས་མཉམ་འཛོམ་བྱེད་དགོས་པ་ནི། བྱ་ཁྲུའི་ཁྲོད་ཀྱི་གནས་ཀྱི་དགེ་མཚན་ཟིན་པའི་ཕོ་བྱ་ཇེ་མང་དུ་འགྲོ་བ་དང་། དེ་དག་ལ་བདག་བཟུང་གི་འདུ་ཤེས་དྲག་པས་ཕོ་བྱ་གཞན་པའི་འདོད་པའི་བྱ་སྤྱོད་ལ་འགོག་རྐྱེན་བཟོ་བས། སྦྱོར་སྐྱེབ་ཀྱི་ནུས་པ་དང་སྦྱོར་སྐྱེབ་བྱས་པའི་མོ་བྱས་བཏང་བའི་སོན་སྔོང་གི་ཁམས་སྦུད་ཚད་དམའ་བར་འགྱུར་བ་ཡིན། གལ་ཏེ་མྱུར་དུ་སྐོམ་སྒྲིག་མ་བྱས་ན་བྱ་ཁྲུ་ཡོངས་ཀྱི་ཁམས་སྦུད་ཚད་ལ་ཤུགས་རྐྱེན་ངན་པ་བཟོ་སྲིད་པ་ཡིན་ནོ།།

གཉིས། བྱ་ཁྲུ་ཆུང་བའི་སྦྱོར་སྐྱེབ།

བྱ་ཁྲུ་ཆུང་བའི་སྦྱོར་སྐྱེབ་དེ་ལ་བྱ་ཁང་རྐྱང་བ་རེའི་སྦྱོར་སྐྱེབ་ཀྱང་ཟེར་ལ། བྱ་ཁྲུ་ཆུང་ཆུང་རེའི་ཁྲོད་དུ་ཕོ་བྱ་གཅིག་རེ་གཏོང་བ་ཞིག་ཡིན། བྱེད་ཐབས་འདི་ནི་སོན་གསོའི་བྱ་གསོ་ར་བར་སྤྱོད་འཚམ་པ་ཡིན། བྱ་ཁྲུ་ཆུང་བའི་སྦྱོར་སྐྱེབ་ལ་

ཁེར་རྐྱང་གི་བྱ་ཁང་དང་རང་འགུལ་གྱིས་ཁ་སྒམ་པའི་སྔོ་ང་གཏོང་སྣམ་དགོས་པ་མ་ཟད། ཕོ་བྱ་དང་མོ་བྱ་ཚང་མའི་རྐང་མགོ་དང་ཕྲག་མགོར་ཨང་གྲངས་འདོགས་པ་དང་། སོན་སྔོང་སྲུང་སྐྱུག་བྱེད་དུས་ཕོ་བྱ་མོ་བྱའི་ཨང་གྲངས་དེ་སོན་སྔོང་སྟེང་ཕབ་དགོས། དེ་ལྟར་བྱས་ན་བྱ་ཕྲུག་གི་ཕ་མ་ངོས་ཟིན་སླ་བ་དང་། ད་དུང་ཁྱིམ་བྱའི་རྒྱུད་པ་ཚོད་ལེན་དང་བྱ་རྒྱུད་གསོ་སྐྱེལ་བྱེད་པར་སྟབས་བདེ་བ་ཡིན། བྱ་ཁྲུའི་ཆེ་ཆུང་དེ་བྱ་རྒྱུད་ལས་ཀྱང་ཁྱད་པར་ཡོད་པ་སྟེ། སྔོང་སྐྱོད་ཁྱིམ་བྱ་ཡིན་ན 10~15བར་དང་། ཤ་སྐྱོད་ཁྱིམ་བྱ་ཡིན་ན 8~12བར་ཡིན།

གསུམ། མོ་བྱ་གཅིག་ལ་ཕོ་བྱ་མང་པོས་བརྗེ་གསོར་བྱས་ཏེ་སྦྱོར་སྐྱེབ་བྱེད་པ།

སོན་གསོ་བྱ་བའི་ཁྲོད་བྱ་རྒྱུད་སོན་གསོ་བྱེད་པར་སྦྱོར་སྐྱེབ་ཀྱི་ཁང་བ་རེ་རེ་བེད་སྤྱོད་པ་དང་། བསྲེས་པའི་སྦྱོར་སྐྱེབ་བྱེད་པ། སྦྱོར་སྐྱེབ་ཀྱི་ཕོ་བྱར་རྒྱུད་པ་ཚོད་ལེན་པ་དང་ཚན་སྐོར་རྒྱུད་པ་ཚོད་ལེན་བྱེད་པར་སྟབས་བདེ་ཕྱིར། རྒྱུན་དུ་བརྗེ་གསོར་གྱིས་སྐྱེབ་སྦྱོར་བྱེད་པའི་བྱེད་ཐབས་སྤྱོད་པ་ཡིན། བྱེད་ཐབས་འདི་ནི་གཙོ་བོ་མོ་བྱའི་ཁམས་དམར་འདྲེན་སྦུག་ནང་གི་ཁུ་བ་རྣམ་འགྱུར་བྱུང་བ་དང་། ཁུ་བ་གསར་བས་ཁུ་བ་རྙིང་བ་བརྗེ་གསོར་བྱེད་པ། ལུ་མཐུད་ཁུ་བ་སྲུད་པ་སོགས་ཀྱི་སྐྱེ་ཁམས་ཁོ་རིམ་བེད་སྤྱད་དེ་འཆར་འགོད་བྱས་པ་ཡིན། བྱེད་ཐབས་འདིས་སྐྱེར་སྦྱོར་གྱི་ཁང་བ་རེའི་ནང་དུ་མོ་བྱ 12~15གཏོང་བ་དང་། སྐྱེབ་སྦྱོར་གྱི་དུས་ཚིགས་རེའི་ནང་དུ་ཕོ་བྱའི་རྒྱུད་པ 2~3འཚོལ་སྤྱོད་བྱེད་ཚོག་པ་ཡིན། བརྗེ་གསོར་སྦྱོར་སྐྱེབ་བྱེད་སྟངས་ལ་རིགས་མང་བ་སྟེ། དུས་གཅིག་ཏུ་ཕོ་བྱ་ཨང་རིམ 1ཅན་དེ་གཏོང་བ་དང་། ཉིན་བཅུའི་རྗེས་སུ་སོན་སྔོང་ལེན་པའི་མགོ་རྩོམ་པ་དང་། ཉིན 22རྗེས་སུ་ཕོ་བྱ་ཨང་རིམ 1ཅན་དེ་ཕྱིར་ལེན་པ་དང་། ཉིན 5འགོར་རྗེས་ཀྱི་ཏྲོས་ཟའི་དུས་སུ་ཕོ་བྱ་ཨང་རིམ 2ཅན་གཏོང་ལ། དེ་ནས་ཉིན 10ནང་གི་སྔོང

ཚང་མ་རྒྱུད་བསྲེས་སྒོ་ང་ཡིན་པས་སོན་སྒོང་ལ་སྤྱོད་མི་རུང་བ་ཡིན། ཕོ་བྱ་ཨང་རིམ་2པ་ཅན་བཏང་ནས་ཉིན་11རྗེས་ནས་མགོ་བཟུང་སྟེ་ཕོ་བྱ་དེའི་སྒོ་ང་སོན་སྒོང་ལ་ཉར་ཆོག་པ་ཡིན། གོང་གི་གོ་རིམ་བརྒྱུད་རྗེས་ཀྱི་ཉིན་10ཡས་མས་ཀྱི་སྒོ་ང་དེ་སོན་སྒོང་ལ་སྤྱོད་མི་རུང་བ་ཡིན། གལ་ཏེ་བྱ་ཁང་རེ་བཞིན་མིས་ཐབས་ཀྱིས་ཁུ་བ་ལྷུག་པ་ཟུང་འབྲེལ་བྱས་པ་ཡིན་ན། སོན་སྒོང་འཚོལ་སྡུད་ཀྱི་བར་སྟོང་དུས་ཚོད་དེ་ལས་ཀྱང་ཐུང་བ་ཡིན། དེའི་བྱེད་ཐབས་ནི། ཁྱིམ་བྱའི་ཁང་བ་གཅིག་གི་ནང་དུ་ཕོ་བྱ་ཐོག་མ་དེས་སྟེབ་སྦྱོར་གཟའ་འཁོར་གཉིས་བྱས་རྗེས་ཕྱིར་ལེན་པ་དང་། དེ་ནས་གཟའ་འཁོར་གཅིག་ལ་ཕོ་བྱ་མི་གཏོང་བ་དང་། གཟའ་འཁོར་གསུམ་པའི་ཉིན་རྗེས་མའི་ཏྲོས་ཛའི་རྗེས་སུ་ཕོ་བྱ་ཨང་གཉིས་པ་བཏང་ནས་མོ་བྱར་ཁུ་བ་འདྲེན་པར་བྱེད་པ་དང་། ཉིན་གཉིས་རྗེས་ཀྱི་ཉིན་གསུམ་པའི་ཏྲོས་ཛའི་དུས་སུ་ཕོ་བྱ་ཨང་གཉིས་པ་གཏོང་དགོས། གཟའ་འཁོར་སྔོན་མ་3ནང་གི་སྒོ་ང་དེ་ཕོ་བྱ་ཨང་1ཅན་གྱི་རྒྱུད་པ་ཡིན་ལ། གཟའ་འཁོར་བཞི་པའི་སྔོན་མའི་ཉིན་3གྱི་སྒོ་ང་དེ་རྒྱུད་བསྲེས་སྒོ་ང་ཡིན་པས་སོན་སྒོང་ལ་ཉར་མི་རུང་། ཉིན་4པ་ནས་བཟུང་ཕོ་བྱ་ཨང་2པའི་རྒྱུད་པ་ཡིན་ནོ། །

ས་བཅད་གཉིས་པ། མིས་ཐབས་ཀྱིས་ཁུ་བ་ལྷུག་པའི་ལག་རྩལ།

སོན་སྒོང་མང་དུ་ཐོབ་པ་དང་། ཁྱིམ་བྱའི་གསོ་སྐྱེལ་གྱི་མ་དངུལ་ཉུང་དུ་གཏོང་བ། ཕོ་བྱའི་བེད་སྤྱོད་ཚད་མཐོ་རུ་གཏོང་བ་བཅས་ཀྱི་ཕྱིར་དུ། ལེགས་བསྡུས་ཞིབ་གཉེར་གྱི་བྱ་གསོ་ར་བས་མིས་ཐབས་ཀྱིས་ཁུ་བ་ལྷུག་པའི་ལག་རྩལ་རྒྱ་ཁྱབ་ཏུ་སྤྱོད་བཞིན་ཡོད་པ་རེད། མིས་ཐབས་ཀྱིས་ཁུ་བ་ལྷུག་པའི་བྱེད་ཐབས

འདིས་སོན་བྱ་ཕོའི་རྒྱུད་པ་མང་དུ་ཉར་བ་དང་སྦྱོར་སྡེབ་དཀའ་ངལ་སོགས་ཀྱི་ཞན་ཆ་མང་པོ་སེལ་ཐུབ་པ་མ་ཟད། ཁམས་སྤྱད་ཚད་ 10% ~15% ཇེ་མཐོར་གཏོང་བ་དང་། ཕོ་བྱ་སོན་ཉར་བྱེད་པ་ 2/3 ཇེ་ཉུང་དུ་གཏོང་བ། སོན་སྒོང་གི་རྒྱུ་སྤུས་ཇེ་མཐོར་གཏོང་བ་སོགས་བྱེད་ཐུབ་པ་ལས་གཞན། ད་དུང་ཕོན་འབབ་དམའ་བའི་མོ་བྱ་མྱུར་དུ་ངོས་བཟུང་ནས་མེད་པར་བྱས་ཏེ་སོན་བྱའི་གསོ་སྐྱོང་མ་དངུལ་ཇེ་དམར་བཏང་ནས་དཔལ་འབྱོར་གྱི་ཕན་འབྲས་ཇེ་མཐོར་གཏོང་ཐུབ་པ་ཡིན་ནོ།།

གཅིག ཁྱུ་བ་ལེན་པ།

(གཅིག)ཁྱུ་བ་ལེན་པའི་ཡོ་བྱད།

ཁྱུ་བ་གསོག་ཕོར། རྫོད་སྦྲུང་དམ། འགྲིག་གི་ལྷང་བུ། སྣེ་ཕྲ་བའི་ཤེལ་སྦུག་འཇུབ་ཆས། སྨན་ཆུའི་སྤྲིང་བལ་བཅས་ཡོད་ལ། བཀོལ་སྤྱོད་མ་བྱས་པའི་སྔོན་ལ་ཡོ་བྱད་འདི་དག་དུག་སེལ་རླངས་བཙོས་བྱས་ཏེ་གྲ་སྒྲིག་བྱེད་དགོས།

(གཉིས)ཁྱུ་བ་ལེན་པའི་བྱེད་ཐབས།

ཁྱུ་བ་ལེན་པར་སྤྱིར་བཏང་དུ་མཁལ་རྐེད་བསྐྱུ་མཉེའི་བྱེད་ཐབས་སྤྱོད་པ་སྟེ། མི་གཅིག་གིས་ཕོ་བྱ་བརྟན་པོར་བཟུང་བ་དང་གཅིག་གིས་ཁྱུ་བ་ལེན་པ་ཡིན། དེ་ཡང་ཕོ་བྱ་བརྟན་པོར་བཟུང་མཁན་གྱིས་ལག་པ་གཉིས་ཀྱིས་ཕོ་བྱའི་རྐང་བ་དང་གཤོག་པ་བསྡམས་ནས་རྐུབ་སྟོན་ལ་གཏད་ནས་མཆན་འོག་ཏུ་བ་ཙེར་ནས་འདུག་པ་དང་། ཁྱུ་བ་ལེན་མཁན་གྱིས་གཡོན་ལག་གི་མཛུབ་མོ་དག་རང་སོར་བཀར་ནས་ཕོ་བྱའི་རྒྱབ་གཞུང་གི་གཤོག་པ་གཉིས་ཀྱི་ནང་ངོས་ནས་མདོ་རུས་ཀྱི་བར་དུ་འཇམ་མཉེན་གྱི་སྒོ་ནས་བསྐྱུ་མཉེ་བྱེད་པ་དང་། དེ་ལྟར་བསྐྱུ་མཉེ་ཐེངས་མང་བྱས་ཏེ་ཕོ་བྱར་ཆགས་པ་བསླངས་རྗེས། མྱུར་དུ་གཡོན་ལག་གི་འཁོར་ཕྱོགས་བརྗེས་ཏེ་ཟ་སྒྲོའི་མཚམས་ནས་མཁལ་རྐེད་ཕྱོགས་སུ་ཡང་ཡང་འཐེན་པ་དང་།

གོང་མཛུབ་དང་སྲིན་མཛུབ་གཉིས་མཚན་མ་གཡས་གཡོན་དུ་བཞག་ནས་མཚན་མའི་གནས་སུ་བ་ཙོར་མནོན་བྱེད་པ་དང་། ལག་པ་གཡས་པས་ཁུ་བ་གསོག་ཟོར་བཟུང་ནས་ལག་པ་ཕྱི་ངོས་ཀྱིས་ཕོ་བྱའི་གསུས་ངོས་ཀྱི་སྨི་མོའི་གནས་སུ་བསྐུ་མཉེ་ལན་འགའ་བྱས་ན་ཁུ་བ་དེ་ལྟར་ཕྱིར་ཕོ་བར་བྱེད་པས། ཁུ་བ་གསོག་ཟོར་གྱི་ཁ་ཕོ་བྱའི་མཚན་མའི་སྣེ་ལ་གཏད་དེ་ཁུ་བ་ལེན་སྣོད་དུ་འབེབ་འཇུག་དགོས། ཁུ་བ་ལེན་མཁན་གྱིས་སྨན་ཆུས་སྦྲངས་པའི་སྲིང་བལ་བཟུང་ནས་ཁུ་བ་ལེན་དུས་ཉོ་སོན་ཡན་བཞུར་ཡོང་བ་མཐོང་མ་ཐག་དེ་ལྟར་སྨན་ཆུས་སྦྲངས་པའི་སྲིང་བལ་གྱིས་ཕྱིས་ནས་ཁུ་བ་འབག་བཙོག་ཐེབས་པར་སྔོན་འགོག་བྱ་དགོས།

(གསུམ)ཁུ་བ་ལེན་པའི་དུས་ཚོད།

ཐོན་སྐྱེད་ཁྲིད་དུ་དུས་ཚོད་གཉིས་དང་ཕྱེད་ཀ་ནས་གསུམ་དང་ཕྱེད་ཀའི་དུས་སུ་ཁུ་བ་ལེན་པར་བཀོད་སྒྲིག་བྱས་ཆོག་པ་ཡིན།

(བཞི)སོན་བྱའི་ཁུ་བ་ལེན་པའི་བྱེད་ཐབས།

ཕོ་བྱའི་བེད་སྤྱོད་ཐད་ནས་སྤྱིར་བཏང་དུ་ཐོག་མའི་དུས་སུ་ཉིན་གཅིག་ལ་ཁུ་བ་བླངས་རྗེས་ཉིན་གཅིག་ལ་ངལ་གསོ་བ་དང་། དེ་ལྟར་གཟའ་འཁོར་འགའི་རྗེས་སུ་ཉིན་གཉིས་ལ་ཁུ་བ་བླངས་རྗེས་ཉིན་གཅིག་ལ་ངལ་གསོས་པས་ཆོག་པ་ཡིན། ཚོད་ལྟ་ཞིབ་འཇུག་ལས་བདེན་དཔང་བྱས་པ་ལྟར་ན། ཉིན་གསུམ་ལ་ཁུ་བ་བླངས་རྗེས་ཉིན་གཅིག་ལ་ངལ་གསོས་ཀྱང་མཇུག་འབྲས་ཕར་ལྟར་བཟང་བར་བརྗོད་པས། ཕོ་བྱའི་བེད་སྤྱོད་ཚད་དེ་གསོ་སྐྱིལ་དོ་དམ་གྱི་ཆ་རྐྱེན་དང་། གནམ་གཤིས། སྦྱོར་སྡེབ་ཀྱི་འགན་ཁུར་མང་ཉུང་བཅས་གཞིར་བཟུང་ནས་གཏན་ཁེལ་བྱེད་པ་ལས་ཞྭ་དཔེ་ལྷམ་འགེབས་བྱེད་མི་རུང་བ་ཡིན།

(ལྔ)ཁུ་བའི་རྒྱུ་ཕྱུས་ཞིབ་བཤེར་བྱེད་པ།

ཁུ་བ་རྒྱུ་ཕྱུས་བཟང་བ་ནི་ཁམས་སྐུད་ཚད་མཐོན་པོར་སོན་པར་ཁག

ཐེག་བྱེད་པའི་རྨང་གཞི་ཡིན། ཁུ་བའི་རྒྱུ་སྤྲུས་ལ་ཚད་འཛལ་བྱེད་པར་རྒྱུན་ལྡན་དུ་འདུས་ཚད་དང་གསོན་ཤུགས་གཉིས་ཀྱི་དམིགས་ཚད་ལ་བལྟ་དགོས་པ་ཡིན། ཁུ་བའི་གསོན་ཤུགས་དེས་མིས་ཐབས་ཀྱིས་ཁུ་བ་ལྷུག་པའི་ཁྲིད་སྐོང་སྐྱོལ་གྱི་ཚད་དང་ཁུ་བ་ལྷུག་པའི་ཚད་ལ་ཤུགས་རྐྱེན་ཙུང་ཆེ་བ་ཡོད་པ་དང་། གསོན་ཤུགས 0.8ཡན་གྱི་ཁམས་སྡུད་ཚད 92%དང་གསོན་ཤུགས 0.7ཅན་གྱི་ཁམས་སྡུད་ཚད་67.4%ཡིན།

(དྲུག)ཁུ་བ་ལེན་དུས་མཉམ་འཛོག་བྱེད་དགོས་པའི་གནད་དོན་འགའ།

1.ཁུ་བ་སྡུད་ལེན་བྱེད་དུས་བྱ་བྲུན་དང་སྒྲོ་སྤུ་སོགས་ཁུ་བ་གསོག་སྣོད་དུ་འགྲོར་འཇུག་མི་རུང་སྟེ། དེ་ལྟར་སོང་ན་ཁུ་བར་འབག་བསྐྱད་ཞུགས་ནས་ཁུ་བའི་གསོན་ཤུགས་ལ་དམའ་འབབ་སྲིད་པ་ཡིན།

2.ཁུ་བ་སླ་བར་བསྒྱུར་བར་རྒྱུན་ལྡན་དུ་འབུ་ཕྲ་གསོད་པའི 0.9%ཅན་གྱི་སྨན་བཅོས་ཚྭ་ཆུ་དེ་གར་སླ་སྐྱོམས་གཤེར་དུ་སྤྱོད་པ་དང་། གར་སླ་སྐྱོམས་གཤེར་ནང་དུ་འོས་འཚམ་གྱི་ཆེན་ལེན་མའི་སོའུ་བསྣན་ན་ཁམས་སྡུད་ཚད 1%ཇེ་མཐོར་འགྲོ་སྲིད་པ་ཡིན།

3.ཁུ་བ་དེ་དྲོད་ཚད་ཧྲུའུ 39° ~42°ཡོད་པའི་དྲོད་འཛམ་ཆུའི་ནང་དུ་སྦྲངས་པའི་སྦྲོམ་ཕྲར་ཧའོ་སྨིད 12ཅན་གྱི་ཚོད་ལྟའི་ཤེལ་སྨྱུག་ནང་ལྷུག་པ་དང་། ཚོད་ལྟའི་ཤེལ་སྨྱུག་ནང་དུ་སྟོན་ཚད་ནས་འབུ་ཕྲ་གསོད་པའི 0.9%ཅན་གྱི་སྨན་བཅོས་ཚྭ་ཆུ་ཧའོ་ཧྲིན 5ལྷུག་དགོས་ལ། སྨན་བཅོས་ཚྭ་ཆུ་གར་སླ་སྐྱོམས་གཤེར་དང་ཁུ་བའི་སྦྱར་བ་ནི 1:1ཡིན་དགོས།

4.དྲོད་སྲུང་བ་དང་། སྐྱུར་དང་བུལ་ཏོག་གི་ཚད། དབྱང་འགྱུར་རང་བཞིན་སོགས་ཀྱི་རྒྱུ་རྐྱེན་མང་པོ་ཞིག་གི་རྐྱེན་གྱིས་ཁུ་བ་ལེན་དུས་མྱུར་ཞིང་ཐེག་པོ་དགོས་པས། ཁུ་བ་ལེན་པའི་དུས་ཡུན་ནི་སྐར་ཆ 30ཡས་མས་སུ་ཚོད་འཛིན་བྱས་

ན་འཚམ་པོ་ཡོད།

གཉིས། ཁམས་དཀར་ལྷུག་པ།

(གཅིག)ཁམས་དཀར་ལྷུག་པའི་དུས་ཚོད།

སོན་བྲ་མོ་དེ་ཉིན 180འགོར་བ་དང་། སྙོང་གཏོང་ཚད 20%ལ་བསླེབ་དུས། མིས་ཐབས་ཀྱིས་ཁམས་དཀར་ལྷུག་ཆོག་པ་ཡིན། ཁྱིམ་བྱའི་བྲ་སྤྱོད་རིགས་པ་བས་ཞིབ་འཇུག་ལས་བསྡོམས་ཆོག་བཀོད་པ་ལྟར་ན། ཕྱི་ཟླའི་དུས་ཚོད 2ནས 8བར་གྱི་དུས་ཚོད་སྐབས་དེ་ཁམས་དམར་སླུག་པར་བྱས་ན། སོན་བྲའི་ཁམས་སྐྱེད་ཚད་མཐོན་པོར་བསླེབ་ཐུབ་པར་བྱེད་ལ། སྙོང་གཏོང་བཞིན་པའི་སོན་བྲར་མཚོན་ན་ཉིན་རེའི་ཕྱི་ཟླའི་དུས་ཚོད་གསུམ་སྟེང་སྙོང་བཏང་རྗེས་ཁམས་དཀར་ལྷུག་དགོས་པ་ཡིན།

(གཉིས)ཁམས་དཀར་ལྷུག་པའི་བྱེད་ཐབས།

ཁམས་དཀར་ལྷུག་དུས་ལས་སྐྱབ་མི་སྣ 2~3དགོས་པ་དང་། དེ་ལས་གཅིག་གིས་ཁམས་དཀར་ལྷུག་པ་དང་། གཞན་གཉིས་ཀྱིས་ཁྱིམ་བྱ་བཟུང་ནས་རྒྱབ་ཁ་གཟེད་དགོས། རྒྱབ་ཁ་གཟེད་མཁན་གྱིས་ལག་གཡས་པས་མོ་བྱའི་བརླ་རྩ་ནས་བཟུང་བ་དང་། ལག་གཡོན་པས་མོ་བྱའི་གསུས་ངོས་ཀྱི་གཡོན་ངོས་ནས་བཟུང་སྟེ་རྒྱབ་ཁ་མགོ་བོའི་ཕྱོགས་སུ་བཀུག་ནས་ཤུགས་ཆུང་ཟད་འདོན་དགོས་པ་ཡིན། གསུམ་པ་མགོ་བོའི་ཕྱོགས་སུ་བཀུག་པའི་ཤུགས་དེས་ཁམས་དམར་འདྲེན་སྲུག་གི་ཁ་ཕྱེས་པ་དང་། ཁམས་དཀར་ལྷུག་མཁན་གྱིས་དུག་སེལ་བྱས་ཟིན་པའི་ཁམས་དཀར་འདྲེན་སྲུག་གིས་སླ་བར་གྱུར་པའི་ཁུ་བ་ཧ་འོ་ཧྲིན 0.03 ~ 0.05འཇུབས་རྗེས་ཁམས་དམར་འདྲེན་སྲུག་ནང་དུ་ལི་སྨིད 1 ~2ཙམ་གཏོང་བ་དང་། དེ་དང་མཉམ་དུ་རྒྱབ་ཁ་གཟེད་མཁན་གྱི་གཡོན་ལག་སློད་པ་དང་དུས་མཚུངས་སུ་ཁུ་བ་ནང་དུ་ལྷུག་དགོས་པ་ཡིན། ཁམས་དཀར་ལྷུག་མཁན་གྱིས་དེ་

ལྟར་མོ་བྱ་རེ་ལ་ཁམས་དཀར་བླུག་རྗེས། དུག་སེལ་སྨན་ཆུ་སྤྲངས་པའི་སྒྲིང་བལ་གྱིས་ཁམས་དཀར་འདྲེན་སྦྲུག་གི་ཁ་གཙང་ཕྱིས་བྱེད་དགོས་པ་ཡིན།

(གསུམ)ཁམས་དཀར་ལྡུག་པའི་ཐེངས་གྲངས།

ཁམས་དཀར་ལྡུག་པའི་ཐེངས་གྲངས་མང་བ་དང་ལྡུག་ཐེངས་རེའི་བར་ཐག་ཐུང་བའི་སྐབས་སུ་ལས་བཟོ་བའི་ངལ་རྩོལ་ཟད་གྲོན་ཆེ་བ་དང་། ཕོ་བྱ་ཚུང་མང་པོ་ཞིག་གསོ་ཚགས་ཀྱང་བྱེད་དགོས་ཀྱི་ཡོད། ཁམས་དཀར་ལྡུག་ཐེངས་རེའི་བར་ཐག་རིང་བར་གྱུར་ན་ཁམས་སྣུད་ཚད་ལ་ཤུགས་རྐྱེན་བཟོ་སྲིད་པ་ཡིན། སོན་བྱ་མོ་ལ་ཉིན 4~5 རེའི་བར་དུ་ཁམས་དཀར་ཐེངས་རེ་བླུག་པ་ཡིན་ན་ཁམས་སྣུད་ཚད་མཐོན་པོ་ཞིག་སྲུང་འཛིན་བྱེད་ཐུབ་པ་དང་། སྤྱིར་བཏང་དུ་ཁམས་དཀར་བླུགས་ནས་ཉིན 7 རྗེས་ཀྱི་སོན་སྒོང་ལ་མཚོན་ན་ཁམས་སྣུད་ཚད་མར་ཆག་མགོ་རྩོམ་པ་ཡིན་ནོ། །

(བཞི)ཁམས་དཀར་ལྡུག་ཚད།

ཁམས་དཀར་རམ་སླ་བར་བཟོས་པའི་ཁམས་དཀར་ལྡུག་དུས། ཐེངས་རེའི་ཁམས་དཀར་གྱི་ཚད་སོ་སོར་ཧྥའོ་ཧྲིན 0.025 དང་ཧྥའོ་ཧྲིན 0.05 (ཁམས་དཀར་ཁྲི 7500 ཡན་འདུས) བླུག་པ་ཡིན་ན་པན་འབྲས་ཆེས་བཟང་བ་ཡིན་ནོ། །

(ལྔ)ཁམས་དཀར་ལྡུག་དུས་མཉམ་འཛོག་བྱེད་དགོས་པའི་དོན་ཚན་འགའ།

1.མོ་བྱའི་རྒྱབ་ཁ་གཟེད་མཁན་གྱིས་མོ་བྱའི་གསུས་ངོས་སུ་མནོན་དུས་ངེས་པར་དུ་གསུས་ངོས་ཀྱི་གཡོན་ངོས་མནོན་དགོས་པ་སྟེ། དེ་ཡང་ཁམས་དམར་འདྲེན་སྦྲུག་ནི་གསུས་ངོས་ཀྱི་གཡོན་ཕྱོགས་གོང་དུ་ཡོད་པ་དང་། གཡས་ཕྱོགས་སུ་རྒྱུ་མའི་ཁ་སྣེ་རྟུག་སྦྲུན་འདོར་ཁུང་ཡིན་པས། གལ་ཏེ་གསུས་ངོས་གཡས

ཕྱོགས་ལ་ཞུགས་ཀྱིས་མནན་པ་ཡིན་ན་རྟུག་བྲུན་ཕྱིར་འདོར་སྲིད་པ་ཡིན།

2.རྐུབ་ཁ་གཟེད་མཁན་དང་ཁམས་དཀར་ལྷུག་མཁན་གཉིས་ཀྱིས་བྱ་བར་མཐུན་སྒྲོར་གང་ལེགས་བྱེད་དགོས་པ་ཡིན། ཁམས་དཀར་འདྲེན་སྦྱུག་ནང་དུ་བཏང་བའི་སྐད་ཅིག་མ་དེར། རྐུབ་ཁ་གཟེད་མཁན་གྱིས་མྱུར་དུ་མོ་བྱའི་གསུམ་ཛོས་སུ་མནན་པའི་ལག་པ་སློད་དེ། གསུམ་པ་སྤོས་པའི་འཛིན་ཞུགས་དེས་ཁམས་དཀར་དེ་ཁམས་དམར་འདྲེན་སྦྱུག་ནང་དུ་འཛིན་པར་བྱེད་དགོས་པ་ཡིན།

3.ཁམས་དཀར་ནང་དུ་ལྷུག་དུས་མཁའ་དབུགས་ལྷུ་སོབ་ཁམས་དམར་འདྲེན་སྦྱུག་ནང་གཏོང་བར་མཉམ་འཛོག་བྱེད་དགོས། གལ་ཏེ་མཁའ་དབུགས་དང་མཉམ་དུ་བླུག་ན་ཁམས་དཀར་ཕྱིར་དུ་བཞུར་ནས་ཁམས་སྤུད་ཚད་ལ་ཞུགས་རྐྱེན་བཟོ་སྲིད་པ་དང་། ནད་ཏན་གྱིས་དུག་སེལ་དང་འབུ་སྲ་གསོད་པའི་བྱ་བའི་ལམ་ལུགས་ལག་བསྟར་བྱས་ཏེ། མོ་བྱའི་སྐྱེ་འཕེལ་མ་ལག་ལ་ནད་འགོ་བར་སྔོན་འགོག་བྱེད་དགོས་པ་ཡིན།

ལེའུ་བཞི་པ། ཁྱིམ་བྱའི་འཚོ་བཅུད་དང་གཟན་ཆག་བསྲེས་སྦྱོར།

ས་བཅད་དང་པོ། ཁྱིམ་བྱའི་རྒྱུན་སྤྱོད་གཟན་ཆག

ཁྱིམ་བྱའི་གཟན་ཆག་གི་ཐོན་ཁུངས་ཤིན་ཏུ་རྒྱ་ཆེ་བ་སྟེ། ཁྱིམ་བྱའི་འཚོར་སྐྱེ་དང་ཐོན་སྐྱེད་ལ་མཁོ་བའི་འཚོ་བཅུད་ཀྱི་གྲུབ་ཆ་ལྡན་པའི་དངོས་པོ་ཡོད་ཚད་ཁྱིམ་བྱའི་གཟན་ཆག་ཏུ་སྤྱོད་ཆོག་པ་ཡིན། དཔེར་ན། འབྲུ་ཡི་རིགས་དང་། ཕུབ་མ། འབབ་ཆ། ཉ་དང་ཤ་སྐྱི། རྩྭ་གཟན་སོགས་ཚང་མ་ཁྱིམ་བྱའི་གཟན་ཆག་ལ་སྤྱོད་ཆོག་པ་ཡིན། སྒོང་བྱའི་རྒྱུན་སྤྱོད་གཟན་ཆག་ལ་རིགས་བཅུ་ཁ་ཞིག་ཡོད་མོད། གཟན་ཆག་ནང་འདུས་པའི་འཚོ་བཅུད་ཀྱི་གྲུབ་ཆ་མི་འདྲ་བ་དང་འཚོ་བཅུད་ཀྱི་འདུས་ཚད་ཆེ་ཆུང་དབང་གིས་རིགས་དབྱེ་མཛད་ན་ནུས་ཚད་གཟན་ཆག་དང་། སྤྲི་དཀར་གཟན་ཆག གཉེར་དངོས་རིགས་ཀྱི་གཟན་ཆག འཚོ་བཅུད་དང་སྦྱོར་རྫའི་གཟན་ཆག་བཅས་སུ་འདུ་བ་ཡིན།

གཅིག ནུས་ཚད་གཟན་ཆག

དངོས་པོའི་ནང་དུ་ཚི་སྣ་སྙིང་པོའི་འདུས་ཚད་18%མི་ལོང་བ་དང་། སྤྲི་དཀར་གྱི་འདུས་ཚད་20%ལས་དམའ་བའི་གཟན་ཆག་ཡོད་ཚད་ནུས་ཚད་གཟན་ཆག་གི་རིགས་སུ་གཏོགས་པ་ཡིན། གཟན་ཆག་འདིའི་རིགས་ནི་གཙོ་བོ་སྐྱེ་མ་ཅན་གྱི་སྐྱེ་དངོས་ཀྱི་འབྲུ་རིགས་གཟན་ཆག་དང་དེ་དག་གིས་ལས་སྣོན་བྱས་པའི་

ཞོར་རྫས་རིགས་དང་། རྩ་ལྤུམ་སོགས་ཀྱི་རྩད་པ་དང་གཞུང་རྟ། སྲོག་ཆགས་དང་སྐྱེ་དངོས་ཀྱི་ཚིལ་ཞག མངར་ཆ་དང་སྦྲང་རྩི་སོགས་ཡིན། གཟན་ཆག་འདི་ནི་བཀོལ་སྤྱོད་ཆེས་མང་བའི་ཁྱིམ་བྱའི་གཟན་ཆག་ཅིག་ཡིན་ལ། ཁྱིམ་བྱའི་ཉིན་རེའི་གཟན་ཆག་ལས 50% ~80%བཟུང་ཡོད། རྒྱུན་མཐོང་གི་ནུས་ཚད་གཟན་ཆག་གི་རིགས་དང་ཁྱད་ཆོས་ནི་གཤམ་གསལ་ལྟར་ཏེ།

1.མ་སྨོས་ལོ་ཏོག མ་སྨོས་ལོ་ཏོག་ནི་རང་རྒྱལ་གྱི་ནུས་ཚད་གཟན་ཆག་གཙོ་བོ་ཞིག་ཡིན་ལ། ནུས་ཚད་ནི་འབྲུ་ཡི་རིགས་ཀྱི་གཟན་ཆག་ལས་ཆེས་མཐོ་བ་ཡིན་པས་གཟན་ཆག་གི་རྒྱལ་པོ་ཞེས་པའི་མིང་གསོལ་ཡོད། འོན་ཀྱང་མ་སྨོས་ལོ་ཏོག་གི་སྤྲི་དཀར་གྱི་འདུས་ཚད་དམའ་བ་དང་། རྒྱ་སྤུས་ཞན་པ། རྒྱུན་ཚད་མ་རྒྱུ་དང་། ཚད་ཤུང་མ་རྒྱུ། འཚོ་བཅུད་སོགས་ཀྱི་འདུས་ཚད་དམའ་བ་མ་ཟད། ལེ་ཤན་སོན་དང་སེག་ཤན་སོན་གྱི་འདུས་ཚད་མེད་པས་འཚོ་བཅུད་ཆ་མི་སྙོམ་པ་ཡིན། དེ་བས་གཟན་ཆག་བསྲེས་སྦྱོར་བྱེད་དུས་ཤན་ཅི་སོན་འདི་དག་གི་ངོ་མཉམ་ལ་མཉམ་འཛོག་བྱེད་དགོས་པ་ཡིན།

2.གྲོ། གྲོ་ལ་སྤྲི་དཀར་འདུས་ཤིང་ཚ་ནུས་མཐོ་བ་མ་ཟད། bཚོ་སྐར་གྱི་འཚོ་བཅུད་འདུས་ཚད་ཀྱང་ཕུན་སུམ་ཚོགས་པོ་ཡོད་ལ། མ་སྨོས་ལོ་ཏོག་དང་བསྲེས་ནས་གཟན་ཆག་ཏུ་སྤྱད་ན་ཕན་འབྲས་དེ་ལས་མཐོ་བ་ཡོད། འོན་ཀྱང་གྲོ་ནི་མིའི་རིགས་ཀྱི་བཟའ་བཅའ་གཙོ་བོ་ཡིན་པས། གྲོ་རྐྱང་པ་གཟན་ཆག་ཏུ་སྤྱོད་པ་ཤིན་ཏུ་ཉུང་ངོ་། །

3.སོ་བ། སྤྲི་དཀར་གྱི་འདུས་ཚད་མ་སྨོས་ལོ་ཏོག་ལས་མཐོ་བ་དང་། ཚོ་སྣ་རྩིང་བ་མ་སྨོས་ལོ་ཏོག་ལས་ལྷག་གཉིས་ཡས་མས་ཡིན་ལ། སྙིང་ཚབ་གསར་བརྗེའི་ནུས་པ་མ་སྨོས་ལོ་ཏོག་གི 89%ཡིན། bཚོ་སྐར་གྱི་འཚོ་བཅུད་འདུས་ཚད་དང་ལིན་གྱི་འདུས་ཚད་ཕུན་སུམ་ཚོགས་པ་ཡོད། འོན་ཀྱང་བེད་སྤྱོད་ཀྱི་ཚད་ནི

31%ལས་མེད་དོ།།

4.ནས། བཟའ་བཅའི་ཚོ་སྣའི་འདུས་ཚད་ཕུན་སུམ་ཚོགས་པ་དང་། ཀའེ། ལིན། ལྕགས། ཟངས། ཞིན། ཞའེ་སོགས་གཏེར་དངོས་ཀྱི་མ་རྒྱུ་འདུས་པ་ཡིན།

5.གྲོ་ཤུན། གྲོ་ཤུན་ནི་གྲོ་ཕྱེ་བཏགས་རྗེས་ཀྱི་ཞོར་ཐོན་དངོས་རྫས་ཤིག་ཡིན་ལ། གྲོ་ཤུན་གྱི་འཚོ་བཅུད་རང་བཞིན་ནི་ནུས་ཚད་ཅུང་དམའ་བ་དང་། ཀའེ་དང་ལིན་གྱི་འདུས་ཚད་མཐོ་བ། ལའེ་ཨན་སོན་དང་ཧེན་ཨན་སོན་གྱི་འདུས་ཚད་དམའ་བ། bཚོ་སྐོར་གྱི་འཚོ་བཅུད་འདུས་ཚད་མཐོ་བ་ཡིན། ཚོ་སྣའི་འདུས་ཚད་མཐོ་བ་དང་ནུས་ཚད་དམའ་བའི་མ་བཅོས་རྒྱུ་ཆ་དེ་ལ་བཤལ་བའི་རང་བཞིན་དང་ལྡན་པས། ཤ་སྐྱིད་ཁྱིམ་བྱའི་གཟན་ཆག་ལ་སྤྱོད་མི་འཚམ་ལ། སྤྱིར་བཏང་དུ་སྒོང་བྱའི་གཟན་ཆག་ལ་སྤྱོད་དགོས་པ་ཡིན།

གཉིས། སྤྲི་དཀར་གཟན་ཆག

དངོས་པོ་སྐམ་པོའི་ཁྲོད་རྗེང་བའི་སྤྲི་དཀར་འདུས་ཚད 20%ཡན་ཡིན་པ་དང་། རྗེང་བའི་ཚོ་སྣའི་འདུས་ཚད 18%ལས་དམའ་བའི་གཟན་ཆག་ཡོད་ཚད་སྤྲི་དཀར་གཟན་ཆག་གི་ཁོངས་སུ་གཏོགས་པ་དང་། ཡོང་ཁུངས་ཀྱི་ཆ་ནས་སྲོག་ཆགས་རང་བཞིན་གྱི་སྤྲི་དཀར་གཟན་ཆག་དང་སྐྱེ་དངོས་རང་བཞིན་གྱི་སྤྲི་དཀར་གཟན་ཆག་རིགས་གཉིས་སུ་དབྱེ་ཆོག་པ་ཡིན། སྤྲི་དཀར་གཟན་ཆག་གི་རིགས་དང་ཁྱད་ཆོས་ནི་གཤམ་གསལ་ལྟར་ཏེ།

1.སྲན་སླིགས། སྲན་སླིགས་ནི་མིག་སྔར་བཀོལ་སྤྱོད་བྱེད་པ་ཆེས་མང་ཞིང་རྒྱ་ཁྱབ་ཏུ་སྤྱོད་པའི་སྐྱེ་དངོས་རང་བཞིན་གྱི་སྤྲི་དཀར་གཟན་ཆག་ཅིག་ཡིན་ལ། སྤྱིར་བཏང་དུ་རྗེང་བའི་སྤྲི་དཀར་འདུས་ཚད 40%~46%ཡིན་པ་དང་། ཨན་ཅི་སོན་གྱི་འདུས་ཚད 2.5%ལ་བསླེབས། གཟན་ཆག་འདིའི་རིགས་ཀྱི་དགེ་མཚན་ནི་ཨན་ཅི་སོན་གྱི་གྲུབ་ཆ་སྙོམ་པ་དང་། འཇུ་ཚད་མཐོ་བ། རྒྱུ་སྤྲུས

བརྟན་འཛུགས་ཡིན་ལ། རྩལ་མི་སླ་བ་དང་བཀོལ་དུས་ཚོད་བཟུང་མེད་པ་དང་། ད་དུང་རིན་གོང་ཤིན་ཏུ་མཐོ་བའི་སྒྲིག་ཆགས་རང་བཞིན་གྱི་སྒྲི་དཀར་གཟན་ཆག་གི་ཚབ་བྱེད་ཆོག་པ་ཡིན། སྤྲན་སྐྱིགས་ནང་དུ་ཨན་ཅི་སོན་བསྲེས་སྟེབ་ལེགས་པོར་བྱས་རྗེས། ཁྱིམ་བྱའི་གཟན་ཆག་གི་སྒྲི་དཀར་གྱི་ཐོན་ཁུངས་ཆེས་ལེགས་པ་དེ་བྱེད་ཆོག་པ་དང་། དེ་ལྟའི་ཨན་ཅི་སོན་གྱི་དོ་མཉམ་བཟང་བ་དང་སྒྲི་དཀར་གྱི་འཇུ་ཚད་མཐོ་བས། གཞན་པའི་འབའ་ཆའི་རིགས་ཀྱི་གཟན་ཆག་གིས་ཚབ་བྱེད་མི་ཐུབ་པ་ཡིན།

2.འབའ་ཆ། འབའ་ཆ་ནི་སྐྱ་ཚེ་འཕྲུལ་ཆས་ཀྱིས་བ་ཙིར་གནོན་བྱས་ནས་གཡིས་བླངས་རྗེས་ཀྱི་ཞོར་ཐོན་དངོས་རྫས་ཤིག་ཡིན་ལ། འབའ་ཆའི་སྙིང་ཚབ་གསར་བརྗེའི་ནུས་པ་ཅུང་དམའ་བ་དང་། རྩིང་བའི་སྒྲི་དཀར་གྱི་འདུས་ཚད་35%ཡས་མས་དང་། ཏན་ཨན་སོན་དང་ལའི་ཨན་སོན་གྱི་འདུས་ཚད་ཅུང་མཐོ་བ། ཅིན་ཨན་སོན་གྱི་འདུས་ཚད་དམའ་བ་བཅས་ཡིན། འབའ་ཆའི་ནང་དུ་ད་དུང་དུག་ལྡན་གྱི་དངོས་པོ་ཁ་ཤས་འདུས་པ་སྟེ། དཔེར་ན། ཆའི་སོན་དང་། ཆའི་ཙི་ཁྲིན་སོན། ཏིན་ཞིང་སོགས་ལྟ་བུ་རེད། དེ་མང་དུ་སྤྱོད་ན་ཨོལ་གོང་གཉེར་ཟིན་སྐྲངས་སྦྲས་བྱེད་པ་དང་། འཚར་སྐྱེ་ལ་འགོག་རྐྱེན་ཐེབས་པ་དང་། སྒོང་ཤུན་ཆག་རལ་ཅན་དང་སྒོང་ཤུན་སྐྱི་མོ་ཅན་ཇེ་མང་དུ་འགྲོ་བ་ཡིན། རྒྱུན་ལྡན་དུ་བྱ་ཕྲུག་ལ་འབའ་ཆ་སྣོར་མི་རུང་བ་དང་། རྒྱ་སྤུས་བཟང་བའི་འབའ་ཆ་དེ་ཤ་སྐྱོད་ཁྱིམ་བྱར་10%ཙམ་སྣོར་རུང་བ་དང་། སྒོང་བྱ་དང་སོན་བྱར་8%ཙམ་སྣོར་རུང་བ་ཡིན།

3.ཉ་ཕྱེ། ཉ་ཕྱེ་ནི་ཆེས་བཟང་བའི་སྒྲི་དཀར་གཟན་ཆག་ཅིག་ཡིན་ལ། སྒྲི་དཀར་གྱི་འདུས་ཚད་མཐོ་བ་མ་ཟད། ཨན་ཅི་སོན་གྱི་འདུས་ཚད་ཀྱང་མཐོ་བ་ཡོད། ཁྱད་པར་དུ་ཨན་ཅི་སོན་གྱི་འདུས་ཚད་མཐོ་བ་དང་མཉམ་དུ་ཉ་ཕྱེའི་འཚོ་

བཅུད B12དང་། སྐྱེ་དངོས་སུའུ་དང་། རྣོ་རྣོང་སུའུ། ཞིའུ་སོགས་ཀྱི་འདུས་ཚད་ཀྱང་ཤིན་ཏུ་མཐོ་བ་ཡིན།

4.ཤ་རུས་ཁུ། རུས་ཁུ་ནི་ཞིབ་བཤེར་བྱས་པ་བརྒྱུད་བཟའ་བཅའི་འཕྲོད་སྟེན་ཚད་དུ་མ་ལོངས་པའི་ཕྱུགས་རིགས་ཀྱི་ཐོན་རྫས་དེ་དག་བ་ཅོར་གནོན་དང་། དུག་སེལ་ཚོལ་འབུད། སྐམ་པ། ཁུ་མར་བཏགས་པ་ལས་གྲུབ་པ་ཞིག་ཡིན། ཤ་རུས་ཁུའི་ཨན་ཅི་སོན་གྱི་གྲུབ་ཆ་མི་ལེགས་པ་དང་། ལའི་ཨན་སོན་གྱི་འདུས་ཚད་མཐོ་བ། ཏན་ཨན་སོན་དང་སེག་ཨན་སོན་གྱི་འདུས་ཚད་དམའ་བ། བེད་སྤྱོད་ཚད་ཀྱི་འགྱུར་བ་ཆེ་བ། Bཚོ་སྐར་གྱི་འཚོ་བཅུད་འདུས་ཚད་ཅུང་མཐོ་བ། འཚོ་བཅུད Aདང Dཡི་འདུས་ཚད་ཅུང་དམའ་བ་དང་། དེ་ལས་གཞན་ད་དུང་ཀའེ་དང་། ལིན། མིན་སོགས་མང་དུ་འདུས་པ་ཡིན། གཟན་ཆག་འདིའི་རིགས་ནི་ཁྱིམ་བྱའི་གཟན་ཆག་གི་སྦྲི་དཀར་དང་། ཀའེ། ལིན་སོགས་ཀྱི་ཡོང་ཁུངས་བྱེད་ཆོག་པ་ཡིན། འོན་ཀྱང་གཟན་ཆག་གི་རིན་ཐང་དེ་ཉ་ཁུ་དང་སྨན་སླིགས་སོགས་དང་བསྡུར་ཐབས་མེད་ལ། དེ་དང་མཉམ་དུ་ཐོན་རྫས་རྒྱུ་ཕྱུས་ཀྱི་བརྟན་འཇགས་རང་བཞིན་ཞན་པ་དང་། བཀོལ་སྤྱོད་ཀྱི་ཚད་དེ 6%ལས་མ་བརྒལ་ན་འཚམ་པོ་ཡིན་པ་དང་། ཨན་ཅི་སོན་མི་འདང་བ་ལ་ཁ་གསབ་བྱེད་དགོས་པ་མ་ཟད། ད་དུང་ཀའེ་དང་ལིན་རྡོ་སྐམ་ཡོང་བ་ལ་མཉམ་འཛོག་བྱེད་དགོས།

གསུམ། གཉེར་དངོས་རིགས་ཀྱི་གཟན་ཆག

གཉེར་དངོས་རིགས་ཀྱི་གཟན་ཆག་ནི་འཚོ་བཅུད་རྒྱུའི་འདུས་ཚད་ཅུང་སྣ་རྐྱང་ཡིན་པའི་གཟན་ཆག་རིགས་ཤིག་ཡིན་ལ། གཟན་ཆག་ནང་དུ་ནྭ་དང་། སོའུ། ཀའེ། ལིན་བཅས་དང་། གཞན་ཡང་ཚད་ཉུང་མ་རྒྱུ་ཁ་གསབ་བྱེད་པར་སྤྱོད་པ་ཡིན། དེ་ནི་གཙོ་བོ་ལིན་སོན་ཆེན་ཀའེ་དང་། ལིན་སོན་ཀའེ། བཟའ་ཚྭ། ཐན་སོན་ཀའེ། ཉ་ཕྱིའི་ཁུ། སྒོང་ཤུན་བཏགས་ཁུ། ལིག་སོན་ཟངས། ལིག་སོན

ཞིན། ལིག་སོན་ཡ་ཐེ། ཏེན་ཏྲ་ཙ། ཡ་ཞི་སོན་ནྲ་སོགས་སོ། །

བཞི། འཚོ་བཅུད་གཟན་ཆག

མིག་སྔར་བྱ་གསོ་ར་བ་ཆེ་བ་དག་གིས་འཚོ་བཅུད་ཀྱི་དགོས་མཁོ་ཐག་གཅོད་པར་གཙོ་བོ་འཚོ་བཅུད་སྦྱོར་རྫ་སྤྱོད་བཞིན་ཡོད་ལ། སྔར་གྱི་གསོ་སྐྱེལ་ཁྲིམ་ཚང་གིས་རྩྭ་གཟན་སྤྱོད་བཞིན་ཡོད། སྤྱིར་བཏང་དུ། རྩྭ་གཟན་གྱི་ནང་དུ་ཕུན་སུམ་ཚོགས་པའི་གྲུང་ལ་ཕུག་གི་ཉིང་རྩེ་དང་། Bཚོ་སྐར་གྱི་འཚོ་བཅུད། འཚོ་བཅུད་Cའདུས་པ་ཡིན། རྒྱུན་སྤྱོད་ཀྱི་རྩྭ་གཟན་ལ་མཐིང་མངར་དང་། ཚོད་སྔག འབུ་སུ་ཏང་གི་ལོ་མ། རྩ་འདབ་གསུམ་གྱི་ལོ་མ། གསོན་ཤིང་གི་ལོ་མ། ཁེ་རྩུའུ་ལོ་མ་སོགས་ཡིན།

ལྔ། སྦྱོར་རྫའི་གཟན་ཆག

(གཅིག)སྦྱོར་རྫའི་གཟན་ཆག

སྦྱོར་རྫའི་གཟན་ཆག་ནི་རྒྱུན་དུ་སྤྱོད་པའི་གཟན་ཆག་ཕུད་པའི་གཟན་ཆག་སྟེ། སྲོག་ཆགས་འཚར་སྐྱེ་དང་། འཕེལ་བ། ཐོན་སྐྱེད་སོགས་ཕྱོགས་ཡོངས་ཀྱི་འཚོ་བཅུད་དགོས་མཁོ་བསྐང་ཆེད་དམ་ཡང་ན་དམིགས་ཡུལ་ཁྱད་པར་ཅན་ཞིག་གི་ཕྱིར་དུ་བསྲེས་པའི་གཟན་ཆག་ཏུ་འདུས་ཚད་ཉུང་བའམ་མེད་པའི་དངོས་པོ་བསྲེས་པ་དེ་ལ་ཟེར། བཀོལ་ས་དང་ཁྲིམ་བྱར་འཚོ་བཅུད་ཀྱི་རིན་ཐང་ཡོད་མེད་གཞིར་བཟུང་ནས། སྦྱོར་རྫའི་གཟན་ཆག་དེ་འཚོ་བཅུད་རང་བཞིན་གྱི་གཟན་ཆག་སྦྱོར་རྫ་དང་འཚོ་བཅུད་རང་བཞིན་མ་ཡིན་པའི་གཟན་ཆག་སྦྱོར་རྫ་གཉིས་སུ་དབྱེ་ཡོད། འཚོ་བཅུད་རང་བཞིན་གྱི་གཟན་ཆག་སྦྱོར་རྫ་ལ་འཚོ་བཅུད་སྦྱོར་རྫ་དང་། ཚད་ཉུང་མ་རྫུལ་སྦྱོར་རྫ། ཨན་ཅི་སོན་སྦྱོར་རྫ་སོགས་ཡོད། འཚོ་བཅུད་རང་བཞིན་མ་ཡིན་པའི་གཟན་ཆག་སྦྱོར་རྫ་ལ་དུག་སྲིན་འགོག་སྨན་སྦྱོར་རྫ་དང་། གྲུང་ལུགས་རྩ་སྨན་སྦྱོར་རྫ། མའེ་ཀྲི་ཙི། པེ་ཧྲིན་ཐེ་ཀྲི་ཙི། ཁང་དབྱང

ཧྭ་ཅི། དུལ་འགོག་སྨན་རྫས་སོགས་ཡོད། སྦྱོར་ཀ་སོ་སོའི་ནུས་པ་དང་ཁྱད་ཆོས་གཤམ་གསལ་ལྟར་སྟེ།

1.འབྲུ་སྤྲ་ལྡོག་པའི་སྨན་རྫས། སྦྱོར་ཀ་འདིའི་རིགས་ཀྱི་ནུས་པ་གཙོ་བོ་ནི་གཟན་ཆག་གི་འཚོ་བཅུད་འཇུབས་པའི་འབྲུ་སྲིན་རིགས་ལྡོག་པའམ་ཡང་ན་འཇུ་བྱེད་མ་ལག་གི་སྟུད་ལེན་ནུས་པར་སྐྱུལ་འདེད་བཏང་སྟེ། གཟན་ཆག་གི་བེད་སྤྱོད་ཚད་ཇེ་མཐོར་གཏོང་བའམ། ཡང་ན་ཁྱིམ་བྱའི་ལུས་ཕུང་ནང་གི་སྙིང་ཚབ་གསར་བརྗེའི་མྱུར་ཚད་ཇེ་མཐོར་གཏོང་བ་དང་། ནད་ཁུངས་ཀྱི་འབྲུ་སྲིན་སྐྱེ་འཕེལ་སོགས་ལྡོག་སྟེ་ཁྱིམ་བྱའི་བདེ་ཐང་སྲུང་འཛིན་བྱས་ཏེ་ཐོན་སྐྱེད་ནུས་པ་ཇེ་མཐོར་གཏོང་བ་ཡིན།

སྦྱོར་ཀ་འདི་ལ་རིགས་མང་བ་སྟེ། དུག་སྲིན་འགོག་སྨན་གྱི་རིགས་དང་། རྫས་འགྱུར་བསྲེས་སྦྱོར་གྱི་དུག་སྲིན་འགོག་སྨན་སོགས་ཡོད། རྒྱུན་སྤྱོད་ཀྱི་སྨན་རྫས་ལ་ཀུན་ཅིན་ཐའི་ཞིན་དང་། བེ་ཅི་ཉི་ཡ་མའི་སུ། ཐའི་ལེ་ཅིན་སུ། ལོ་ཞོན་མའི་སུ། ཅིན་མའི་སུ། ཐའོ་མའི་སུ་སོགས་ཡིན། སྨན་རྫས་འདི་དག་གཟན་ཆག་སྦྱོར་ཀ་དུ་སྤྱོད་པ་ལ་མི་མཐུན་སྒྲིག་མཁན་ཡང་མང་པོ་ཡོད་དེ། དེ་དག་གིས་གཅིག་ནས་སྨན་རྫས་དེ་དག་ཁྱིམ་བྱའི་ཁོག་པའི་ནང་དང་ཐོན་རྫས་ནང་དུ་སྨན་རོ་ལྷག་བསྡད་པར་བཤད་པ་དང་། གཉིས་ནས་ནད་ཁུངས་འབྲུ་སྲིན་གྱི་སྨན་ནུས་ཟློག་པ་སྟེ། སྨན་ནུས་ཐེག་པའི་རྒྱུད་འཛིན་གཞི་གྲངས་ཀྱི་བརྒྱུད་སྤྲོད་དེས་མིའི་རིགས་ཀྱི་ནད་རིགས་སྔོན་འགོག་ལ་ཤུགས་རྐྱེན་ཡོད་མེད་ལ་དོགས་པ་ཟབ་དེ་ཡིན། དེ་བས་རྒྱལ་ཁབ་མང་པོ་ཞིག་གིས་སྨན་རྫས་འདི་དག་སྤྱོད་འཚམ་པའི་ཁྱབ་ཁོངས་དང་། བཀོལ་ཚད། བཀོལ་སྤྱོད་ཀྱི་དུས་སྐབས་དང་མཚམས་འཇོག་པའི་དུས་སྐབས་ཚང་མར་གཏན་འབེབས་ནན་མོ་བཟོས་ཡོད་པ་རེད།

2.ཁོག་སྲིན་འདེད་པའི་ཁམས་སྲུང་སྨན་རྫས། ཐོན་སྐྱེད་ཁྲོད་ནས་ཞོར་

སྐྱེས་སྲིན་འབུའི་ནད་ཀྱི་གནོད་འཚེ་ཧ་ཅང་ཆེ་བ་སྟེ། ནད་དེ་རིགས་བྱུང་བ་ཡིན་ན། དེ་ལ་འགོས་ཁྱབ་མྱུར་བས་ཁྱིམ་བྱའི་འཚར་སྐྱེ་ལ་འགོག་རྐྱེན་བཟོ་བ་དང་ཐ་ན་ཤི་བར་འགྱུར་བས་དཔལ་འབྱོར་གྱི་གྱོང་གུད་ཆེན་པོ་རེག་པར་བྱེད་པ་ཡིན། དེ་བས་ཞོར་སྐྱེས་སྲིན་འབུའི་ནད་ཀྱི་སྔོན་འགོག་དེ་ཧ་ཅང་གལ་ཆེ་བ་ཡིན། ཁོག་སྲིན་འདེད་པའི་སྨན་ལ་རིགས་མང་སོད། སྤྱིར་བཏང་དུ་དུག་གི་རང་བཞིན་ཆུང་ཆེ་བས། ནད་བྱུང་བའི་སྐབས་སུ་གསོ་བཅོས་ཀྱི་སྨན་རྫས་སུ་སྤྱོད་པ་དང་། དུས་ཐུང་ནང་དུ་སྤྱོད་པ་ལས་སྦྱོར་ཧ་བྱས་ཏེ་ཡུན་རིང་དུ་གཟན་ཆག་ནང་དུ་བསྲེས་ཏེ་སྤྱོད་མི་རུང་བ་ཡིན།

3.དབྱང་འགོག་འགྱུར་རྫས། མཁའ་དབུགས་ཁྲོད་ཀྱི་དབྱངས་དབུགས་ནི་གཟན་ཆག་ནང་གི་ཚིལ་ཞག་དང་། སྲི་དཀར། ཐན་རྒྱུ་འདྲེས་སྦྱོར་དངོས་པོ། འཚོ་བཅུད་སོགས་རུལ་བར་བྱེད་པའི་རྒྱུ་རྐྱེན་ཞིག་ཡིན་ལ། དབྱང་འགྱུར་གྱིས་སྐྱུས་ཀ་འགྱུར་བའི་གཟན་ཆག་ལ་དྲི་མ་ངན་པ་ཞིག་བྲོ་བས་ཕྱུགས་ཟོག་གི་ཡི་གར་མི་འགྲོད་པས་ཡི་ག་འགག་པར་འགྱུར་བ་དང་། ཐ་ན་གཟན་ཆག་གཏན་ནས་མི་ཟ་བར་འགྱུར་འགྲོ་བ་ཡིན། གཟན་ཆག་དེ་ལྟ་བུ་ཟོས་པར་གྱུར་ན་འཇུ་དཀའ་བ་མ་ཟད། ཕན་ནུས་ཅན་གྱི་གྲུབ་ཆར་གནོད་སྐྱེལ་ནས་གཟན་ཆག་གི་འཚོ་བཅུད་རིན་ཐང་མར་ཕབ་སྲིད་པ་དང་། དེ་དང་མཉམ་དུ་ཕྱུགས་ཟོག་གི་བདེ་ཐང་ལ་གནོད་སྐྱེལ་བ་ཡིན། གཟན་ཆག་ནང་དུ་དབྱང་འགོག་འགྱུར་རྫས་བསྲེས་ན་དེས་གཟན་ཆག་དབྱང་འགྱུར་གྱིས་སྐྱུས་ཀ་འགྱུར་བ་འགོག་ཐུབ་པས། དབྱང་འགོག་སྨན་རྫས་དེ་ད་དུང་གཟན་ཆག་གསོག་འཇོག་སྨན་རྫས་ཁྲོད་ཀྱི་གྲུབ་ཆ་ཞིག་ཏུ་བྱེད་ཆོག་པ་ཡིན།

4.རུལ་འགོག་སྨན་རྫས། གཟན་ཆག་ཁྲོད་དུ་ཕུན་སུམ་ཚོགས་པའི་སྲི་དཀར་དང་། སིང་ཕྱེ། འཚོ་བཅུད་སོགས་འཚོ་བཅུད་ཀྱི་གྲུབ་ཆ་འདུས་པ་དང་།

དྲོད་མཐོན་པོ་དང་བརྟན་དྲག་པའི་དུས་སུ། འབུ་ཕྲ་སྐྱེ་འཕེལ་བྱུང་ནས་རུལ་བར་འགྱུར་སླ་བ་ཡིན། རུལ་བའི་གཟན་ཆག་དེ་ཕྱུགས་ཟོག་གི་ཡི་གར་མི་འཕྲོད་པས་ཡི་ག་འགག་པར་འགྱུར་བ་མ་ཟད། ད་དུང་གཟན་ཆག་གི་འཚོ་བཅུད་རིན་ཐང་ལ་ཤུགས་རྐྱེན་བཟོ་སྲིད་པ་དང་། འབུ་ཕྲའི་ཟགས་ཐོན་དངོས་རྫས་དུག་རྒྱུ་དེས་ཕྱུགས་ཟོག་ལ་གཟན་ཆག་ཟ་འདོད་མེད་པར་འགྱུར་བ་དང་། སྐྱུགས་པ། བཤལ་བ། འཚར་སྐྱེ་མཚམས་འཛོག་པ་སོགས་ཀྱི་རྐྱེན་ལས་ཤི་བར་བྱེད་པ་ཡིན། དེ་བས། དབྱར་ཁའི་དུས་སུ་བསྲེས་པའི་གཟན་ཆག་ཐོན་སྐྱེད་བྱེད་པ་དང་ཉར་འཛོག་བྱེད་ན། ངེས་པར་དུ་བསྲེས་པའི་གཟན་ཆག་ནང་དུ་རུལ་འགོག་སྨན་རྫས་བསྲེས་དགོས་པ་ཡིན། རྒྱུན་དུ་སྤྱོད་པའི་རུལ་འགོག་སྨན་རྫས་ལ་པིན་སོན་དང་། པིན་སོན་ན། པིན་སོན་ཀའི། ཧྲན་ལིས་སོན། པིན་ཙ་སོན། ཉིན་མིན་སོན་སོགས་ཡོད།

5.མདོག་སྒྱུར་སྨན་རྫས། ཁྱིམ་བྱའི་ཐོན་རྫས་ཀྱི་མཛེས་ཁྱད་རང་བཞིན་དང་ཚོང་རྫས་ཀྱི་རིན་ཐང་ཇེ་མཐོར་གཏོང་ཕྱིར། གཟན་ཆག་ལ་ཤས་ཀྱི་ནང་དུ་མདོག་སྒྱུར་སྨན་རྫས་བསྲེས་དགོས་པ་སྟེ། གལ་ཏེ་སྒོང་བྱ་དང་ཤ་སྐྱོད་ཁྱིམ་བྱའི་གཟན་ཆག་ནང་དུ་སེར་པོ་དང་དམར་པོའི་ཚོས་ཁའི་སྨན་རྫས་བསྲེས་ན། སྒོ་ངའི་སེར་རིལ་དང་ཁྱིམ་བྱའི་སྐྱེ་ལྤགས་ཀྱི་ཁ་དོག་སྔར་ལས་བཀྲག་མདངས་ཅན་དུ་འགྱུར་འགྲོ་བ་ལྟ་བུ་རེད། གཟན་ཆག་ནང་དུ་བསྲེས་ཆོག་པའི་མདོག་སྒྱུར་སྨན་རྫས་ལ་ཁ་ཟས་སུ་སྤྱོད་པའི་ཚོས་རྒྱུ་དང་གུང་ལ་ཕྱུག་གི་ཉིང་རྩི། ཡེ་ཧོང་སོ་སོགས་ཡོད།

6.བྲོ་འབྱིན་སྨན་རྫས། ཁྱིམ་བྱའི་ཡི་ག་འབྱེད་པའམ་ཡང་ན་གཟན་ཆག་ག་གེ་མོ་ཞིག་གི་གྲུབ་ཆའི་ཁྲོད་དུ་ཡོད་པའི་དྲི་མ་ངན་མ་འགེབ་པའི་ཕྱིར་དུ། གཟན་ཆག་ནང་དུ་དྲི་ཞིམ་བྲོ་རྫས་དང་། བྲོ་འབྱིན་སྨན་རྫས་བཏབ་ནས་ཁྱིམ་བྱའི་ཡི་ག་ཕྱེ་བར་སྐུལ་འདེད་བཏང་ནས་གཟན་ཆག་གི་ཕན་འབྲས་ཇེ་མཐོར

གཏོང་བའི་དམིགས་ཡུལ་འགྲུབ་པར་བྱེད་པ་ཞིག་ཡིན།

(གཉིས) སྨྱུར་རྟའི་གཟན་ཆག་བཀོལ་སྤྱོད་བྱེད་དུས་མཉམ་འཛོག་བྱ་དགོས་པའི་དོན་ཚན།

1.མཚོར་བར་འདེམས་པ། མིག་སྔར་གཟན་ཆག་གི་སྨྱུར་རྟ་ལ་རིགས་ཏྲ་ཙང་མང་བ་དང་། སྨྱུར་རྟ་རེ་རེ་ལའང་རང་རང་གི་སྤྱོད་ཐབས་དང་ཁྱད་ཆོས་རེ་ཡོད་པས་ན། བཀོལ་སྤྱོད་མ་བྱས་པའི་སྔོན་ལ་དེ་དག་གི་ནུས་པར་རྒྱུས་ལོན་ཟབ་མོ་བྱས་ནས། གསོ་སྐྱེལ་གྱི་དམིགས་ཡུལ་དང་། ཆ་རྐྱེན། རྒྱུད་པ་སོགས་གཞིར་བཟུང་ནས་གདམ་གསེས་ཀྱིས་བཀོལ་སྤྱོད་བྱེད་དགོས་ལ། བཀོལ་སྤྱོད་བྱེད་སྐབས་ད་དུང་ནན་ཏན་གྱིས《སྨན་རྫས་གཟན་ཆག་གི་སྨྱུར་རྟ་བཀོལ་སྤྱོད་ཀྱི་སྒྲིག་སྲོལ》བརྩི་སྲུང་བྱེད་དགོས་པ་ཡིན།

2.བཀོལ་ཚད་ལ་ཚོད་འཛིན་མཚོར་བར་བྱེད་པ། བཀོལ་སྤྱོད་བྱེད་དུས་ནན་ཏན་སློས་ཐོན་སྐྱེད་བཟོ་གྲྭས་མཁོ་སྤྲོད་བྱས་པའི་ཕྱི་ཤུམ་སྟེང་གི་གསལ་བཤད་ཡི་གེ་གཞིར་བཟུང་ནས་སྤྱོད་དགོས་ལ། བཀོལ་སྤྱོད་ཚད་དུ་མ་ལོངས་ན་བཀོལ་སྤྱོད་ཀྱི་དམིགས་ཡུལ་དུ་བསླེབ་མི་ཐུབ་པ་དང་། བཀོལ་སྤྱོད་ཚད་ལས་བརྒལ་ན་ཕྱུགས་ཟོག་ལ་དུག་ཕོག་པའི་སྣང་ཚུལ་འབྱུང་སྲིད་པ་ཡིན།

3.སྨྱུར་རྟ་གཟན་ཆག་ནང་འབྱམས་སུ་འཇུག་པ། སྨྱུར་རྟ་གཟན་ཆག་ནང་འབྱམས་སུ་བཙུག་པ་བཟང་མིན་དེས་གཟན་ཆག་གི་ཕན་ནུས་ལ་ཐད་ཀར་ནུས་པ་འདོན་པ་ཡིན། བྱེ་བྲག་གི་བྱེད་ཐབས་ནི་ཐོག་མར་སྨྱུར་རྟའི་ཚད་གཏན་ཁེལ་བྱེད་པ་དང་། དེ་ནས་གཏན་ཁེལ་བྱས་པའི་སྨྱུར་རྟ་དེ་གཟན་ཆག་ཉུང་ཙམ་དུ་བསྲེས་པ་དང་། དཀྲུགས་ནས་འབྱམས་པར་བྱེད་པ་དང་། དེ་ནས་གཟན་ཆག་དེ་ལས 1/5 ~1/3ལས་མང་བའི་གཟན་ཆག་ནང་བསྲེས་ཏེ་འབྱམས་སུ་འཇུག་དགོས་ལ། དེ་རྗེས་ལྷག་ལུས་ཀྱི་གཟན་ཆག་ཡོད་ཚད་ནང་བསྲེས་ཏེ་འབྱམས་སུ་

འཇུག་དགོས། བྱེད་ཐབས་འདི་ལ་ཐེངས་གསུམ་ལ་བསྲེས་ཏེ་འབྱམས་སུ་འཇུག་པ་ཞེར། བྱེད་ཐབས་འདིས་སྒྱུར་རྨ་གཟན་ཆག་ནང་དུ་མ་འབྱམས་པར་ཆ་ཤས་ཀྱི་འདུས་ཚད་མཐོ་རུ་ཕྱིན་པ་ལས་དུག་ཐོག་པའི་སྣང་ཚུལ་འགོག་པར་བྱེད་ཐུབ་པ་ཡིན་ནོ།།

4.གྲུབ་ཆ་མི་འདྲ་བ་ཕན་ཚུན་བར་དུ་ནུས་པ་ཐེབས་རེས་བྱེད་པར་བསམ་བློ་གཏོང་དགོས། འཚོ་བཅུད་རིགས་མང་པོ་ཐད་ཀར་ཚད་ཞུང་མ་རྒྱུལ་དང་ལིས་ཀྱ་ཏན་ཅན་ལ་ཐུག་ཏུ་མ་བཙུག་ན་བཟང་བ་སྟེ། དེ་དག་ཐད་ཀར་འབྲེལ་ཐུག་བྱུང་ན་སྒྱུར་རྨའི་སྨན་ནུས་ཇེ་དམའ་རུ་གཏོང་སྲིད་པ་ཡིན། གཞན་ཡང་། སྒྱུར་རྨ་རིགས་གཉིས་ཡན་བཀོལ་སྤྱོད་བྱེད་དུས། ངེས་པར་དུ་ཕན་ཚུན་ལ་གནོད་པ་ཡོད་མིན་དང་། ཕན་ཚུན་དབར་རྫས་འགྱུར་འགྱུར་ལྡོག་བྱུང་མིན་སོགས་ལ་བསམ་བློ་གཏོང་དགོས།

5.འོས་འཚམ་སྒྲོས་ཉར་འཛོག་བྱེད་པ། སྒྱུར་རྨ་མང་པོ་ཞིག་ཡུན་རིང་ལ་ཉར་འཛོག་བྱེད་མི་འཚམ་པ་དང་། ལྷག་པར་དུ་འཚོ་བཅུད་སྒྱུར་རྨ་དང་ཕན་ནུས་ཁྱད་པར་ཅན་གྱི་སྒྱུར་རྨ་སོགས་ཡུན་རིང་ལ་ཉར་འཛོག་བྱས་ན་བརྟན་བཟུང་ནས་རུལ་སླ་བའམ་དབྱུང་འགྱུར་བྱུང་ནས་ནུས་པ་ཤོར་འགྲོ་བ་སྟེ། དཔེར་ན་ནད་དུག་འགོག་སྨན་གྱི་སྒྱུར་རྨ་དང་འཚོ་བཅུད་སྒྱུར་རྨ་སོགས་ལྟ་བུ་ཡིན། སྒྱུར་རྨ་ཉར་འཛོག་བྱེད་ན་ངེས་པར་དུ་གསལ་བཤད་ཡི་གེ་གཞིར་བཟུང་ནས་ཉར་འཛོག་བྱེད་པ་ལས། དུས་ཚོད་གྲོན་ཆུང་སོགས་ལ་དམིགས་ནས་སླ་བཅོས་བྱས་ན་གྱོང་གུད་རེག་སྲིད་པ་ཡིན། སྒྱུར་རྨ་དེ་སྤྱིར་བཏང་དུ་ཆུ་བླུགས་པའི་གཟན་ཆག་དང་བསྐོལ་བའི་གཟན་ཆག་ནང་དུ་བསྲེས་མི་རུང་ལ། དེ་ལས་ཀྱང་གཟན་ཆག་དང་མཉམ་དུ་སྦྲངས་བཙོས་བྱས་ཏེ་བཀོལ་སྤྱོད་བྱེད་མི་རུང་བ་ཡིན་ནོ།།

ས་བཅད་གཉིས་པ། ཁྱིམ་བྱའི་འཚོ་བཅུད་དགོས་མཁོ་དང་རྒྱུན་མཐོང་གི་སྡེབ་ཁ།

གཅིག འཚོ་བཅུད་ཀྱི་དགོས་མཁོ།

སྒྲུགས་ཟོག་གི་རིགས་དང་། རྒྱུད་པ། ལོ་ཚོད། ཕོ་མོ། འཚར་སྐྱེའི་དུས་རིམ། སྐྱེ་ལུགས་ཀྱི་གནས་སྟངས། ཐོན་སྐྱེད་དམིགས་ཡུལ་སོགས་མི་འདྲ་བ་ལས། འཚོ་བཅུད་དངོས་པོའི་དགོས་མཁོ་ཡང་མི་འདྲ་བ་ཡིན། སྒྲུགས་ཟོག་གིས་གཟན་ཆག་ཁྲོད་ཀྱི་འཚོ་བཅུད་དངོས་པོ་སྤྱད་ལེན་བྱས་རྗེས། ཁ་ཤས་ཤིག་རྒྱུན་ལྡན་གྱི་ལུས་དྲོད་སྲུང་ཞར་དང་། ཁྲག་རྒྱུན་འཁོར་སྐྱོད་བྱེད་པ། ལུས་ཀྱི་གྲུབ་ཚུལ་གསར་བརྗེ་བྱེད་པ་སོགས་ཚེ་སྲོག་འགུལ་སྐྱོད་ལ་ངེས་པར་མཁོ་བའི་ཕྱོགས་སུ་བཀོལ་བ་དང་། ཁ་ཤས་ཤིག་ནི་འཚར་སྐྱེ་དང་། ཤའི་ཐོན་འབབ་དང་སྒོང་ངའི་ཐོན་འབབ་སོགས་ཐོན་སྐྱེད་བྱ་འགུལ་ཁྲོད་བཀོལ་སྤྱོད་བྱེད་བཞིན་ཡོད། དེ་བས། འཚོ་བཅུད་དགོས་མཁོ་ནི་སྒྲུགས་ཟོག་གཅིག་ལ་ཉིན་གཅིག་ལ་དགོས་པའི་ནུས་ཚད་དང་། སྤྲི་དཀར། གཏེར་དངོས། འཚོ་བཅུད་སོགས་འཚོ་བཅུད་དངོས་པོའི་སྤྱིའི་ཚད་དེ་ལ་ཟེར་བ་ཡིན།

1.རྒྱུན་བསྲིང་གི་དགོས་མཁོ། སྒྲུགས་ཟོག་དར་མ་ཞིག་གིས་ཐོན་རྫས་ཐོན་སྐྱེད་མི་བྱེད་པ་དང་། ལས་ཀ་མི་བྱེད་པའི་སྐབས་སུ་གཟན་ཆག་ཟོས་པའི་འཚོ་བཅུད་ཀྱིས་ལུས་ཀྱི་ལྗིད་ཚད་མི་འགྱུར་བར་སྲུང་ཞར་བྱེད་ཐུབ་པ་དང་། ལུས་གཟུགས་བདེ་ཐང་ཡིན་པ། ཕུང་ཁམས་ཀྱི་གྲུབ་ཚུལ་བརྟན་འཛུགས་ཡིན་པ། ཐོན་སྐྱེད་རང་བཞིན་མ་ཡིན་པའི་ངེས་པར་དུ་དགོས་པའི་འགུལ་སྐྱོད་སོགས་རྒྱུན་སྲུང་ཐུབ་པར་མཁོ་བའི་འཚོ་བཅུད་དེ་ལ་རྒྱུན་བསྲིང་གི་འཚོ་བཅུད་དགོས་མཁོ་ཞེས་ཟེར་ལ། རྒྱུན་བསྲིང་གི་འཚོ་བཅུད་དགོས་མཁོ་དེ་ལུས་དྲོད་སྲུང་འཛིན་

བྱེད་པ་དང་། རོན་ལྷ་སྔོད་དྲུག་གི་རྒྱུན་ལྡན་གྱི་སྐྱེ་ལུགས་ནུས་པ་སྲུང་འཛིན་བྱེད་པ། ཚད་ངེས་ཅན་གྱི་རང་འགྲུལ་འགྲོ་སྐྱོད་བྱེད་པ་སྲུང་འཛིན་བྱེད་པ་བཅས་ཀྱི་ཕྱོགས་སུ་བཀོལ་བ་ཡིན། དོན་དངོས་སུ། རྒྱུན་བསྲིང་གནས་སྐབས་ཀྱི་ཕྱུགས་ཟོག་ལ་མཚོན་ན། དེའི་ཕུང་ཁམས་ཀྱི་གྲུབ་ཚུལ་དེ་མུ་མཐུད་དུ་འགྲུལ་བའི་རོ་མཉམ་ཁྲོད་དུ་གནས་ཡོད་པ་དང་། ཐོན་སྐྱེད་ཁྲོད་དུ་ཡང་ཕྱུགས་ཟོག་གི་འཚོ་བཅུད་སྲུང་འཛིན་གྱི་དགོས་མཁོ་དེ་ལྟོས་བཅས་རོ་མཉམ་གྱི་རྣམ་པར་གནས་ཐབས་མེད་པ་ཡིན།

ང་ཚོས་ཕྱུགས་ཟོག་གི་རྒྱུན་བསྲིང་དགོས་མཁོ་ལ་ཞིབ་འཇུག་བྱེད་པའི་དམིགས་ཡུལ་གཙོ་བོ་ནི། ཅི་ནུས་ཀྱིས་འཚོ་བཅུད་སྲུང་འཛིན་ལ་མཁོ་བའི་འཚོ་བཅུད་ཀྱི་ཚད་ཇེ་དམར་གཏོང་བ་དང་། ཐོན་སྐྱེད་ཀྱི་དགོས་མཁོའི་ཚད་ཀྱི་སྟུར་བ་ཇེ་ཆེར་བཏང་ནས། ཕན་ནུས་ལྡན་པའི་སྒོ་ནས་གཟན་ཆག་གི་ནུས་ཚད་དང་འཚོ་བཅུད་དངོས་པོ་སྣ་ཚོགས་བེད་སྤྱོད་ལེགས་པོར་བྱས་ཏེ་ཐོན་སྐྱེད་ཀྱི་དཔལ་འབྱོར་ཕན་འབྲས་ཇེ་མཐོར་གཏོང་རྒྱུ་དེ་ཡིན། དཔེར་ན་ཕྱུགས་ཟོག་གི་ཐོན་སྐྱེད་ནུས་ཤུགས་ཀྱི་ཚད་སྒྲིགས་པའི་ཁྱབ་ཁོངས་ཀྱི་ཁྲོད་ནས། གཟན་ཆག་གཏོང་ཚད་ཆེ་རུ་གཏོང་བ་དང་། བསྡོམས་བཅས་ཀྱིས་རྒྱུན་བསྲིང་གི་དགོས་མཁོ་ཇེ་ཉུང་དུ་བཏང་བ་ལ་བརྟེན་ནས་ཐོན་སྐྱེད་ཀྱི་ཕན་འབྲས་ཇེ་མཐོར་གཏོང་བ་ལྟ་བུ་ཡིན། ཤ་སྤྱོད་ཕྱུགས་ཟོག་གི་གསོ་ཡུན་ཇེ་ཐུང་དུ་གཏོང་བ་དང་། དགོས་མཁོ་མེད་པའི་རང་དབང་འགྲུལ་སྐྱོད་ཇེ་ཉུང་དུ་གཏོང་བ། གསོ་སྐྱེལ་དོ་དམ་ལ་ཤུགས་བསྣོན་པ། དྲོད་ཚད་སྲུང་འཛིན་བྱེད་པ་སོགས་ཀྱི་བྱེད་ཐབས་དེ་དག་ཀྱང་། འཚོ་བཅུད་སྲུང་འཛིན་གྱི་དགོས་མཁོ་ཇེ་ཉུང་དུ་བཏང་ནས་དཔལ་འབྱོར་ཕན་འབྲས་ཇེ་མཐོར་གཏོང་བའི་ཕན་ནུས་ལྡན་པའི་བྱེད་ཐབས་ཤིག་ཡིན།

2.ཐོན་སྐྱེད་ཀྱི་དགོས་མཁོ། ཐོན་སྐྱེད་ཀྱི་དགོས་མཁོ་དང་རྒྱུན་བསྲིང་གི་

དགོས་མཁོ་གཉིས་ཀྱིས་མཉམ་དུ་ཕྱུགས་ཐོག་གི་སྤྱིའི་འཚོ་བཅུད་དགོས་མཁོ་གྲུབ་པ་དང་། ཐོན་སྐྱེད་ཀྱི་དགོས་མཁོ་ནི་སྐྱེ་འཚར་དང་། ཚོན་གསོ། སྐྱེ་འཕེལ། སྣོ་ང་གཏོང་བ་སོགས་ལ་མཁོ་བའི་འཚོ་བཅུད་དང་ནུས་ཚད་དེ་ལ་ཟེར། ཐོན་སྐྱེད་དགོས་མཁོ་དེ་ཐོན་སྐྱེད་ཀྱི་ཁ་ཕྱོགས་མི་འདྲ་བ་ལས་སྐྱེ་འཕེལ་དགོས་མཁོ་དང་། སྐྱེ་འཚར་དགོས་མཁོ། ཚོན་གསོའི་དགོས་མཁོ། སྣོ་ང་གཏོང་བའི་དགོས་མཁོ་སོགས་སུ་དབྱེ་ཆོག་པ་ཡིན།

གཉིས། གསོ་སྐྱོང་གི་ཚད་གཞི།

ཁྱིམ་བྱའི་གསོ་སྐྱོང་ཚད་གཞི་ནི་ཚན་རིག་དང་མཐུན་པར་ཁྱིམ་བྱ་གསོ་བའི་གོ་རིམ་ཁྲིད། ཁྱིམ་བྱའི་ཐོན་སྐྱེད་ནུས་པ་ལེགས་པོར་ཐོན་ཐུབ་པ་དང་མཉམ་དུ་གཟན་ཆག་ཆུད་ཟོས་མི་བྱེད་པའི་ཆེད་དུ། ངེས་པར་དུ་ཁྱིམ་བྱ་རེ་ལ་ཉིན་རེར་འཚོ་བཅུད་དངོས་པོ་སྣ་ཚོགས་སྤྲོར་བའི་ཚད་ལ་ཚད་གཞི་ངེས་ཅན་ཞིག་བཟོས་ཏེ། དོན་དངོས་གཟན་ཆག་སྤྲོར་བའི་སྐབས་སུ་གཞི་འཛིན་ས་ཡོད་པར་བྱེད་པ་དང་། འདི་ལྟའི་ཚད་གཞི་ལ་གསོ་སྐྱོང་གི་ཚད་གཞི་ཞེས་ཟེར། གསོ་སྐྱོང་གི་ཚད་གཞི་ནི་ངེས་པར་དུ་ཁྱིམ་བྱའི་འཚོ་བཅུད་དགོས་མཁོ་རྨང་གཞིར་བྱས་ཏེ་གཏན་ཁེལ་བྱེད་དགོས་པ་དང་། འཚོ་བཅུད་དགོས་མཁོ་ཞེས་པ་ནི་ཁྱིམ་བྱའི་འཚར་སྐྱེ་དང་། སྐྱེ་འཕེལ། ཐོན་སྐྱེད་སོགས་ཕྱུང་ཁམས་འགྲུལ་སྐྱོད་ཁྲོད་ཀྱི་ཉིན་རེར་དགོས་པའི་ནུས་ཚད་དང་། སྤྲི་དཀར། འཚོ་བཅུད། གཏེར་དངོས་སོགས་འཚོ་བཅུད་དངོས་པོའི་ཚད་དེ་ལ་ཟེར། འགྱུར་ལྡོག་གི་རྒྱུ་རྐྱེན་ཁྲོད་ནས་ཁྱིམ་བྱ་ག་གེ་མོ་ཞིག་གི་འཚོ་བཅུད་དགོས་མཁོ་དེ་ང་ཚོས་རྟོགས་མི་ཐུབ་མོད། འོན་ཀྱང་ཚོད་ལྟ་དང་ཞིབ་འཇུག་རབ་དང་རིམ་པ་བྱས་པ་ཡིན་ན། ཁྱིམ་བྱ་རིགས་ག་གེ་མོ་ཞིག་གི་གཏན་འཇགས་ཀྱི་ཁོར་ཡུག་དང་བརྟན་འཇགས་ཀྱི་ཕྱུང་ཁམས་གནས་སྟངས་འོག་གི་འཚོ་བཅུད་དགོས་མཁོ་ལ་ཚོད་དཔག་གི་གཞི་གྲངས་

ཤིག་ཤེས་རྟོགས་ཐུབ་པ་ཡིན། ཐོན་སྐྱེད་ཁྲིད་ཚོད་དཔག་གཞི་གྲངས་འདི་གཞིར་བཟུང་ནས་ཁྱིམ་བྱར་འཚོ་བཅུད་སྣ་ཚོགས་སྟེར་དགོས་ལ། འདི་ལྟར་གསོ་སྦྱོལ་ཚད་གཞི་ཞེས་པ་ཞིག་ཐོན་པ་ཡིན་ནོ།།

ཁྱིམ་བྱའི་གསོ་སྦྱོལ་ཚད་གཞི་ཧ་ཅང་མང་བ་སྟེ། རྒྱལ་ཁབ་དང་ས་ཁུལ་མི་འདྲ་བར་རང་རང་གི་གསོ་སྦྱོལ་ཚད་གཞི་རེ་ཡོད་པ་སྟེ། དཔེར་ན་ཨ་མེ་རི་ཁའི་NRCཚད་གཞི་དང་། དབྱིན་ཇིའི་རྒྱལ་ཁབ་ཀྱི་ARCཚད་གཞི། འཇར་པན་རྒྱལ་ཁབ་ཀྱི་ཁྱིམ་བྱའི་གསོ་སྦྱོལ་ཚད་གཞི་སོགས་ལྟ་བུ་རེད། རང་རྒྱལ་གྱིས་རྒྱལ་ནང་གི་དོན་དངོས་གནས་ཚུལ་དང་བཟུང་འབྲེལ་བྱས་ཏེ། 1986ལོར་ཀྲུང་གོའི་ཁྱིམ་བྱའི་གསོ་སྦྱོལ་ཚད་གཞི་ཞེས་པ་བཟོས་པ་དང་། གཞན་ཡང་། རྒྱལ་སྤྱིའི་མིང་དུ་གྲགས་པའི་སོན་གསོ་ཀུང་སི་ཆེ་གྲས་ཁ་ཤས་ཏེ། དཔེར་ན་ཁན་ཏ་ཞི་ཧྲའོ་སོན་གསོ་ཀུང་སི་དང་། ཧེ་ལན་ཡི་ལིས་པི་ལེ་ཧྲི་ཀུང་སི་སོགས་ཀྱིས་རང་རང་གིས་གོ་ལ་ཧྲིལ་པོའི་ཁྱབ་ཁོངས་སུ་རིགས་རྒྱུད་བཟང་པོ་རབ་དང་རིམ་པ་མཁོ་སྤྲོད་བྱེད་བཞིན་པར་དམིགས་ནས། སོ་སོར་ཁྱད་པར་ཅན་གྱི་འཚོ་བཅུད་ཚད་ལྡན་གྱི་ཐླང་བྱ་བཟོས་ཡོད་ལ། གསོ་སྦྱོལ་ཚད་གཞི་འདི་སྤྱད་དེ་གསོ་སྦྱོལ་བྱས་པ་ཡིན་ན། ཀུང་སི་རང་རང་གི་སྤྱི་བསྒྲགས་བྱས་པའི་རིགས་རྒྱུད་བཟང་པོ་ག་གེ་མོ་ཞིག་གི་ཐོན་སྐྱེད་ནུས་པའི་དམིགས་ཚད་དུ་བསླེབ་ཐུབ་པ་ཡིན། གསོ་སྦྱོལ་ཚད་གཞིའི་ནང་དུ། ཁྱིམ་བྱའི་སྐྱེ་འཚར་དུས་སྐབས་མི་འདྲ་བ་དང་ཐོན་སྐྱེད་ཀྱི་དུས་སྐབས་མི་འདྲ་བའི་སྐབས་སུ། གཟན་ཆག་སྟོང་ཁེ་རེའི་ནང་དུ་ནུས་ཚད་དང་། རྩིང་བའི་སྤྲི་དཀར། ངེས་པར་དུ་མཁོ་བའི་ཨན་ཅི་སོན་རིགས་སྣ་ཚོགས་དང་། གཏེར་དངོས། འཚོ་བཅུད་བཅས་ཀྱི་འདུས་ཚད་ག་འདྲ་དགོས་མིན་ཞིབ་ཏུ་གཏན་འབེབས་བྱས་ཡོད། གསོ་སྦྱོལ་གྱི་ཚད་གཞི་ཡོད་པར་གྱུར་ན། དོན་དངོས་གསོ་སྦྱོལ་ཁྲིད་སྦྱུང་བའི་འོལ་ཚོད་རང་བཞིན་བཟློག་ཐུབ་པ་དང་། གཟན་ཆག་ནང་

གི་འཚོ་བཅུད་དངོས་པོ་སྣ་ཚོགས་ཀྱིས་ཁྱིམ་བྱའི་དགོས་མཁོ་སྐོང་ཐུབ་མིན་ཤེས་ཐུབ་ལ། དགོས་མཁོའི་ཚད་དང་བསྡུར་ན་བར་ཁྱད་ག་འདྲ་ཡོད་པ་སོགས་རང་ལ་གདེང་ཚོད་ཡོད་སྲིད་པས། གཟན་ཆག་གི་འཚོ་བཅུད་དམིགས་ཚད་དེ་ཁྱིམ་བྱའི་དགོས་མཁོའི་ཚད་ལས་འདའ་བའམ་ཡང་ན་སྡུར་ཚད་མ་འགྲིག་པའི་རྐྱེན་ལས་ཁྱིམ་བྱའི་ཐོན་སྐྱེད་ཆུ་ཚད་མར་ཆག་པའི་གནས་ཚུལ་ཟློག་ཐུབ་པ་ཡིན།

གསོ་སྐྱེལ་ཚད་གཞི་དེ་ལ་གྲུབ་ཆ་གཙོ་བོ་ཁག་གཉིས་ཡོད་དེ། གཅིག་ནི་ཕྱུགས་ཟོག་གི་འཚོ་བཅུད་དགོས་མཁོའི་ཚད་དམ་མཁོ་སྤྲོད་ཀྱི་ཚད་དང་། གཉིས་ནི་ཕྱུགས་ཟོག་གི་རྒྱུན་སྤྱོད་གཟན་ཆག་གི་གྲུབ་ཆ་དང་འཚོ་བཅུད་རིན་ཐང་གི་རེའུ་མིག་གཉིས་ཡིན། རང་རྒྱལ་གྱི་གཟན་ཆག་གི་གྲུབ་ཆ་དང་འཚོ་བཅུད་རིན་ཐང་གི་རེའུ་མིག་དང་ཕྱུགས་ཟོག་རིགས་སྣ་ཚོགས་གསོ་སྐྱེལ་ཚད་གཞི་ཁྲིད་རྒྱུན་དུ་སྤྱོད་པའི་འཚོ་བཅུད་དངོས་པོའི་རིགས་དང་དགོས་མཁོའི་ཚད་གཞི་ནི་གཤམ་གསལ་ལྟར་ཡིན་པ་སྟེ།

1.ནུས་ཚད། ཁྱིམ་བྱ་ནི་རྒྱུན་དུ་རྙིང་ཚབ་གསར་བྱེད་ནུས་པས་མཚོན་པ་དང་། འདི་དང་དར་རྒྱས་ཆེ་བའི་རྒྱལ་ཁབ་ཁ་ཤས་ཀྱི་གསོ་སྐྱེལ་ཚད་གཞི་གཅིག་མཚུངས་ཡིན། ནུས་ཚད་ཀྱི་རྩིས་གཞི་ནི་སྤྱིར་བཏང་དུ་གཟན་ཆག་སྐྱོང་ཁེ་རེའི་ནང་དུ་ཆེན་ཚོ་དང་ཀྲའོ་ཙོ་ཡི་འདུས་ཚད་ཀྱིས་མཚོན་པ་ཡིན།

2.སྤྲི་དཀར། གསོ་སྐྱེལ་ཚད་གཞིའི་ཁྲིད་སྤྲི་དཀར་གྱི་དགོས་མཁོའི་ཚད་ཀྱི་དམིགས་ཚད་ནི་རྩིང་བའི་སྤྲི་དཀར་དང་། འཇུ་ཐུབ་པའི་རྩིང་བའི་སྤྲི་དཀར་རམ་རྒྱུ་མའི་ནང་དུ་འཇུ་ཐུབ་པའི་རྩིང་བའི་སྤྲི་དཀར་ཡིན་ལ། རྒྱུན་དུ་བརྒྱ་ཆའི་གྲངས་ཀྱིས་མཚོན་པ་ཡིན།

3.སྤྲི་དཀར་ནུས་ཚད་ཀྱི་སྡུར། སྤྲི་དཀར་ནུས་ཚད་ཀྱི་སྡུར་ནི་གཟན་ཆག་སྐྱོང་ཁེ་རེའི་ནང་གི་རྩིང་བའི་སྤྲི་དཀར་དང་ནུས་ཚད་ཀྱི་སྡུར་གྲངས་ཡིན་ལ།

རྒྱུན་དུ་ཁེ/ཆེན་ཙི་ཡིས་མཚོན་པ་ཡིན།

4.ཨན་ཅི་སོན། གཟན་ཆག་ནང་གི་བརྒྱ་ཆའི་གྲངས་སམ་ཕྱུགས་ཟོག་རེ་རེར་ཉིན་རེར་དགོས་པའི་ཁེ་གྲངས་ཀྱིས་མཚོན་པ་ཡིན།

5.རྒྱུན་ཚད་མ་རྒྱུད། གཙོ་བོ་ཀའི་དང་། ལིན(ཕན་ནུས་ཅན་གྱི་ལིན)། ན། ལའོ་སོགས་ལ་བསམ་བློ་བཏང་བ་སྟེ། གཟན་ཆག་ནང་གི་བརྒྱ་ཆའི་གྲངས་དང་། གཟན་ཆག་སྟོང་ཁེ་རེའི་ནང་དུ་ཧའོ་ཁེ་ག་ཚོད་འདུས་པས་མཚོན་པའམ། ཡང་ན་ཕྱུགས་ཟོག་རེར་ཉིན་རེར་ཧའོ་ཁེ་ག་ཚོད་དགོས་པས་མཚོན་པ་ཡིན།

6.ཚད་ཉུང་མ་རྫུལ། གཙོ་བོ་ལྕགས་དང་། ཟངས། ཞིན། མིན། ཏེན། ཞའི་སོགས་ལ་བསམ་བློ་བཏང་བ་སྟེ། གཟན་ཆག་ནང་དུ་སྟོང་ཁེ་རེའི་ནང་དུ་ཧའོ་ཁེ་ག་ཚོད་འདུས་པའམ་ཡང་ན་ཕྱུགས་ཟོག་རེར་ཉིན་རེར་ཧའོ་ཁེ་ག་ཚོད་དགོས་པས་མཚོན་པ་ཡིན།

7.འཚོ་བཅུད། འཚོ་བཅུད A、D、Eསོགས་གཟན་ཆག་སྟོང་ཁེ་རེའི་ནང་ག་ཚོད་འདུས་པའི་རྒྱལ་སྤྱིའི་རྩིས་གཞིའམ་ཧའོ་ཁེས་མཚོན་པའམ། ཡང་ན་ཕྱུགས་ཟོག་རེར་ཉིན་རེར་རྒྱལ་སྤྱིའི་རྩིས་གཞིའམ་ཧའོ་ཁེ་ག་ཚོད་དགོས་པས་མཚོན་པ་དང་། འཚོ་བཅུད B_{12}དང་སྐྱེ་དངོས་རྒྱུ་དེ་གཟན་ཆག་སྟོང་ཁེ་རེའི་ནང་དུ་ཝའི་ཁེ་ག་ཚོད་འདུས་པས་མཚོན་པའམ། ཡང་ན་ཕྱུགས་ཟོག་རེར་ཉིན་རེར་ཝའི་ཁེ་ག་ཚོད་དགོས་པས་མཚོན་པ། གཞན་པའི་ཚོ་སྨྱར་Bའཚོ་བཅུད་སོགས་གཟན་ཆག་སྟོང་ཁེ་རེའི་ནང་དུ་ཧའོ་ཁེ་ག་ཚོད་འདུས་པའམ། ཡང་ན་ཕྱུགས་ཟོག་རེར་ཉིན་རེར་ཧའོ་ཁེ་ག་ཚོད་དགོས་པས་མཚོན་པ་བཅས་ཡིན།

རང་རྒྱལ་གྱི་སྟོང་བྱ་དང་སོན་བྱ་སྟོང་བྱའི་གསོ་སྐྱེལ་ཚད་གཞི་དེ[ཀྲུང་ཧྭ་མི་དམངས་སྤྱི་མཐུན་རྒྱལ་ཁབ་ཀྱི་ཆེད་ལས་ཚད་གཞི (ZBB43005 ~ 86)]རེའུ་མིག 4–1ནས 4–4བར་ལ་བལྟ་བར་བྱའོ།།

རེའུ་མིག 4–1 སྐྱེ་འཚར་དུས་སྐབས་ཀྱི་སྒོང་སྐྱོད་ཁྱིམ་བྱའི་གསོ་སྐྱེལ་ཚད་གཞི། (གཅིག)

འཚོ་བཅུད་ཀྱི་ཚུ་ཚད།	ན་ཚོད་གཟའ་འཁོར 0–6	ན་ཚོད་གཟའ་འཁོར 7–14	ན་ཚོད་གཟའ་འཁོར 15–20
སྙིངཚབགསརསྤྱོདནུསཔ། (mJ)/kg	11.92	11.72	11.30
རྩིང་བའི་སྤྲི་དཀར། (%)	18.0	16.0	12.0
སྤྲི་དཀར་ནུས་ཚད་ཀྱི་སྦྱར། (g/mg)	263.59	238.49	184.10
ཀའེ། (%)	0.80	0.70	0.60
ལིན་སྤྱི། (%)	0.70	0.60	0.50
ནུས་ལྡན་ལིན། (%)	0.40	0.35	0.30
བཟའ་ཚྭ། (%)	0.37	0.37	0.37
ཧྲེན་ཨན་སོན། (%)	0.30	0.27	0.20
ཧྲེན་ཨན་སོན+ཀོན་ཨན་སོན། (%)	0.60	0.53	0.40
ལའེ་ཨན་སོན། (%)	0.85	0.64	0.45
སེག་ཨན་སོན། (%)	0.17	0.15	0.11
ཅིན་ཨན་སོན། (%)	1.00	0.89	0.67
ལྀན་ཨན་སོན། (%)	1.00	0.89	0.67
ཡིས་ལིན་ཨན་སོན། (%)	0.60	0.53	0.40
པིན་ཕིན་ཨན་སོན། (%)	0.54	0.48	0.36
པིན་ཕིན་ཨན་སོན+ལའོ་ཨན་སོན། (%)	1.00	0.89	0.67
སུའུ་ཨན་སོན། (%)	0.68	0.61	0.37
ཞེ་ཨན་སོན། (%)	0.62	0.55	0.41
ཙུའུ་ཨན་སོན། (%)	0.26	0.23	0.17
ཀན་ཨན་སོན+སི་ཨན་སོན། (%)	0.70	0.62	0.47

རེའུ་མིག 4–2 སྐྱེ་འཚར་དུས་སྐབས་ཀྱི་སྒོང་སྐྱེད་ཁྱིམ་བྱའི་གསོ་སྐྱེལ་ཚད་གཞི། (གཉིས)

འཚོ་བཅུད་ཀྱི་རྒྱུ་ཆ།	ན་ཚོད་གཟའ་འཁོར 0–6	ན་ཚོད་གཟའ་འཁོར 7–20
འཚོ་བཅུད A(IU/kg)	1500	1500
འཚོ་བཅུད D_3(IU/kg)	200	200
འཚོ་བཅུད E(IU/kg)	10	5
འཚོ་བཅུད K(mg/kg)	0.5	0.5
ལིག་ཨན་སོའུ(mg/kg)	1.8	1.3
ཧྥེ་ཧོང་སོའུ(mg/kg)	3.6	1.8
ཧྥན་སོན(mg/kg)	10.0	10.0
ཡན་སོན(mg/kg)	27	11
པིས་ཧོ་ཁྲིང(mg/kg)	3	3
སྐྱེ་དངོས་སོའུ(mg/kg)	0.15	0.10
ཏན་ཙན(mg/kg)	1 300	500
ཡའེ་སོན(mg/kg)	0.55	0.25
འཚོ་བཅུད B_{12}(mg/kg)	0.009	0.003
ཡ་ཡིག་སོན(g/kg)	10	10
ཟངས(mg/kg)	8	6
ཏེན(mg/kg)	0.35	0.35
ལྕགས(mg/kg)	80	60
སྣེན(mg/kg)	60	30
ཞིན(mg/kg)	40	35
ཞིས(mg/kg)	0.15	0.10

རེའུ་མིག 4–3 སྒོང་གཏོང་བའི་སྐབས་ཀྱི་སྒོང་སྐྱེད་ཁྱིམ་བྱའི་གསོ་སྐྱེལ་ཚད་གཞི།

འཚོ་བཅུད་ཀྱི་ཆ་ཚད།	སྒོང་བྱའི་སྒོང་གཏོང་ཚད(%)			འཚོ་བཅུད་ཀྱི་ཆ་ཚད།	སྒོང་བྱའི་སྒོང་གཏོང་ཚད(%)		
	> 80	65~80	< 65		80	65–80	65
སྙིང་ཚབ་གསར་བརྗེའི་ནུས་ཚད། (mg/kg)	11.51	11.51	11.51	རྫིང་བའི་སྤྲི་དཀར(%)	16.5	15.0	14.0
སྤྲི་དཀར་ནུས་ཚད་ཚད་སྨུར། (g/kg)	251.04	225.94	213.38	ཅིན་ཨན་སྣོན(%)	0.77	0.70	0.66
ཀའི(%)	3.50	3.40	3.20	ལོན་ཨན་སྣོན(%)	0.83	0.76	0.70
ལིན་སྦྱི(%)	0.60	0.60	0.60	ཡིས་ལོན་ཨན་སྣོན(%)	0.57	0.52	0.48
ནུས་ལྡན་ལིན(%)	0.33	0.32	0.30	ཕིན་ཕིན་ཨན་སྣོན(%)	0.46	0.41	0.39
བཟའ་ཚྭ(%)	0.37	0.37	0.37	ཕིན་ཕིན་ཨན་སྣོན+ལའོ་ཨན་སྣོན(%)	0.91	0.8	
ཏན་ཨན་སྣོན(%)	0.36	0.33	0.31	སོའུ་ཨན་སྣོན(%)	0.51	0.47	0.43
ཏན་ཨན་སྣོན+ཀོན་ཨན་སྣོན(%)	0.63	0.57	0.53	ཅེ་ཨན་སྣོན(%)	0.63	0.57	0.53
ལའི་ཨན་སྣོན(%)	0.73	0.66	0.62	ཙོ་ཨན་སྣོན(%)	0.18	0.17	0.15
སིག་ཨན་སྣོན(%)	0.16	0.14	0.14	ཨན་ཨན་སྣོན+སི་ཨན་སྣོན(%)	0.57	0.52	0.48

རེའུ་མིག 4–4 སྒོང་གཏོང་བའི་སྐབས་ཀྱི་སྒོང་སྐྱེད་ཁྱིམ་བྱར་མཁོ་བའི་འཚོ་བཅུད་དང་། ལ་ཡིག་སྣོན། ཚད་ཕུང་མ་རྫུལ་སོགས་ཀྱི་ཚད།

འཚོ་བཅུད་ཀྱི་ཆ་ཚད།	སྒོང་བྱ།	སྣོན་བྱ་མོ།	འཚོ་བཅུད་ཀྱི་ཆ་ཚད།	སྒོང་བྱ།	སྣོན་བྱ་མོ།
འཚོ་བཅུད A(IU/kg)	4 000	4 000	ཏན་ཅན(mg/kg)	500	500
འཚོ་བཅུད D_3(IU/kg)	500	500	ཡའེ་སྣོན(mg/kg)	0.25	0.35
འཚོ་བཅུད E(IU/kg)	5	10	འཚོ་བཅུད B_{12}(mg/kg)	0.004	0.004
འཚོ་བཅུད K(IU/kg)	0.5	0.5	ལ་ཡིག་སྣོན(mg/kg)	10	10
ལིག་ཨན་སྣོའུ(mg/kg)	0.80	0.80	ཟངས(mg/kg)	6	8
ཧྲིག་ཧོང་སྣོའུ(mg/kg)	2.2	3.8	ཏེན(mg/kg)	0.30	0.30
ཕྱན་སྣོན(mg/kg)	2.2	10.0	ལྕགས(mg/kg)	50	60
ཡན་སྣོན(mg/kg)	10	10	སྨིན(mg/kg)	30	60
ཕིས་ཧོ་ཁྲིང(mg/kg)	3	4.5	ཞིན(mg/kg)	50	65
སྐྱི་དངོས་སྣོའུ(mg/kg)	0.10	0.15	ཞིས(mg/kg)	0.10	0.10

གསུམ། དཔེ་གཞི་ཅན་གྱི་གཟན་ཆག་སྡེབ་ཁ།

གཟན་ཆག་ལ་རིགས་སྣ་མང་ནའང་། བཅུད་རྩི་འདུས་ཚད་འཚོ་བཅུད་ཀྱི་བླང་བྱ་དང་ཡོངས་སུ་འཚམ་པའི་གཟན་ཆག་ཅིག་མེད། སྒོང་བྱའི་ཉིན་རེའི་གཟན་ཆག་ནང་དུ་བཅུད་རྩི་སྣ་གང་རུང་ཞིག་ཆད་པ་ཡིན་ན་འཚོ་བཅུད་མ་སྙོམ་པ་ལ་རྐྱེན་བྱས་ཏེ་ནད་རིགས་བསྐྱེད་པར་བྱེད་པ་ཡིན། དེ་བས་གཟན་ཆག་སྡེབ་ཁའི་ལག་རྩལ་ལ་བྱང་ཆུད་པར་བྱས་ཏེ། བྱ་རྒྱུད་མི་གཅིག་པའི་གཟན་ཆག་དེ་རང་རང་གི་འཚར་སྐྱེ་དུས་སྐབས་ཀྱི་གསོ་སྐྱེལ་ཚད་གཞི་གཞིར་བཟུང་ནས་རྩིས་བརྒྱག་པ་དང་ལེགས་པར་བསྡེབས་ཏེ། བསྲེས་པའི་གཟན་ཆག་ནང་དུ་འདུས་པའི་བཅུད་རྩི་སྣ་ཚོགས་ཀྱིས་ཅི་ནུས་སྒོས་ཁྱིམ་བྱའི་འཚར་སྐྱེ་དང་ཐོན་སྐྱེད་དགོས་མཁོ་བསྐང་བར་བྱེད་དགོས་པ་ཡིན། གཟན་ཆག་ལ་རིགས་སྣ་མང་བ་དང་། གཟན་ཆག་གི་རིན་གོང་ལ་འགྱུར་བ་རྐྱེན་པ། གཟན་ཆག་རིགས་སོ་སོར་འདུས་པའི་བཅུད་རྩི་མི་འདྲ་བ། སྒོང་བྱའི་སྐྱེ་འཚར་གྱི་དུས་སྐབས་སོ་སོའི་འཚོ་བཅུད་དགོས་མཁོ་མི་འདྲ་བ་སོགས་ཀྱི་རྐྱེན་དང་། གཞན་ཡང་རྩིས་རྒྱག་སྟངས་ཤིན་ཏུ་རྙོག་འཛིང་ཆེ་བ་སོགས་ཀྱི་དབང་གིས་གཟན་ཆག་གི་སྡེབ་ཁ་ལེགས་པོ་ཞིག་སྟོན་རྒྱུ་དེ་ནི་ཤིན་ཏུ་དཀའ་བའི་གནས་སུ་གྱུར་ཡོད་པ་དང་། ལྷག་པར་དུ་གསོ་སྐྱེལ་གྱི་ལས་ལ་ཐོག་མར་ཞུགས་མཁན་ནམ་རིག་གནས་ཚད་དམའ་བའི་གསོ་སྐྱེལ་མི་སྣར་མཚོན་ན་དེ་བས་ཀྱང་དཀའ་ཁག་ཡོད་པ་ཡིན། ང་ཚོས་རྒྱུན་དུ་སྤྱོད་པའི་གཟན་ཆག་སྡེབ་ཁ་འགའ་ཤས་དཔེར་དྲངས་ནས་ཚང་མར་དཔྱད་གཞིའི་ཚུལ་དུ་ཕུལ་བ་འདི་ལྟར། སྒོང་གཏོང་བའི་ཁྱིམ་བྱའི་གཟན་ཆག་སྡེབ་ཁ་རེའུ་མིག 4–5ལ་བལྟ་རྒྱུ་དང་། བྱ་ཕྲུག་དང་འཚར་སྐྱེ་སྒོང་བྱའི་གཟན་ཆག་སྡེབ་ཁ་རེའུ་མིག 4–6ལ་བལྟ་དགོས་པ་དང་། བྱ་གསོ་མི་སྣས་གཟན་ཆག་གི་རིན་ཐང་དང་གཟན་ཆག་ཕན་ནུས་འབྱུང་ཁུངས་སོགས་ཀྱི་གནས་ཚུལ་ལ་གཞིགས་ཏེ་

རིགས་མཐུན་པའི་ཚོད་ནུས་གཟན་ཆག་དང་། སྤྲི་དཀར་གཟན་ཆག་ལ་སྙོམ་སྒྲིག་བྱེད་ཆོག་པ་ཡིན།

རེའུ་མིག 4–5 སྒོང་གཏོང་བའི་ཁྱིམ་བྱའི་གཟན་ཆག་གི་སྡེབ་ཁ།

སྒོང་གཏོང་ཚད	སྒོང་གཏོང་ཚད>80%		སྒོང་གཏོང་ཚད>80%	
སྡེབ་ཁ།	སྡེབ་ཁ 1(%)	སྡེབ་ཁ 2(%)	སྡེབ་ཁ 1(%)	སྡེབ་ཁ 2(%)
མ་རྫོས་ལོ་ཏོག	59.68	60.9	63.07	60.56
གྲོ་ཤུན	2.52	3.14	1.94	3.28
སྲིང་འབྲུ་འབའ་ཆ	6	4.3	6	4
འབའ་ཆ	6	5	6	5
ཅའོ་སོའུ		3		
ཞིན་སོན་ཆེན་ཀའེ	1.82	1.79	1.31	1.35
རྗེ་བྱེ	7.49	8.3	9.18	8.87
ཏན་ཨན་སོན	0.25	0.19	0.22	0.16
ལའེ་ཨན་སོན	0.14		0.15	
བཟའ་ཚྭ	0.3	0.3	0.3	0.3

རེའུ་མིག 4–6 བྱ་ཕྲུག་དང་འཚར་སྐྱེ་སྒོང་བྱའི་གཟན་ཆག་གི་སྡེབ་ཁ།

ན་ཚོད་གཟའ་འཁོར	ན་ཚོད་གཟའ་འཁོར 0~6		ན་ཚོད་གཟའ་འཁོར 7~14		ན་ཚོད་གཟའ་འཁོར 15~18	
སྡེབ་ཁ	སྡེབ་ཁ 1(%)	སྡེབ་ཁ 2(%)	སྡེབ་ཁ 1(%)	སྡེབ་ཁ 2(%)	སྡེབ་ཁ 1(%)	སྡེབ་ཁ 2(%)
མ་རྫོས་ལོ་ཏོག	57.2	54.91	59.14	56.34	58.5	62.17
གྲོ་ཤུན	7.4	10.36	18.89	16.75	25.42	20.92
སྨན་སྙིགས	32.26	31.6	15.06	16.04	8.23	8.59
འབའ་ཆ				8	5	4
ཞིག་སོན་ཆེན་ཀའེ	2.09	2.25	5	1.76	1.23	1.5
རྡོ་ཐལ	0.4	0.38	1.26	0.53	1.32	0.37
ཏན་ཨན་སོན	0.22	0.2	0.35	0.17		0.07
ལའེ་ཨན་སོན	0.13			0.11		0.08
བཟའ་ཚྭ	0.3	0.3	0.3	0.3	0.3	0.3

ལེའུ་ལྔ་པ། སྒོང་བྱ་གསོ་སྐྱེལ་གྱི་དོ་དམ་ལག་རྩལ།

གཅིག བྱ་ཕྲུག་སྐབས(ན་ཚོད་གཟའ་འཁོར 0 –6)ཀྱི་གསོ་སྐྱེལ་དོ་དམ།

(གཅིག)གཟན་སྐྱེར་ལག་རྩལ།

1.ཆུ་ལྷུད་པ། བྱ་ཕྲུག་ལ་ཐེངས་དང་པོར་ཆུ་ལྷུད་དུས་ཆུ་ཁོལ་ཚ་འདི་ཡིན་དགོས་ལ། ཆུའི་དྲོད་ཚད་ངེས་པར་དུ་ཁང་པའི་ནང་གི་དྲོད་ཚད་དང་འདྲ་མཚུངས་ཡིན་དགོས། གཞན་ཡང་འཐུང་ཆུའི་ནང་དུ་འོས་འཚམ་གྱིས་དུག་སྲིན་འགོག་སྨན་དང 5% ~10%བུ་རམ་བསྲེས་ཏེ་བླུད་ན་ནད་འགོག་གི་ནུས་པ་ཇེ་མཐོར་གཏོང་ཐུབ་པ་དང་། དེ་ལྟར་གཟའ་འཁོར་གཅིག་འགོར་རྗེས་ཐད་ཀར་རང་འབབ་ཆུ་བླུད་ཆོག་པ་ཡིན། ཕྱིར་བཏང་དུ་སྒྲོ་ཕྲུ་བསྐམས་ནས་དུས་ཚོད་གསུམ་འགོར་རྗེས་ཆུ་བླུད་ཆོག་མོད། འདི་ལྟར་བྱས་ན་བྱ་ཕྲུག་གི་རྒྱུ་མ་འགྲུལ་བར་བྱེད་པ་དང་། སྒོང་ངའི་སེར་ཟེ་ལྷག་རོ་སྟུད་ལེན་བྱེད་པ། མངལ་རྡུག་ཕྱིར་འབུད་པ་སོགས་ལ་སྐུལ་འདེད་བཏང་སྟེ་ཡི་ག་འབྱེད་པའི་ནུས་པ་ཐོན་ཐུབ་པ་ཡིན། ཆུ་ཐོག་མར་བླུད་རྗེས། ཆུ་ལྷུད་མཚམས་འཇོག་མི་རུང་སྟེ། བྱ་ཕྲུག་གི་ལུས་ཀྱི་དྲོད་ཚད་མཐོ་བས་ལུས་ཀྱི་ཆུ་བསྲད་པའི་ནད་འབྱུང་ཉེན་ཆེ་བ་ཡིན། གཟེབ་དྲའི་ནང་དུ་གསོས་པའི་བྱ་ཕྲུག་ལ་ཆུ་ཐོག་མར་ལྷུད་དུས་གཟེབ་དྲའི་ནང་དུ་ལྷུད་པ་དང་། གཟའ་འཁོར་གཅིག་འགོར་རྗེས་གཟབ་དྲའི་ཕྱི་ནས་ལྷུད་པར་སྒྱུར་བརྗར་བྱེད་དགོས། ཐང་ངོས་སུ་གསོས་པའི་བྱ་ཕྲུག་ལ་ཉིན་མ་འགོར་བ

དང་བསྟུན་ནས་ཆུ་ལྷུད་འཕྲུལ་ཆས་ཀྱི་མཐོ་ཚད་ངེས་པར་སྙོམ་སྒྲིག་བྱེད་དགོས།

2.གཟན་ཆག་སྐྱེར་བ། བྱ་ཕྲུག་ལ་ཐེངས་དང་པོར་གཟན་ཆག་སྐྱེར་དུས་སྤྱིར་བཏང་དུ་ཆུ་ཐེངས་དང་པོ་བླུད་རྗེས་ཀྱི་དུས་ཚོད་གསུམ་འགོར་རྗེས་ནས་སྔོང་གད་ནས་དུས་ཚོད་ཉེར་བཞི་མ་འགོར་བའི་བར་སྐབས་དེར་སྐྱེར་དགོས་ལ། དེ་ཡང་བྱ་ཕྲུ་ལ་ཞིབ་ལྟ་བྱས་ནས་བྱ་ཕྲུག་ལས་སུམ་ཆ་གཅིག་གིས་གཟན་ཆག་འཚོལ་བའི་མངོན་རྟགས་ཡོད་དུས་གཟན་ཆག་ཐེངས་དང་པོ་དེ་སྐྱེར་དགོས། གལ་ཏེ་གཟན་ཆག་དང་པོ་སྐྱེར་བ་འཕྱི་ན་བྱ་ཕྲུག་གི་ལུས་ཤུགས་ཟད་གྲོན་དུ་གྱུར་ནས། ལུས་སྟོབས་ཉམས་དམའ་བར་གྱུར་ནས་བྱ་ཕྲུག་གི་འཚར་སྐྱེ་ལ་ཤུགས་རྐྱེན་བཟོ་བ་དང་ཤི་ཚད་ཇེ་མཐོར་འགྲོ་སྲིད་པ་ཡིན། གཟན་ཆག་དང་པོ་སྐྱེར་ཐབས་ནི་གྲ་སྒྲིག་བྱས་པའི་གཟན་ཆག་ཤོག་བུ་མཐུག་པོ་དང་། འཁྱིག་ཤོག་སྟེང་སྟོར་བཀྲམ་ཡང་ན་གཟན་གཞོང་སྐྱོར་དམའ་མོའི་ནང་དུ་སྐྱེར་དགོས། སྤྱིར་བཏང་དུ་ཐོག་མའི་དུས་སུ་རང་འགུལ་སློས་གཟན་འཚོལ་བའི་བྱེད་ཐབས་སྦྱོང་དེ། བྱ་ཕྲུག་རང་ཉིད་ཀྱིས་གཟན་སྨྲུག་པ་དང་ཆུ་འཐུང་རྒྱུ་ལོབས་སུ་བཙུག་ནས་བཀྲེས་ལྟོགས་རང་གིས་སེལ་ཐུབ་པ་བྱེད་དགོས། དེ་ལྟར་ཉིན་གསུམ་ནས་སྔོན་གྱི་གཟའ་འཁོར་གཉིས་ནང་དུ་ཉིན་རེར་གཟན་ཆག་ཐེངས་དྲུག་ལ་སྐྱེར་བ་དང་། དེ་ལས་དགོང་མོར་ཐེངས་གཅིག་ནས་གཉིས་ལ་སྐྱེར་དགོས། གཟའ་འཁོར་གསུམ་ནས་བཞིའི་སྐབས་སུ་ཉིན་རེར་གཟན་ཆག་ཐེངས་ལྔ་ལ་སྐྱེར་བ་དང་། གཟའ་འཁོར་ལྔ་འགོར་རྗེས་ཉིན་རེར་གཟན་ཆག་ཐེངས་བཞི་ལ་སྐྱེར་དགོས། བྱ་ཕྲུག་ཡོངས་ཀྱིས་དུས་གཅིག་ཏུ་གཟན་ཆག་བཏུ་བའི་གནས་ཚུལ་འོག གཟན་ཆག་སྐྱེར་ཐེངས་རེར་ཕལ་ཆེར་དུས་ཚོད་སྐར་མ་ཞེ་ལྔ་ལ་གཟན་ཆག་ཟ་རུ་བཅུག་ན་ཆོག་པ་ཡིན། གལ་ཏེ་གཟེབ་དྲའི་ནང་དུ་གསོས་པའི་བྱ་ཕྲུག་ལ་མཚོན་ན། གཟའ་འཁོར་གསུམ་གྱི་རྗེས་སུ་རང་འགུལ་གྱིས་གཟན་ཆག་ཟ་རུ་བཅུག་ཆོག་པ་ཡིན་ནོ།།

3.ཛེའུ་སེག་ཁ་གསབ་བྱེད་པ། ཁྱིམ་བྱ་ལ་སོ་མེད་པས་ཛེའུ་སེག་བྱིན་ན་ཟོ་བའི་འཇུ་ཚད་ནུས་པར་སྐྱེལ་འདེད་གཏོང་ཐུབ་པ་མ་ཟད། ད་དུང་ཁྱིམ་བྱའི་ཤ་གནད་དང་ཟོ་བ་རིམ་གྱིས་བསྐྱུམ་པ་དེ་འགོག་ཐུབ་པ་ཡིན། ཛེའུ་སེག་སྟེར་ཐབས་ནི། གཟན་ཆག་ནང་དུ་ཛེའུ་སེག་བསྲེས་པའམ་ཡང་ན་སྣོད་ནང་དུ་ཛེའུ་སེག་སྟོར་ནས་རང་འགུལ་གྱིས་བཏུས་པར་བྱེད་ཆོག་པ་ཡིན། རྒྱུན་ལྡན་དུ་གཟའ་འཁོར་གཅིག་གི་རྗེས་ནས་མགོ་བཙམས་ཏེ་རང་འགུལ་གྱིས་ཛེའུ་སེག་བཏུ་བར་བྱ་དགོས།

(གཉིས)བྱ་ཕྲུག་གི་དོ་དམ།

1.དྲོད་ཚད། བྱ་ཕྲུག་གི་ལུས་ཀྱི་དྲོད་ཚད་སྙོམ་སྒྲིག་གི་ནུས་པ་དེ་འཐུས་སྒོ་ཚང་བ་ཞིག་ཏུ་གྲུབ་མེད་པས་དྲོད་ཚད་ལ་ཚོད་འཛིན་བྱེད་པ་ནི་བྱ་ཕྲུག་གསོ་སྐྱེལ་གྱི་གནད་འགག་གལ་ཆེན་ཞིག་ཡིན།

(1)ཐང་ངོས་སུ་གསོས་པའི་བྱ་ཕྲུག་ལ་དྲོད་སྟེར་བའི་ལག་རྩལ། བྱ་ཕྲུག་གསོ་བའི་དྲོད་ཚད་དེ་ལ་བྱ་ཕྲུག་གི་ཁང་པའི་དྲོད་ཚད་དང་བྱ་ཕྲུག་གསོ་བའི་འཕྲུལ་ཆས་ཀྱི་དྲོད་ཚད་གཉིས་ཡོད། བྱ་ཕྲུག་གི་ཁང་པའི་དྲོད་ཚད་དེ་བྱ་ཕྲུག་གསོ་བའི་འཕྲུལ་ཆས་ཀྱི་དྲོད་ཚད་ལས་དམའ་དགོས་པ་སྟེ། སྤྱིར་བཏང་དུ་བྱ་ཕྲུག་གི་ཁང་པའི་དྲོད་ཚད་ཏུའུ 28℃ཡས་མས་དང་། བྱ་ཕྲུག་གསོ་བའི་འཕྲུལ་ཆས་ཀྱི་དྲོད་ཚད་དེ་རྒྱུན་ལྡན་དུ་གཟའ་འཁོར་གཅིག་ཅན་ལ་ཏུའུ 30℃ ~33℃དང་། གཟའ་འཁོར་གཉིས་ཅན་ལ་ཏུའུ 29℃ ~30℃ དེའི་རྗེས་སུ་བྱེ་བྲག་གི་གནས་ཚུལ་ལ་གཞིགས་ཏེ། གཟའ་འཁོར་རེ་འགོར་ན་ཏུའུ 2℃~3℃མར་ཕབ་པ་དང་། ངེས་པར་དུ་དྲོད་ཚད་ཆ་སྙོམ་དང་བརྟན་འཇགས་རྒྱུན་སྲུང་བྱས་ཏེ་རྒྱུན་ལྡན་མིན་པའི་སྣང་ཚུལ་འགོག་དགོས། དེ་ལྟ་མ་ཡིན་པར་དྲོད་ཚད་སློ་ཁུར་དུ་འགྱུར་ནས་དལ་ཅིག་ལ་མཐོ་བ་དང་དལ་ཅིག་ལ་དམའ་བའི་གནས་ཚུལ་འབྱུང་དུ་བཅུག་པ་ཡིན་ན་བྱ་ཕྲུག་ལ་ཆམ་པ་ཕོག་ནས་ནད་འགོག་གི་ནུས་པ

ཇེ་དམའ་རུ་འགྲོ་སྲིད་པ་དང་། དེ་ལ་རྐྱེན་བྱས་ཏེ་ནད་རིགས་གཞན་པ་ཐོག་པའི་ཉེན་ཁ་འབྱུང་སྲིད་པ་ཡིན། བྱ་ཕྲུག་གསོ་དུས་དྲོད་ཚད་ཀྱི་མཐོ་དམའ་ག་འདྲ་ཞིག་འཚམ་པོ་ཡོད་པ་དེ་ཁང་བའི་ནང་གི་དྲོད་ཚད་འཇལ་ཆས་ལ་བལྟ་བ་ལས་གཞན། གཙོ་བོ་བྱ་ཕྲུག་ལ་བལྟས་ཏེ་དྲོད་ཚད་སྙེར་དགོས་པ་ཡིན། དྲོད་ཚད་རྒྱུན་ལྡན་ཡིན་པའི་སྐབས་སུ། བྱ་ཕྲུག་གི་འགུལ་སྐྱོད་འཕྲུག་ཆ་དོད་པ་དང་། ཟས་ཀྱི་ཡི་ག་བཟང་བ། ཆུ་འཐུང་བ་འོས་འཚམ་ཡིན་པ། རྟག་པ་རྒྱུན་ལྡན་ཡིན་པ། གཉིད་ཞིམ་པ། རྒྱུན་ལྡན་མ་ཡིན་པའི་གྲག་སྐད་མེད་པ། བྱ་ཕྲུག་དག་ཁང་བའི་ནང་གི་གནས་སྟངས་ཆ་སྙོམས་པ་བཅས་ཡིན། དྲོད་ཚད་མཐོ་བར་གྱུར་ན། བྱ་ཕྲུག་དྲོད་ཚད་སྙེར་ཆས་དང་རྒྱང་བཀྱེད་པ་དང་། གཤོག་པ་བརྐྱང་བ། ཁ་གདངས་པ། དབུགས་འཚུབ་པ། རྒྱུན་ལྡན་མིན་པའི་སྐད་སྒྲ་སྒྲོག་པ་དང་། དྲོད་ཚད་དམའ་བར་གྱུར་ན། བྱ་ཕྲུག་ཡོངས་རྫོགས་གནས་གཅིག་ཏུ་འཚང་བ་དང་། དྲོད་སྙེར་འཕྲུལ་ཆས་དང་ཉེ་བར་བཅར་བ། འགུལ་སྐྱོད་ཇེ་དལ་དུ་འགྲོ་བ། རྐེ་དང་སྒྲོ་གཤོག་བསྐུམ་པ། གནས་གཅིག་ཏུ་ལངས་ནས་རྒྱུན་ལྡན་མིན་པའི་སྐད་སྒྲ་སྒྲོག་པ་ཡིན། དགོང་མོའི་དུས་སུ་དྲོད་ཚད་མར་ཆག་པར་བྱེད་པས། བྱ་ཕྲུག་གསོ་བའི་དྲོད་ཚད་དེ་ཉིན་དཀར་ལས་ཏུཨ 1℃~2℃ཇེ་མཐོར་གཏོང་དགོས། མིག་སྔར་རྒྱུན་དུ་སྤྱོད་པའི་དྲོད་སྙེར་ཐབས་ཤེས་ནི་བྱ་ཕྲུག་ལ་དྲོད་མཐོན་པོ་སྙེར་བ་དེ་ཡིན། བྱ་ཕྲུག་ལ་དྲོད་མཐོན་པོ་སྙེར་བ་ཞེས་པ་ནི་གཟའ་འཁོར་གཅིག་ནས་གཉིས་ཙམ་གྱི་བྱ་ཕྲུག་ལ་རྒྱུན་ལྡན་བྱ་ཕྲུག་གསོ་བའི་དྲོད་ཚད་ལས་ཏུཨ 2℃ཡས་མས་མཐོ་བར་སྙེར་བ་དེ་ཡིན། བྱ་ཕྲུག་ལ་དྲོད་ཚད་མཐོན་པོ་སྙེར་བ་དེས་ཕན་ནུས་ལྡན་པའི་སྒོ་ནས་བྱ་ཕྲུག་ལ་དཀར་བཤལ་གྱི་ནད་འགོ་བ་སྔོན་འགོག་དང་ནད་མཆེད་པ་ཚོད་འཛིན་བྱས་ཏེ་གསོན་ཚད་ཇེ་མཐོར་གཏོང་ཐུབ་པ་ཡིན།

(2) གཟེབ་གསོའི་བྱ་ཕྲུག་ལ་དྲོད་སྙེར་བའི་ལག་རྩལ། གཟེབ་གསོའི་བྱ་ཕྲུག་ལ་རྒྱ་ཁྱབ་ཏུ་སྤྱོད་པ་ནི་གློག་གི་གཟེབ་དྲའམ་བྱ་ཕྲུག་དང་འཚར་སྐྱེ་མཉམ

སྐྱོད་ཀྱི་གཟེབ་དྲ་གཉིས་ཡིན། གློག་གིས་དྲོད་སྐྱེར་སྒྲིག་ཆས་ཅན་གྱི་བྱ་ཕྲུག་གི་གཟེབ་དྲ་དེ་ཐོག་མའི་དུས་སུ་གཟེབ་དྲའི་ནང་གི་དྲོད་ཚད་དེ་ཧུའུ 30℃~31℃ གི་མཚམས་སུ་ཚོད་འཛིན་བྱེད་པ་དང་། བྱ་ཕྲུག་ཇེ་མང་དུ་སོང་བ་དང་བསྟུན་ནས་ལུས་ཀྱི་དྲོད་ཚད་ཕན་ཚུན་ལ་བརྒྱུད་སྤྲོད་བྱས་པ་ལས་དྲོད་ཚད་རང་བཞིན་གྱིས་ཇེ་མཐོར་འགྲོ་སྲིད་པས། གཟའ་འཁོར་རེ་རེ་བཞིན་ཧུའུ 2℃ཇེ་དམར་གཏོང་དགོས། གློག་གི་དྲོད་སྐྱེར་སྒྲིག་ཆས་མེད་པའི་གཟེབ་ནང་དུ་བྱ་ཕྲུག་གསོ་དུས། ཁང་བ་ཧྲིལ་པོའི་དྲོད་ཚད་ཇེ་མཐོར་གཏོང་དགོས་པ་སྟེ། ཁང་བའི་ནང་གི་དྲོད་ཚད་དེ་ཧུའུ 31℃~32℃བར་དུ་ཇེ་མཐོར་གཏོང་བ་དང་། རྗེས་སུ་གཟའ་འཁོར་རེ་བཞིན་དྲོད་ཚད་ཧུའུ 2℃ཇེ་དམར་གཏོང་དགོས། རེའུ་མིག 5－1ནི་བྱ་ཕྲུག་ལ་དགོས་པའི་འོས་འཚམ་གྱི་དྲོད་ཚད་དང་། ཆེས་མཐོ་བའི་དྲོད་ཚད་དང་ཆེས་དམའ་བའི་དྲོད་ཚད་ཀྱི་གཞི་གྲངས་ཡིན།

རེའུ་མིག 5－1 བྱ་ཕྲུག་ལ་དགོས་པའི་འོས་འཚམ་གྱི་དྲོད་ཚད་དང་། ཆེས་མཐོའི་དྲོད་ཚད་དང་ཆེས་དམའི་དྲོད་ཚད་ཀྱི་གཞི་གྲངས།

ན་ཚོད་གཟའ་འཁོར།	འོས་འཚམ་གྱི་དྲོད་ཚད།	ཆེས་མཐོའི་དྲོད་ཚད།	ཆེས་དམའི་དྲོད་ཚད།
ན་ཚོད་གཟའ་འཁོར 0	33~35	38.5	27.5
ན་ཚོད་གཟའ་འཁོར 1	30~33	37	21
ན་ཚོད་གཟའ་འཁོར 2	27~30	34.5	17
ན་ཚོད་གཟའ་འཁོར 3	24~27	33	14.5
ན་ཚོད་གཟའ་འཁོར 4	20~24	31	12
ན་ཚོད་གཟའ་འཁོར 5	17~20	30	10
ན་ཚོད་གཟའ་འཁོར 6	15~17	29.5	85

2.རླན་ཚད། སྤྱིར་བཏང་གི་གནས་ཚུལ་འོག་ཏུ་བསྐོས་བཅས་ཀྱི་རླན་ཚད་ཚད་བླང་བྱ་དེ་འདྲའི་ནན་མོ་ཞིག་མིན། རེའུ་མིག 5 –2ལ་ཟུར་ལྟ་བྱས་ཆོག ཐལ་མཐའི་གནས་ཚུལ་འོག་གམ་ཡང་ན་རྒྱུ་རྐྱེན་གཞན་པས་མཉམ་དུ་ནུས་པ་ཐོན་པའི་སྐབས་སུ། ད་གཟོད་བྱ་ཕྲུག་ལ་གནོད་པ་སྐྱེལ་སྲིད་པ་ཡིན། དཔེར་ན་དྲོད་མཐོ་བ་དང་བརླན་དྲག་པ་དེས་བྱ་ཕྲུག་ལུས་སྟེང་གི་ཆུ་བསྲུད་པར་བྱེད་པ་དང་། སྒྲོ་སྤུ་སེར་ཞག་ཏུ་འགྱུར་བ། ཐང་མཇུབ་ཀྱི་སྐྱེ་པགས་རེངས་འཁུམ་དུ་འགྱུར་བ། བཀྲག་མདངས་མེད་པ། ལུས་ནང་གི་ཆུ་བསྲུད་པ། འཇུ་སྐོབས་མེད་པ། ལུས་རིད་པ། སྒྲོ་སྤུ་ཡི་སྐྱེ་འཚར་མི་ལེགས་པའི་གནས་ཚུལ་འབྱུང་བ་ལྟ་བུ་ཡིན། བྱ་ཕྲུག་གི་ཁང་པའི་ནང་གི་བསྐོས་བཅས་ཀྱི་རླན་ཚད་ནི། ཉིན་གཅིག་ནས་གཉིས་ཅན་ལ 65% ~70%དང་། ཉིན་བཅུ་འགོར་རྗེས 55% ~60%ཡིན། བྱ་ཕྲུག་གི་དུས་འགོར་ཁོར་ཡུག་གི་རླན་ཚད་ཆེ་རུ་གཏོང་དགོས་ཏེ། ཐོག་མའི་དུས་ཀྱི་བྱ་ཕྲུག་གིས་ཆུ་འཐུང་བ་དང་གཟན་ཟ་བ་ཉུང་ཉུང་བས། བསྐོས་བཅས་ཀྱིས་བྱ་སྒྲུན་ཡང་དེ་ལྟར་ཉུང་བས་ཁོར་ཡུག་སྐམ་ཤས་ཆེ་བ་དང་། ཉིན་འགོར་བ་དང་བསྟུན་ནས་བྱ་ཕྲུག་གིས་བྱ་སྒྲུན་གཏོང་ཚད་ཇེ་མང་དུ་འགྲོ་བ་དང་། དེ་ལས་ཆུ་རྡུལ་རླངས་འགྱུར་བྱེད་པའང་མང་དུ་འགྱུར་བས་ཁོར་ཡུག་གི་རླན་ཚད་ཀྱང་

རེའུ་མིག 5–2 བྱ་ཕྲུག་ལ་འཚམ་པའི་རླན་ཚད་ཁྲབ་ཁོངས་དང་ཆེས་མཐོ་ཆེས་དམའི་རླན་ཚད་གཞི་གྲངས།

ན་ཚོད་ཉིན་གྲངས།	འོས་འཚམ་གྱི་རླན་ཚད།	ཆེས་མཐོའི་རླན་ཚད།	ཆེས་དམའི་རླན་ཚད།
ན་ཚོད་ཉིན་གྲངས 0~10	70	75	40
ན་ཚོད་ཉིན་གྲངས 11~30	65	75	40
ན་ཚོད་ཉིན་གྲངས 31~45	60	75	40
ན་ཚོད་ཉིན་གྲངས 46~60	50~55	75	40

བསྡོམས་བཅས་ཀྱིས་ཆེ་རུ་འགྲོ་བ་ཡིན། འོན་ཀྱང་དེ་དུས་ལྡན་འཛིན་པར་མཉམ་འཛོག་དགོས་པ་དང་། ལྷག་པར་དུ་ཆུ་ལྷུད་འཕྲུལ་ཆས་མཐའ་འཁོར་དུ་བཏིངས་པའི་སྟན་རྒྱུན་དུ་བརྗེ་སོར་བྱས་ནས་རུལ་འགོག་བྱེད་པར་མཉམ་འཛོག་དགོས།

3.སྟུག་ཚད། སྨིད་ངོས་སྙོམ་གྲུ་བཞི་མ་རེའི་ནང་དུ་ཆུད་པའི་ཁྱིམ་བྱའི་གྲངས་འབོར་དེ་ལ་གསོ་སྐྱེལ་གྱི་སྟུག་ཚད་ཟེར་ལ། སྟུག་ཚད་ཀྱི་ཚད་གཞི་དེ་བྱ་རྒྱུད་དང་། ཉིན་གྲངས། ལྷུང་རྒྱུའི་ཆ་རྐྱེན། གསོ་སྐྱེལ་བྱེད་ཐབས་སོགས་མི་འདྲ་བ་ལ་བརྟེན་ནས་སྙོམ་སྒྲིག་བྱེད་ཚོག་པ་ཡིན། ལུགས་མཐུན་གྱི་གསོ་སྐྱེལ་སྟུག་ཚད་ནི་བྱ་ཕྲུའི་འཚར་སྐྱེ་ཆ་སྙོམས་ཡོང་བའི་ཐོག་མའི་ཆ་རྐྱེན་ཡིན་ཏེ། གལ་ཏེ་སྟུག་ཚད་ཚད་ལས་བརྒལ་ན། བྱ་ཕྲུའི་འགུལ་སྐྱོད་ལ་དཀའ་ཁག་འབྱུང་བ་དང་། གཟན་ཟོས་པ་ཆ་མི་སྙོམས་པ། ནད་རིགས་འགོ་སླ་བ། བྱ་ཕྲུག་ཕན་ཚུན་ལ་མཆུ་བརྟོལ་རྒྱག་པ་སོགས་ཀྱི་གནས་ཚུལ་འབྱུང་བ་དང་། བྱ་ཕྲུག་ལུས་སྟོབས་ཞན་པ་དག་བ་ཙོར་གནོན་དབང་གིས་འཆི་ལམ་དུ་ཐོང་བ་སོགས་ཀྱིས་བྱ་ཕྲུའི་ཤི་ཚད་ཇེ་མཐོར་འགྲོ་བ་དང་། གལ་ཏེ་སྟུག་ཚད་ཆུང་བ་ཡིན་ན། དྲོད་འཛིན་པར་མི་ཕན་པ་དང་། དེ་དང་མཉམ་དུ་བྱ་ཁང་གི་བེད་སྤྱོད་མི་མཐོ་བ་དང་འགྲོ་གྲོན་ཆེ་བ་རེད། ཞིབ་ཏུ་རེའུ་མིག 5–3ལ་བལྟ་བར་བྱའོ། །

རེའུ་མིག 5–3 གསོ་སྐྱེལ་བྱེད་སྟངས་མི་འདྲ་བའི་བྱ་ཕྲུག་གསོ་སྐྱེལ་གྱི་སྟུག་ཚད།

(བྱ་ཕྲུག་གི་ཁ་གྲངས/སྨིད་ངོས་སྙོམ་གྲུ་བཞི་མ)

ཐང་ངོས་སུ་གསོ་བ།		ལང་ས་གཟུགས་གཟེབ་དྲའི་ནང་དུ་གསོ་བ།		དྲ་མིག་སྟེང་གསོ་བ།	
ན་ཚོད་གཟའ་འཁོར	བྱ་ཕྲུག་གི་ཁ་གྲངས	ན་ཚོད་གཟའ་འཁོར	བྱ་ཕྲུག་གི་ཁ་གྲངས	ན་ཚོད་གཟའ་འཁོར	བྱ་ཕྲུག་གི་ཁ་གྲངས
0~6	13~15	1~2	60	0~6	13~15
7~12	10	3~4	40	7~18	8~10
12~20	8~9	5~7	34		
		8~11	24		

4.གླང་རྒྱུ། གླང་རྒྱུ་བར་བྱས་ནས་མཁའ་དབུགས་བརྗེ་གསོར་བྱེད་པ་དེས་བྱ་ཕྲུག་ལ་མཁོ་བའི་དབྱང་དབུགས་ཀྱི་དགོས་མཁོ་སྐོང་བ་དང་དྲོད་ཚད་སྙོམ་སྒྲིག་བྱེད་པ་ལས་གཞན། ད་དུང་དབྱང་གཉིས་ཐན་འགྱུར་དང་། ཨན། ལྷག་ལུས་ཀྱི་ཆུ་རླངས་སོགས་ཕྱིར་འབུད་པར་བྱེད་པ་ཡིན། གླང་རྒྱུ་བར་བྱས་ནས་མཁའ་དབུགས་བརྗེ་གསོར་བྱེད་ཐབས་ལ་བྱ་ཁང་ལ་སེང་རས་སམ་རས་ཡོལ་སྒྲིད་པ་དང་། དབུགས་རྒྱུ་སྒོའུ་ཁྱུང་འཛོག་པ་སོགས་ཀྱི་བྱེད་ཐབས་སྤྱད་ནས་གླང་རྒྱུ་བར་བྱེད་དགོས། དེ་ལྟར་བྱས་ན་དྲོད་སྲུང་བའི་གནས་ཚུལ་འོག་ཏུ་གླང་རྒྱུ་བའི་དམིགས་ཡུལ་དུ་ཐོན་ཐུབ་པ་ཡིན། གླང་རྒྱུ་བར་བྱས་ནས་མཁའ་དབུགས་བརྗེ་གསོར་བྱེད་པ་དེ་དུས་ཚིགས་མི་འདྲ་བའི་དྲོད་ཚད་མི་འདྲ་བ་དང་བསྟུན་ནས་སྙོམ་སྒྲིག་བྱེད་དགོས་པ་ཡིན།

5.འོད་ཟེག་པ། ཉི་འོད་ཟེག་པ་དེས་ཁྱིམ་བྱའི་འགྲུལ་སྐྱོད་དང་། གཟན་འཚོལ་བ། ཆུ་འཐུང་བ། སྐྱེ་འཕེལ་སོགས་ལ་ནུས་པ་གལ་ཆེན་ཐོན་པ་ཡིན། འོད་ཟེག་པ་དེ་ལ་རང་བྱུང་གི་འོད་ཟེག་པ་དང་མིས་བཟོས་པའི་འོད་ཟེག་པ་སྟེ་རིགས་གཉིས་ཡོད། ཁྱིམ་བྱའི་འཚར་སྐྱེའི་དུས་སྐབས་མི་འདྲ་བའི་འོད་ཀྱི་དྲག་ཚད་ཀྱི་གྲངས་བྱ་ནི་རེའུ་མིག 5–4ལྟར་ཡིན་པ་སྟེ།

རེའུ་མིག 5–4 ཁྱིམ་བྱའི་འཚར་སྐྱེའི་དུས་སྐབས་མི་འདྲ་བའི་འོད་ཀྱི་དྲག་ཚད་ཀྱི་གྲངས་བྱ།

	གཟའ་འཁོར།	ལྷ/སྨིད་ཇོས་སྙོམ་གྲུ་བཞི་མ།	ཆེས་བཟང་བ།	ཆེ་དྲགས་པ།	ཆེས་ཞན་པ།
བྱ་ཕྲུག	1~7	3~4	20	—	10
འཚར་སྐྱེའི་དུས་སྐབས།	2~20	2	5	10	2
སྒོང་གཏོང་བའི་ཁྱིམ་བྱ།	20ཡན	3~4	7.5	20	5

འོད་ཟོག་པའི་དུས་ཚོད་མ་ནོར་བར་འདེམས་རྒྱུ་ནི་ཧ་ཅང་གལ་ཆེ་བ་ཡིན། ཁ་ཕྱེ་བའི་རྣམ་པ་ཅན་གྱི་བྱ་ཁང་གི་འོད་ཟོག་པའི་ལམ་ལུགས་དེ་སྒོང་བཀད་པའི་ཉིན་དང་། དུས་ཚིགས། ས་རྒྱུས་ཀྱི་གནས་གཞི་སོགས་མི་འདྲ་བ་ལ་བལྟས་ཏེ་འཆར་འགོད་མི་འདྲ་བ་བཟོ་དགོས་པ་ཡིན། ཁ་སྲུམ་པའི་རྣམ་པ་ཅན་གྱི་བྱ་ཁང་ལ་ནི་འོད་ཀྱི་ཤུགས་རྐྱེན་མེད་པས། གནས་ཚུལ་ལ་གཞིགས་ཏེ་འཆར་འགོད་མི་འདྲ་བ་སྒྲུད་ཆོག་པ་ཡིན། འོད་ཟོག་པའི་ལམ་ལུགས་དེ་ལག་བསྟར་བྱེད་པའི་ཀོ་རིམ་ཁྲོད་བརྟན་འཛུགས་རྣམ་པ་ཅན་གྱི་འོད་ཟོག་པ་དང་རིམ་གྱིས་ཞུང་དུ་འཕྲི་བའི་རྣམ་པ་ཅན་གྱི་འོད་ཟོག་པའི་རིགས་གཉིས་སུ་དབྱེ་ཆོག་པ་ཡིན་ལ། ཐོན་སྐྱེད་ལག་ལེན་ཁྲོད་དུ་བརྟན་འཛུགས་རྣམ་པ་ཅན་གྱི་འོད་ཟོག་པའི་ལམ་ལུགས་དེ་དངོས་བཀོལ་རང་བཞིན་ཆུང་ཆེ་བ་ཡིན།

6.མཆུ་ཏོ་གཅོད་པ། མཆུ་ཏོ་གཅོད་པ་ནི་མཆུ་ཏོ་འབྲེག་གཅོད་འཕྲུལ་ཆས་སམ་འབྲེག་གཅོད་སྐམ་པས་ཁྱིམ་བྱའི་མཆུ་ཏོའི་ཆ་ཤས་ཤིག་གཅོད་པ་དེ་ཡིན། བྱ་ཕྲུག་གསོ་བའི་ཀོ་རིམ་ཁྲོད། བྱ་ཕྲུག་གི་འདུས་ཚད་ཚད་ལས་བརྒལ་བ་དང་། འོད་ཟོག་ཚད་དྲག་པ། རླུང་རྒྱུ་བ་མི་བཟང་བ། གཟན་ཆག་བསྲེས་སྦྱོར་བྱས་པ་མི་འཚམ་པ་སོགས་ཀྱི་རྒྱུ་རྐྱེན་དབང་གིས། བྱ་ཕྲུའི་ནང་ཕན་ཚུན་མཆུ་ཏོས་བཏོག་པའི་སྣང་ཚུལ་འབྱུང་བ་ཡིན། མཆུ་ཏོ་འབྲེག་གཅོད་བྱས་པ་དེས་མཆུ་ཏོས་ཕན་ཚུན་གནོད་པའི་ཤུགས་ཆུང་དུ་གཏོང་ཐུབ་པ་དང་གཟན་སྐྱུག་པར་ཤུགས་རྐྱེན་མི་བཟོ་བར་མ་ཟད། ད་དུང་གཟན་ཆག་ཆུད་ཟོས་མི་གཏོང་བ་སྟེ་གཟན་ཆག 5%ཡིས་གྲོན་ཆུང་བྱེད་ཐུབ་པ་དང་། བྱ་ཕྲུའི་ནང་ཕན་ཚུན་བཏོག་པའི་སྣང་ཚུལ་དེ་འགོག་ཐུབ་པ་ཡིན་ནོ།།

གཉིས། དར་མའི་དུས་སྐབས་ཀྱི་གསོ་སྐྱེལ་དོ་དམ།

བྱ་ཕྲུག་གི་དུས་སྐབས་མཇུག་རྫོགས་པ་ནས་དར་མའི་དུས་སྐབས་མགོ

བརྩམས་པའི་སྔོན་གྱི(གཟའ་འཁོར 7ནས་གཟའ་འཁོར 20བར)བྱིས་པ་ལ་དར་མའི་བྱིས་པ་ཟེར།

(གཅིག)དར་མའི་བྱིས་པའི་སྐྱེ་ཁམས་ཁྱད་ཆོས།

དུས་སྐབས་འདིའི་བྱིས་པའི་སྒྲོ་སྤུ་རྫོང་མཐུག་པ་དང་། ལུས་དྲོད་སྙོམ་སྒྲིག་བྱེད་པའི་ནུས་པ་འཐུས་སྒོ་ཚང་བ། དོན་སྙིང་ཚང་མའི་འཚར་སྐྱེ་ཚད་དུ་ལོང་བ། ཁོར་ཡུག་ལ་འཕྲོད་བསྟུན་གྱི་ནུས་པ་ཅུང་བཟང་བ། འཛུ་སྟོབས་དྲག་པ། འཚར་སྐྱེ་མགྱོགས་པ་བཅས་ཀྱི་ཁྱད་ཆོས་ལྡན་པ་དང་། དར་མའི་དུས་དཀྱིལ་དང་དུས་མཇུག་གི་སྐྱེ་འཕེལ་མ་ལག་ལ་འཚར་སྐྱེ་བྱུང་ནས་མཚན་མ་སྨིན་པའི་མགོ་རྩོམ་པ་ཡིན།

(གཉིས)དར་མའི་བྱིས་པའི་འདོར་ལེན།

ལུས་ཀྱི་ལྗིད་ཚད་ཚད་གཞི་དང་མཐུན་པའི་བྱིས་པར་མཚོན་ན། འཚར་སྐྱེ་རྒྱུན་ལྡན་ཡིན་པ་གསལ་བཤད་བྱེད་ཐུབ་པ་དང་། མ་འོངས་པའི་ཐོན་སྐྱེད་ནུས་པ་བཟང་བ། གཟན་ཆག་བྱིན་པ་ལས་ཐོབ་པའི་ཁེ་བཟང་མཐོ་བ་ཡོད། ལུས་ཀྱི་ལྗིད་ཚད་ཚད་ལས་བརྒལ་བའི་བྱིས་པ་དེ་ལུས་གཟུགས་ཆེ་བ་དང་། དེའི་ཐོན་སྐྱེད་ནུས་པ་ཅུང་ཞན་པ་དང་། སྒོང་གཏོང་ཚད་ཉུང་བ། ཤི་བའི་ཚད་མཐོ་བ་ཡིན། ལུས་ཀྱི་ལྗིད་ཚད་ཆེས་ཡང་ན། དེའི་འཚར་སྐྱེ་མི་ལེགས་པ་གསལ་བཤད་བྱས་པ་ལས་གཞན། སྒོང་གཏོང་བའི་རྒྱུན་བསྲིང་གི་ནུས་པ་ཅུང་ཞན་པ་ཡིན། དེ་བས་དུས་ལྟར་དར་མའི་བྱིས་པར་འདོར་ལེན་བྱས་ནས་བྱིས་པའི་བེད་སྤྱོད་ཚད་རྗེ་མཐོར་གཏོང་བ་དང་། གཟན་ཆག་གི་འཛད་གྲོན་རྗེ་དམར་གཏོང་བ་བཅས་ཀྱི་བྱེད་ཐབས་སྤྱད་ནས། སྒོང་གཏོང་བའི་དུས་སྐབས་ཀྱི་བྱིས་པའི་ལུས་གཟུགས་བདེ་ཐང་ཡོང་བ་དང་། འཚར་སྐྱེ་ལེགས་པའི་བྱིས་པར་ཁག་ཐེག་བྱེད་དགོས། སྤྱིར་བཏང་དུ་ཐོག་མའི་འདོར་ལེན་དེ་གཟའ་འཁོར 6 ~8ཡི་བར་

དུ་བྱེད་པ་དང་། ཐེངས་གཉིས་པ་ནི་གཟའ་འཁོར་18~20བར་དུ་བྱེད་དགོས་ལ། དེ་ཡང་བྱ་ཕྲུ་གནས་གཞན་དུ་སྤར་བ་དང་ཟུང་འབྲེལ་བྱེད་དགོས་པ་ཡིན།

(གསུམ)དར་མའི་ཁྱིམ་བྱའི་གཟན་ཆག་ཆོད་འཛིན།

གཟན་ཆག་ཆོད་འཛིན་བྱེད་པ་ནི་མིས་ཁྱིམ་བྱས་གཟན་ཟ་བར་ཆོད་འཛིན་བྱེད་པའི་བྱེད་ཐབས་ཤིག་ཡིན། གཟན་ཆག་ཆོད་འཛིན་བྱེད་པ་བརྒྱུད་ནས་ཁྱིམ་བྱའི་འཚར་སྐྱེ་ལ་ཆོད་འཛིན་ཐུབ་པ་དང་། ལུས་ཀྱི་ལྗིད་ཚད་ཚད་གཞི་ལས་བརྒལ་བར་སྔོན་འགོག་བྱེད་པ། མཚན་མ་སྨིན་པར་ཆོད་འཛིན་བྱེད་ཐུབ་པ་ཡིན་ལ། དེ་ལ་བརྟེན་ནས་སྒོ་བྱ་ཆུང་བ་དེ་དག་ཅུང་འོས་འཚམ་ཡིན་པ་དང་། དུས་ཆོད་ཅུང་གཅིག་གྱུར་ཡིན་པའི་ནང་ཐོན་སྐྱེད་ལ་ཕྱོགས་ཐུབ་པ་དང་། དེ་དང་མཉམ་དུ་གཟན་ཆག 10%~15%གྲོན་ཆུང་བྱེད་ཐུབ་པ་ཡིན། ལུས་གཟུགས་ཅུང་སྐམ་ཞིང་སྟོབས་ཤུགས་ཀྱིས་ཁེངས་པའི་སྒོ་བྱ་དར་མ་གསོ་སྐྱོང་བྱས་ན། སྒོ་བྱའི་ཐོན་སྐྱེད་དུས་སྐབས་ཅུང་ཕྱིར་བསྣུར་བྱེད་ཐུབ་པ་དང་། དེ་ལ་བརྟེན་ནས་སྒོང་གཏོང་ཚད་མཐོ་བའི་དུས་སྐབས་ཡུན་བསྲིངས་པ་ལས་དཔལ་འབྱོར་གྱི་ཕན་འབྲས་བཟང་པོ་ལེན་ཐུབ་པ་ཡིན། ཉེ་བའི་ལོ་ཤས་རིང་ལ་གཟན་ཆག་ཆོད་འཛིན་གྱི་ལག་རྩལ་དེ་སྔར་ལས་དར་མའི་ཁྱིམ་བྱའི་སྟེང་རྒྱ་ཁྱབ་ཏུ་སྤྱོད་པ་དང་། གྲུབ་འབྲས་ཀྱང་མངོན་གསལ་བླངས་དང་ལེན་བཞིན་ཡོད་པར་མ་ཟད། ཆོད་འཛིན་བྱས་པའི་ལུས་གཟུགས་ཀྱི་ལྗིད་ཚད་ཀྱི་ཚད་གཞི་དེ་ཅུང་དམའ་བའི་ཕྱོགས་སུ་འགྲོ་བའི་གནས་བབ་ཅིག་ཆགས་ཡོད་པ་རེད།

(བཞི)དར་མའི་ཁྱིམ་བྱའི་གསོ་ཚགས་དང་ཉིན་རྒྱུན་གྱི་དོ་དམ།

1.བྱ་ཕྲུག་གི་དུས་སྐབས་ནས་དར་མའི་དུས་སྐབས་བར་དུ་གསོ་ཚགས་དོ་དམ་ལ་རབ་དང་རིམ་པར་འགྱུར་ལྡོག་འགྲོ་བ་ཡིན་མོད། འོན་ཀྱང་དུས་སྐབས་སོ་སོའི་བར་དུ་འབྲེལ་མཐུད་རང་བཞིན་ཧ་ཅང་ཤུགས་དྲག་པ་ཡོད་པས། སྔར

བཅོས་སློ་བུར་དུ་གཏོང་བ་ལ་གཟབ་དགོས་པ་ཡིན།

(1)དྲོད་འབུད་པ། བྱ་ཕྲུག་གི་ཁང་བའི་ནང་དུ་དྲོད་སྐྱེར་བ་ནས་དྲོད་མི་སྐྱེར་བར་འགྱུར་བ་བྱུང་བ་དེ་ལ་དྲོད་འབུད་པ་ཟེར་ལ། དྲོད་ཚད་ཇེ་དམར་གཏོང་བར་རིམ་ཅན་དུ་གཏོང་བའི་སླང་བྱ་ཡོད་པ་ཡིན། སྤྱིར་བཏང་དུ་གཟའ་འཁོར་4ཡི་རྗེས་སུ་དྲོད་འབུད་ཆོག་མོད། ད་དུང་ཁང་བའི་ནང་གི་དྲོད་ཚད་ལ་བསམ་བློ་གཏོང་དགོས་པ་ཡིན། གལ་ཏེ་ཁང་བའི་ནང་གི་དྲོད་ཚད་ཧྲུའུ18℃ཡན་ལ་བསླེབ་ཡོད་ན་དྲོད་འབུད་ཆོག་པ་ཡིན། གལ་ཏེ་ཁང་བའི་ནང་གི་དྲོད་ཚད་ཧྲུའུ18℃ལ་མ་ཐོན་པའམ་ཉིན་དཀར་དང་མཚན་མོའི་དྲོད་ཚད་ལ་བར་ཆད་ཆུང་ཆེ་ན་དྲོད་སྐྱེར་བའི་དུས་ཡུན་ཇེ་རིང་དུ་གཏོང་བ་དང་། ཉིན་དཀར་དྲོད་འབུད་པའི་བྱེད་ཐབས་སྤྱོད་པ་དང་མཚན་མོར་དྲོད་འོས་འཚམ་སྐྱེར་དགོས་པ་དང་། གནམ་གཤིས་དྲོ་བའི་དུས་སུ་དྲོད་འབུད་པ་དང་། གནམ་གཤིས་འཁྱག་པའི་དུས་སུ་འོས་འཚམ་གྱིས་དྲོད་བྱིན་ནས་དྲོ་གྲང་གི་འགྱུར་བ་བློ་བུར་དུ་འབྱུང་བར་གཟབ་དགོས་པ་ཡིན།

(2)གཟན་ཆག་བརྗེ་བ། ཁྱིམ་བྱའི་དུས་སྐབས་མི་འདྲ་བའི་སྐྱེ་དཀར་དང་ནུས་ཚད་ཀྱི་སླང་བྱ་མི་འདྲ་བའི་དབང་གིས། གཟན་ཆག་གི་རིགས་སྣ་མྱུ་མཐུད་དུ་བརྗེ་གསོར་བྱེད་དགོས་པ་ཡིན། གཟན་ཆག་བརྗེ་ཐེངས་རེར་བར་བརྒྱལ་གྱི་དུས་སྐབས་ཤིག་དགོས་པ་སྟེ། དེ་ཡང་གཟན་ཆག་རིགས་གཉིས་ཀ་སྨུར་ཚད་ངེས་ཅན་ལྟར་བསྲེས་ནས་སྐྱེར་བ་དང་། དུས་ཚོད་ངེས་ཅན་ཞིག་འགོར་རྗེས་རིམ་གྱིས་གཟན་ཆག་གསར་བའི་ཚད་ཇེ་མང་དུ་གཏོང་བ་དང་། གཟན་ཆག་རྙིང་བའི་ཚད་ཇེ་ཉུང་དུ་བཏང་ནས་ཁྱིམ་བྱར་འཕྲོད་བསྟུན་གྱི་གོ་རིམ་ཞིག་སྤྲོད་དགོས་པ་ཡིན།

2.བྱ་ཁང་ནང་གི་རིམས་འགོག་འཕྲོད་སྟེན་དང་ཁོར་ཡུག་དོ་དམ་ལ་ཞུགས་

བསྡོན་པ་དང་། བྱ་ཕྲུའི་གནས་སྟངས་ལ་ཞིབ་བཤེར་མཉམ་འཛོམ་བྱས་ནས་གནད་དོན་དུས་ལྟར་ཤེས་རྟོགས་བྱུང་དུ་བཅུག་ནས་ཐག་བཅད་དེ་མཇུག་འབྲས་ངན་པ་འབྱུང་བར་དོགས་ཟོན་བྱེད་དགོས།

3.ཕྲུ་བཀར་ཏེ་དོ་དམ་བྱེད་པ། ཐང་ནས་གསོ་བ་དང་གཟེབ་དྲའི་ནང་དུ་གསོ་བ་གང་ཡིན་ཡང་ཚང་མར་ཁྲིམ་བྱའི་ཆེ་ཆུང་དང་། ལུས་སྟོབས་ཀྱི་དྲག་ཞན། ཕོ་མོའི་དབྱེ་བ་སོགས་གཞིར་བཟུང་ནས་ཁག་བགོས་ཏེ་གསོ་ཚགས་བྱེད་དགོས་པ་ཡིན། བྱ་ཕྲུའི་གནས་ཚུལ་ལྟར། ལུས་གཟུགས་ཆེ་བ་དང་ལུས་སྟོབས་དར་བ་ལ་གཟན་ཆག་ཆོད་འཛིན་བྱེད་པ་དང་། ལུས་གཟུགས་ཆུང་བ་དང་ལུས་སྟོབས་ཞན་པར་འཚོ་བཅུད་ཀྱི་ཆུ་ཚད་ཇེ་མཐོར་གཏོང་དགོས་པ་མ་ཟད། དུས་ཡུན་ངེས་གཏན་རེའི་ནང་དུ་ཁག་བགོས་ཀྱིས་བྱ་ཕྲུ་ཕན་ཚུན་བར་སྙོམ་སྒྲིག་བྱས་ཏེ་བྱ་ཕྲུ་ཡོངས་རྫོགས་ཆ་སྙོམས་པོར་གཏོང་དགོས་པ་ཡིན། ཐང་ངོས་སུ་གསོས་པ་ལ་འགྲུལ་སྐྱོད་བྱེད་གནས་སུ་རྡེའུ་ཟེགས་སྤུངས་པ་དང་། དེའི་ནང་དུ་ལུས་སྟེང་གི་འབུ་སྲིན་ཕྱིར་འདེད་པའི་སྨན་རྫས་བསྲེས་ཏེ་ཁྲིམ་བྱ་རྡེའུ་ཟེགས་ལས་འགྲེ་ལྡོག་བྱེད་དུས་ཞོར་སྐྱེས་འབུ་སྲིན་ལུས་སྟེང་ནས་ཕྱིར་འབུད་དུ་འཇུག་དགོས་པ་ཡིན།

(ལྔ)བྱ་ཕྲུའི་ཁང་བ་བཟོ་སྦྱོར་བྱེད་པ།

བྱ་ཕྲུའི་ཁང་བ་བཟོ་སྦྱོར་བྱེད་པ་ནི་བྱ་ཕྲུ་གསོ་ཚགས་དོ་དམ་གྱི་གོ་རིམ་གལ་ཆེན་ཞིག་ཡིན་ལ། ཐེངས་དང་པོ་དེ་བྱ་ཕྲུག་གི་ཁང་བ་ནས་དར་མའི་བྱ་ཁང་དུ་བཟོ་སྦྱོར་བྱེད་པ་དེ་ཡིན་ལ། ཐེངས་གཉིས་པ་ནི་དར་མའི་བྱ་ཁང་ནས་སྒོང་གཏོང་བའི་བྱ་ཁང་དུ་བཟོ་སྦྱོར་བྱེད་པ་དེ་ཡིན། བཟོ་སྦྱོར་གྱི་གོ་རིམ་དང་ཁོར་ཡུག་གསར་བའི་ཤུགས་རྐྱེན་དང་། ལྷག་པར་དུ་ཐང་ངོས་ནས་གསོས་པའི་དར་གསོའི་ཁྲིམ་བྱ་དེ་སྒོང་བྱའི་གཟེབ་དྲར་བཟོ་སྦྱོར་བྱས་པ་དེས། ཁྲིམ་བྱའི་འགྲུལ་

སྐྱིད་དང་གཟན་ཟ་བ་སོགས་ལ་ཚོད་འཛིན་ཐེབས་པ་དང་། འཚོ་བའི་ཁོར་ཡུག་ལ་གློ་བུར་འགྱུར་ལྡོག་བྱུང་བ་བཅས་ཀྱིས་བྱ་ཕྲུ་ལ་མི་འཕྲོད་པའི་སྣང་ཚུལ་འབྱུང་སྲིད་པ་ཡིན། དེ་ལྟར་མི་འཕྲོད་པའི་སྣང་ཚུལ་འདི་ཚད་ཆེས་དམའ་བར་གཏོང་རྒྱུ་ནི་དོ་དམ་མི་སྣས་ངེས་པར་མཉམ་འཛོམ་བྱེད་དགོས་པའི་དོན་གལ་ཆེན་ཞིག་ཡིན།

1.དུས་ཚོད་ལྟར་བྱ་ཕྲུ་ཁང་བ་གཞན་དུ་བརྗེ་སྤོར་བྱེད་པ། བྱ་ཕྲུག་གཟའ་འཁོར་5~6སྐབས་སུ་དར་མའི་བྱ་ཁང་དུ་བརྗེ་སྤོར་བྱེད་པ་དང་། གཟའ་འཁོར་17~18སྐབས་སུ་སྔོ་གཏོང་བའི་བྱ་ཁང་དུ་བརྗེ་སྤོར་བྱེད་དགོས་པ་ཡིན། གནས་ཚུལ་ཁྱད་པར་ཅན་གྱི་དབང་གིས་དུས་ལྟར་བྱ་ཕྲུ་ཁང་བ་གཞན་དུ་བརྗེ་སྤོར་བྱེད་མ་ཐུབ་ནའང་། ཆེས་འཕྱི་ནའང་གཟའ་འཁོར་20ལས་བརྒལ་མི་རུང་བ་ཡིན། བྱ་ཕྲུ་ལ་ཁོར་ཡུག་གསར་བར་འཕྲོད་བསྟུན་བྱེད་པའི་དུས་ཚོད་ངེས་ཅན་ཞིག་བྱིན་ཏེ་རྒྱུན་ལྡན་གྱི་ཐོན་སྐྱེད་ལ་གནོད་པ་མི་ཐེབས་པར་བྱེད་དགོས། བྱ་ཕྲུ་བརྗེ་སྤོར་གྱི་དུས་ཚོད་ཆེས་བཟང་ཤོས་ནི་ནངས་མོའམ་དགོང་མོ་ཡིན།

2.བྱ་ཕྲུ་ཁང་བ་གཞན་དུ་བརྗེ་སྤོར་བྱེད་པའི་སྔོན་གྱི་དུས་ཚོད་6རིང་ལ་གཟན་ཆག་མི་སྐྱེར་བ་དང་། བྱ་ཁང་དུ་གནས་སྤར་རྗེས་ཀྱི་སྔོན་གྱི་ཉིན་གསུམ་དང་རྗེས་ཀྱི་ཉིན་གསུམ་ནང་འཐུང་ཆུའི་ནང་དུ་འཚོ་བཅུད་རྒྱུན་ལྡན་གྱི་ཚད་ལས་ལྷག་1~2བསྲེས་དགོས་པ་མ་ཟད། གློག་འབྱེད་གཤེར་རྫི་བླུད་ནས་གནས་སྤར་བ་ལས་བྱུང་བའི་མི་འཕྲོད་པའི་ཤུགས་ཆུང་དུ་གཏོང་དགོས་ལ། བྱ་ཕྲུ་ཁང་བ་གཞན་དུ་བརྗེ་སྤོར་བྱས་པའི་ཉིན་དེ་ནས་བཟུང་དུས་ཚོད་24རིང་ལ་འོད་ཐོག་པར་བྱས་ནས་བྱ་ཕྲུའི་གཟན་ཟ་བ་དང་ཆུ་འཐུང་བར་ཁག་ཐེག་བྱེད་དགོས་པ་ཡིན།

3.ཕྱོགས་གཞན་དག་གི་འགལ་རྐྱེན་ཇེ་ཉུང་དུ་གཏོང་དགོས་པ་དང་། བྱ་

ཁང་གཉིས་ཀྱི་དྲོད་ཚད་ཀྱི་ཧེ་བག་ཇེ་ཆུང་དུ་གཏོང་བ། མཆུ་ཏོ་མཉམ་གཅིག་ཏུ་མི་གཙོད་པ། རིམས་འགོག་སྨན་ཁབ་རྒྱག་པ་སོགས་ཀྱི་བྱ་བ་ལེགས་པོར་སྒྲུབ་དགོས་ལ། བར་བརྒྱལ་རང་བཞིན་གྱི་གཟན་ཆག་བརྗེ་གསོར་བྱེད་ཐབས་སྤྱོད་པ་དང་། མཉམ་གཅིག་ཏུ་གཟན་ཆག་དང་ཆུ་འདང་ངེས་ཞིག་མཁོ་སྤྲོད་བྱེད་དགོས་པ་ཡིན།

4.བྱ་ཕྲུ་ཁང་བ་གཞན་དུ་བརྗེ་སྤོར་བྱེད་པ་དང་མཉམ་དུ་འདོར་ལེན་གནད་གསེས་བྱས་ཏེ། ནད་ཡོད་པ་དང་། ལུས་སྟོབས་ཞན་པ། ལུས་ཀྱི་ལྗིད་ཚད་ཚད་དུ་མ་ལོང་བ། འཚར་སྐྱེ་མི་ལེགས་པའི་ཕྲིམ་བྱ་ཕྱིར་འཕུད་དགོས་པ་ཡིན།

(དྲུག)སྒོང་གཏོང་བའི་སྡེ་གཞུག་གི་གསོ་ཚགས་དོ་དམ་གྱི་འགག་གནད།

སྒོང་གཏོང་ཁའི་མོ་བྱར་སྐྱེ་ཁམས་ཀྱི་ཁྱད་ཆོས་གཤམ་ལྟར་ཡོད་པ་སྟེ། ལུས་ཀྱི་ལྗིད་ཚད་མུ་མཐུད་ལྷི་རུ་འགྲོ་བ་དང་། སྒོང་གཏོང་ཁའི་ལུས་ཀྱི་ལྗིད་ཚད་འཕེལ་ནས་ཁེ 400 ~500ཐོན་པ་དང་། རུས་སྒྲོམ་གྱི་ལྗིད་ཚད་ཁེ 15 ~20ལ་བསླེབ་པ་དང་། དེ་ལས་ཁེ 4 ~5དེ་ཀའི་ཡི་གསོག་ཉར་གྲ་སྒྲིག་ཏུ་སྤྱོད་པ་ཡིན། གཟའ་འཁོར 16ནས་མགོ་བཙམས་ཏེ་མོ་བྱ་དེ་དག་རིམ་གྱིས་མཚན་མ་སྨིན་པར་བྱེད་པ་དང་། མཆིན་པ་དང་སྐྱེ་འཕེལ་དབང་པོ་ཚང་མ་ཆེ་རུ་བསྐྱེད་པ་ཡིན། སྒོང་གཏོང་བའི་སྔོན་གྱི་ཉིན 10ནས་མགོ་བཙམས་ཏེ་རུས་རྐང་དེམ་བསགས་བྱེད་པ་ཡིན་ལ། དེས་ཕལ་ཆེར་མཚན་མ་སྨིན་པའི་མོ་བྱའི་རུས་རྐང་ཡོངས་ཀྱི་ལྗིད་ཚད་ཀྱི 12%ཟིན་པ་ཡིན། སྒོང་གཏོང་ཁའི་མོ་བྱའི་སྐྱེ་ཁམས་ཀྱི་ཁྱད་ཆོས་གཞིར་བཟུང་ནས། དུས་སྐབས་དེའི་གསོ་ཚགས་དོ་དམ་ལ་ཤུགས་བསྣོན་པ་ནི་མོ་བྱ་ཚད་དུ་ལོངས་པ་སྐྱེད་བསྲིང་བྱེད་པའི་ཆེས་མཐའ་མཇུག་དང་ཆེས་གལ་ཆེན་གྱི་འགྲོ་རིམ་ཞིག་ཡིན་ནོ།།

1.ཀའི་ཁ་གསབ་བྱེད་པ། སྒོང་ཤུན་ཆགས་དུས་ཀའི་ཧ་ཅང་མང་པོ་དགོས་ལ། དེ་ལས 25%ཡི་ཀའི་དེ་རུས་ཀྲང་ལས་བྱུང་བ་དང་། 75%གཟན་ཆག་ལས་བྱུང་བ་ཡིན། གཟན་ཆག་ཁྲོད་ཀའི་ཡི་འདུས་ཚད་ཉུང་བའི་དུས་སུ། མོ་བྱས་རུས་ཀྲང་དང་ཤ་གནད་ཁྲོད་ཀྱི་ཀའི་བེད་སྤྱོད་པ་ཡིན་ལ། འདི་ལྟར་བྱས་ན་མོ་བྱར་ངལ་དུལ་གྱིས་ལུས་ཤུགས་ཟད་འགྲོ་བ་ཡིན། དེ་བས་སྒོང་གཏོང་བའི་སྔོན་གྱི་ཉིན 10འམ་བྱ་ཕྲུ་ལས་སྒོང་ཐེངས་དང་པོ་དེ་མཐོང་དུས། ཁྱིམ་བྱའི་གཟན་ཆག་ནང་གི་ཀའི་ཡི་འདུས་ཚད 1%དེ 2%བར་ཇེ་མང་དུ་གཏོང་བ་དང་། དེ་ལས་ཀའི་ཡི 1/2དེ་རིལ་བུ་ཅན་གྱི་རྫ་ཐལ་ལམ་ཤུན་སྐོགས་ཅན་ཡིན་དགོས་ལ། ཡང་ན་གཏེར་དངོས་རིགས་ཀྱི་གཟན་ཆག་གཟན་གཞོང་དུ་སྟོར་ནས་རང་དགར་བཏུ་རུ་བཅུག་སྟེ་བྱ་ཕྲུའི་སྒོང་གཏོང་ཚད 5%ལ་བསླེབ་དུས། འཚར་སྐྱེ་གཟན་ཆག་དེ་སྒོང་གཏོང་བའི་གཟན་ཆག་ཏུ་བསྒྱུར་དགོས་པ་ཡིན། མཉམ་འཇོག་བྱེད་དགོས་པ་ཞིག་ནི་ཀའི་ཁ་གསབ་བྱེད་པ་སྤྱི་མི་རུང་བ་དེ་ཡིན། སྤྱན་ཀའི་དེ་ཁྱིམ་བྱའི་རུས་ཀྲང་ནང་དུ་དེམ་བསགས་བྱེད་པར་མི་ཕན་པ་ཡིན་ནོ།།

2.ལུས་ཀྱི་ལྗིད་ཚད་དང་འོད་ཐོག་པ། གཟའ་འཁོར 18དུས་སུ་བྱ་ཕྲུའི་ལུས་ཀྱི་ལྗིད་ཚད་དེ་ཚད་གཞིར་མ་བསླེབ་པ་ཡིན་ན། དེ་སྔོན་གཟན་ཆག་ཚོད་འཛིན་བྱེད་པའི་བྱེད་ཐབས་དེ་རང་དབང་དུ་གཟན་ཆག་ཟ་བའི་བྱེད་ཐབས་སུ་བསྒྱུར་དགོས་པ་དང་། དེ་སྔོན་རང་དབང་དུ་གཟན་ཆག་ཟ་བའི་བྱེད་ཐབས་སྤྱོད་པ་ཡིན་ན་སྤྲི་དཀར་དང་སྙིང་ཚབ་གསར་བརྗེའི་ཆུ་ཚད་མཐོར་འདེགས་བཏང་སྟེ། བྱ་ཕྲུའི་སྒོང་གཏོང་སྐབས་ཀྱི་ལུས་ཀྱི་ལྗིད་ཚད་ཅི་ནུས་ཀྱིས་ཚད་གཞིར་བསླེབ་ཏུ་འཇུག་དགོས་པ་དང་། སྔོན་ནས་གཏན་ཁེལ་བྱས་པའི་གཟའ་འཁོར 18ནས་མགོ་བརྩམས་ཏེ་འོད་ཐོག་ཚད་ཇེ་མང་དུ་གཏོང་བ་དེ་གཟའ་འཁོར 19འམ 20བར་ཕྱིར་བསྒྱུར་བྱས་ཆོག་པ་དང་། གལ་ཏེ་གཟའ་འཁོར

20སྐབས་སུ་ད་དུང་ལུས་ཀྱི་ལྗིད་ཚད་ཚད་གཞིར་མ་བསླེབ་ན། འོད་ཟོག་ཚད་ཇེ་མང་དུ་གཏོང་བ་དེ་གཟའ་འཁོར 21དུས་སུ་ད་གཟོད་མགོ་བརྩམས་ཆོག་པ་ཡིན། གལ་ཏེ་བྱ་ཕྲུའི་ལུས་ཀྱི་ལྗིད་ཚད་ཚད་གཞིར་བསླེབས་པ་ཡིན་ན། འོད་ཟོག་ཚད་གཟའ་འཁོར་རེར་དུས་ཚོད 0.5 ~1བར་ཇེ་རིང་དུ་གཏོང་བ་དང་། དེ་ལྟར་འོད་ཟོག་ཚད་ཇེ་རིང་དུ་བཏང་ནས་དུས་ཚོད 14 ~16ལ་བསླེབས་རྗེས་དེ་གཏན་འཇགས་དང་རྒྱུན་བསྲིང་བར་བྱེད་པ་ལས་དུས་ཚོད 17ལས་བརྒལ་མི་རུང་བ་ཡིན།

3.རང་དབང་དུ་གཟན་ཟ་རུ་འཇུག་པ། མོ་བྱ་གསར་པ་ཞིག་གི་ལོ་དང་པོའི་ནང་གི་སྒོང་གཏོང་བའི་སྤྱིའི་ལྗིད་ཚད་དེ་ལུས་པོའི་ལྗིད་ཚད་ཀྱི་ལྡབ 8 ~20 ཡིན་པ་དང་། ལུས་ཀྱི་ལྗིད་ཚད་དེ་ད་དུང 25%ཡིས་ཇེ་ལྗིར་འགྲོ་བ་ཡིན། དེ་བས། མོ་བྱ་དེས་ངེས་པར་དུ་གཟན་ཆག་ཕལ་ཆེར་རང་གི་ལུས་ཀྱི་ལྗིད་ཚད་ཀྱི་ལྡབ 20ཟ་དགོས་པ་ཡིན། དེ་བས་བྱ་ཕྲུས་སྒོང་གཏོང་མགོ་ཚུགས་པ་ནས་རང་དབང་དུ་གཟན་ཆག་ཟ་བར་བྱེད་འཇུག་དགོས་པར་མ་ཟད། ད་དུང་བྱེད་ཐབས་དེ་སྒོང་གཏོང་ཚད་མཐོ་བའི་དུས་སྐབས་དང་དེའི་རྗེས་ཀྱི་གཟའ་འཁོར་གཉིས་ལ་རྒྱུན་བསྲིང་དགོས་ལ། གཞན་ཡང་། འཚར་སྐྱེའི་གཟན་ཆག་དེ་སྒོང་གཏོང་བའི་གཟན་ཆག་ཏུ་བརྗེ་ན་ཐོན་སྐྱེད་ལ་ཕྱོགས་པའི་སྔོན་གྱི་འོད་ཟོག་ཡུན་ཇེ་རིང་དུ་གཏོང་བ་དང་མཐུན་སྒྱུར་བྱེད་དགོས་ལ། ཕྱིར་བཏང་དུ་འོད་ཟོག་ཡུན་ཇེ་རིང་དུ་བཏང་རྗེས་གཟན་ཆག་བརྗེ་གསོར་བྱེད་དགོས།

གསུམ། སྒོང་གཏོང་སྐབས་ཀྱི་གསོ་ཚགས་དོ་དམ།

ཚོང་རྫས་སྒོང་བྱའི་གསོ་ཚགས་དོ་དམ་གྱི་དམིགས་ཡུལ་ནི་ཅི་ནུས་ཀྱིས་སྒོང་གཏོང་བའི་ཁྱིམ་བྱའི་བདེ་ཐང་དང་སྒོང་གཏོང་བར་ཕན་པའི་ཁོར་ཡུག་ཅིག་མཁོ་སྤྲོད་བྱས་ཏེ། སྒོང་བྱའི་རྒྱུད་འཛིན་ནུས་པ་བག་ལ་ཞ་བ་དེ་འདོན་སྤེལ

གང་ལེགས་བྱས་ནས་ཚོང་རྫས་སྒོང་བཟང་ཞིང་མང་པོ་ཞིག་ཐོན་སྐྱེད་བྱེད་རྒྱུ་དེ་ཡིན།

(གཅིག)གསོ་ཚགས་བྱེད་ཐབས་དང་། སྒྲིག་ཆས། འདུས་ཚད།

གསོ་ཚགས་བྱེད་ཐབས། སྒོང་བྱའི་གསོ་ཚགས་བྱེད་ཐབས་ཐང་གསོ་དང་གཟེབ་གསོ་སྣེ་རིགས་གཉིས་ཡོད།

ཐང་གསོ་ལ་ཐང་ངོས་སུ་གསོ་བ་དང་། དྲ་བའི་སྟེང་དུ་གསོ་བ། དེ་གཉིས་མཉམ་སྦྱོར་གྱིས་གསོ་བ་བཅས་རིགས་གསུམ་ཡོད། ཐང་ངོས་སུ་གསོ་བ་ནི་སྒོང་བྱ་དེ་ཐང་དུ་འགྲིག་ཤོག་བཏིང་བའི་སྟེང་གསོ་བ་དེ་ལ་ཟེར་བ་དང་། དྲ་བའི་སྟེང་གསོ་བ་ནི་ཐང་ངོས་དང་བར་ཐག་ངེས་ཅན་ཡོད་པའི་བར་སྣང་དུ་གསོ་བ་སྟེ། སྒོང་བྱ་དེ་ས་ངོས་ལས་ལི་སྨིད 60ཡོད་པའི་མཚམས་སུ་ལྕགས་སྐུད་དང་སྨྱུག་མས་དྲ་བ་བཟོས་པའི་སྟེང་གསོ་བ་དེ་ལ་ཟེར། གཉིས་ཀ་མཉམ་སྦྱོར་གྱིས་གསོ་ཐབས་ནི་བྱ་ཁང་ནང་གི 1/3ཀྱི་ཁྱོན་ལ་ས་ངོས་སུ་འགྲིག་ཤོག་གཏོང་བ་དང་། 2/3ཀྱི་ཁྱོན་ལ་ས་ངོས་དང་བར་ཐག་ངེས་ཅན་གྱི་མཚམས་སུ་ལྕགས་སྐུད་དང་སྨྱུག་མ་བཏིངས་ནས་གསོ་བ་དེ་ཡིན་ལ། བྱེད་ཐབས་འདི་སྤྱོད་པ་ཤིན་ཏུ་ཉུང་ངོ་།།

གཟེབ་དྲར་གསོ་བའི་རྣམ་པ་ནི་སྒོང་བྱ་དེ་སྒོ་ང་གཏོང་བའི་གཟེབ་དྲའི་ནང་དུ་གསོ་བ་དེ་ཡིན།

འདུས་ཚད། གསོ་ཚགས་འདུས་ཚད་དང་གསོ་ཚགས་བྱེད་ཐབས་གཉིས་ལ་འབྲེལ་བ་དམ་པོ་ཞིག་ཡོད་ལ། གསོ་ཚགས་བྱེད་ཐབས་མི་འདྲ་བ་ལ་གསོ་ཚགས་ཀྱི་འདུས་ཚད་མི་འདྲ་བ་ཡོད་དེ། རེའུ་མིག 5–5བལྟ་བར་བྱའོ། །

རེའུ་མིག 5–5 སྒོང་གཏོང་བའི་ཚོང་རྫས་ཁྱིམ་བྱའི་གསོ་ཚགས་ལ་དུས་ཚད། (ཁྱིམ་བྱ/སྨིད་ངོས་སྨི་གྲུ་བཞི)

སྒོང་བྱའི་རིགས།	ཐང་ངོས་སུ་ཡོངས་སུ་འགྲིག་ཐོག་བཀྱིང་བའི་གསོ་ཚགས།	དྲ་བའི་སྟེང་གི་གསོ་ཚགས།	གཟེབ་དྲའི་ནང་གི་གསོ་ཚགས།
ལུས་གཟུགས་ཆུང་བའི་སྒོང་བྱ།	6.2	11	26.3
ལུས་གཟུགས་འབྲིང་བའི་སྒོང་བྱ།	5.3	8.3	20.8

(གཉིས)འོད་ཐོག་པའི་ལག་རྩལ།

སྒོང་གཏོང་སྐབས་ཀྱི་འོད་ཐོག་པའི་ལམ་ལུགས་ཀྱི་རྩ་དོན་ནི། མོ་བྱར་འོས་འཚམ་གྱི་དུས་སྐབས་སུ་ཐོན་སྐྱེད་མགོ་རྩོམ་པར་བྱས་ཏེ་སྒོང་གཏོང་ཚད་མཐོ་བའི་སྐབས་སུ་བསླེབ་དུས་སྒོང་གཏོང་བའི་ནུས་པ་འདོན་སྤེལ་ལེགས་པོར་བྱེད་དུ་འཇུག་པ་དེ་ལ་ཟེར། ཐོན་སྐྱེད་ལག་ལེན་ཁྲོད་དུ། གཟའ་འཁོར 20ནས་མགོ་བརྩམས་ཏེ། གཟའ་འཁོར་རེ་བཞིན་འོད་ཐོག་ཚད་དུས་ཚོད 0.5~1བར་ཇེ་རིང་དུ་བཏང་སྟེ། སྒོང་གཏོང་སྐབས་ཀྱི་འོད་ཐོག་ཡུན་དུས་ཚོད 14~16 བར་དུ་བསླེབ་པར་བྱེད་པ་དང་། དེ་རྗེས་འོད་ཐོག་ཡུན་གྱི་ཚད་ཐིག་དེ་སྒོང་གཏོང་ཡུན་མཇུག་རྫོགས་པའི་བར་དུ་རྒྱུན་སྲུང་བྱེད་དགོས། རང་བྱུང་གི་ཉི་འོད་བེད་སྤྱོད་པའི་བྱ་ཁྱུར་མཚོན་ན། གལ་ཏེ་རང་བྱུང་གི་ཉི་འོད་ཀྱིས་མ་འདང་ན་མིས་ཐབས་ཀྱིས་འོད་ཐོག་པའི་བྱེད་ཐབས་ལ་བརྟེན་ནས་ཁ་གསབ་བྱེད་དགོས་པ་ཡིན། དོ་དམ་བྱེད་བདེ་བའི་ཆེད་དུ་གཏན་ཁེལ་འདི་ལྟར་བཟོས་ཆོག་པ་སྟེ། དུས་ཚིགས་གང་ཞིག་ཡིན་ཀྱང་རུང་སྔ་ཚང་མར་ནངས་མོའི་དུས་ཚོད 4ནས་མགོ་བརྩམས་ཏེ་དགོང་མོའི་དུས་ཚོད 80~21བར་ནི་འོད་ཐོག་པའི་དུས་ཚོད་ལ་གཏན་ཁེལ་བྱེད་པ་དང་། དེ་ཡང་ནངས་མོའི་དུས་ཚོད 4པ་ནས་གློག་འགེར་བ་དང་།

ཉི་རྩེ་ཐོག་པ་དང་སློག་གཟིམ་པ་དང་། ཉི་མ་ཡལ་བ་དང་སློག་བཀར་ཏེ་གཏན་ཁེལ་གྱི་དུས་ཚོད་ལ་བསླེབ་པར་བྱེད་དགོས་པ་ཡིན། མིས་བཟོས་ཉི་འོད་ཐོག་པའི་བྱེད་ཐབས་ཁོ་ན་སྤྱོད་པའི་བྱ་ཁྱུ་ལ་མཚོན་ན། ནངས་མོ་དུས་ཚོད་4པ་ནས་སློག་འགེར་མགོ་བརྩམས་ཏེ་དགོང་མོའི་དུས་ཚོད་20~21བར་ནས་གཟིམ་དགོས་པ་ཡིན། ཁ་སུམ་པའི་རྣམ་པ་ཅན་གྱི་བྱ་ཁང་ལས་གསོ་ཚགས་བྱེད་པའི་སྒོང་བྱར་ཡང་མཚམས་མཚམས་སུ་སློག་འགེར་བའི་བྱེད་ཐབས་སྤྱོད་ཆོག་པ་ཡིན། སྒོང་བྱར་ཚོད་ལྡ་རབ་དང་རིམ་པ་བྱས་པ་ལས་བདེན་དཔང་བྱས་པ་ལྟར་ན། སྤྱིར་བཏང་གི་གནས་ཚུལ་འོག་ཏུ་མཚམས་མཚམས་སུ་སློག་འགེར་བའི་བྱེད་ཐབས་དེས་སྒོང་གཏོང་ཚད་ལ་ཤུགས་རྐྱེན་མེད་པའམ་མར་ཉུང་ཙམ་ཆག་སྲིད་ནའང་། སྒོང་ཉུང་ཆེ་ཞིང་སྒོང་ཤུན་གྱི་སྲུས་ཀ་ཉུང་མཐོ་བ་ཡོད་པ་དང་། ནུས་ཁུངས་དང་གཟན་ཆག་གི་འཛད་གྲོན་ཇེ་ཉུང་དུ་གཏོང་ཐུབ་པ་ཡིན། རེའུ་མིག 5–6ཡིས་འོད་ཐོག་པའི་ལམ་ལུགས་མི་འདྲ་བས་སྒོང་བྱའི་ཐོན་སྐྱེད་ནུས་པར་ཐེབས་པའི་ཤུགས་རྐྱེན་མཚོན་པ་ཡིན་ནོ། །

རེའུ་མིག 5–6 འོད་ཐོག་པའི་ལམ་ལུགས་མི་འདྲ་བས་སྒོང་བྱའི་ཐོན་སྐྱེད་ནུས་པར་ཐེབས་པའི་ཤུགས་རྐྱེན།

འོད་ཐོག་པའི་ལམ་ལུགས།	འོད་ཐོག་ཡུན། (དུས་ཚོད)	སྒོང་གཏོང་ཚད། (%)	སྒོང་འི་ལྗིད་ཚད། (ཁ)	ཆག་རལ་འབྱུང་བའི་ཤུགས་ཚད། (སྟོང་ཁ)	གཟན་ཆག་གི་ཕན་འབྲས་ཚད། (སྟོང་ཁ/སྒོང)
16འོད~8མུན་པ	16	74.9	57.5	3.62	1.69
4འོད~10མུན་པ~2འོད~8མུན་པ	6	72.2	57.8	3.78	1.73
4འོད~12མུན་པ~2འོད~6མུན་པ	6	73.4	57.8	3.84	1.73
2འོད~12མུན་པ~2འོད~8མུན་པ	4	74.9	59.3	3.85	1.73
2འོད~10མུན་པ~2འོད~10མུན་པ	4	71.4	58.4	3.78	1.72
8འོད~10མུན་པ~2འོད~4མུན་པ	10	71.7	55.6	3.73	1.73

(གསུམ)དྲོད་ཚད།

སྒོང་གཏོང་བའི་ཁྱིམ་བྱའི་ཐོན་སྐྱེད་དང་འཚམ་པའི་དྲོད་ཚད་ནི་ཏུའུ 13 ~25℃ཡིན་པ་དང་། ཆེས་བཟང་བའི་དྲོད་ཚད་ནི་ཏུའུ 18 ~23℃བར་ཡིན། བསྡོམས་བཅས་ཀྱིས་བཤད་ན། འཁྱག་པ་ལས་བྱུང་བའི་མི་འཕྲོད་པའི་སྣང་ཚུལ་དེ་ཚ་བ་ལས་བྱུང་བའི་མི་འཕྲོད་པའི་སྣང་ཚུལ་ལས་གནོད་པ་ཆུང་བ་ཡིན། དྲོད་ཚད་ཅུང་མཐོ་བའི་ཁོར་ཡུག་སྟེ་ཕལ་ཆེར་ཏུའུ 24℃ཡན་གྱི་གནས་ཚུལ་འོག་ཏུ། སྒོང་ངའི་ལྗིད་ཚད་མར་ཆག་མགོ་བརྩམས་འགྲོ་བ་དང་། ཏུའུ 27℃སྐབས་སུ་སྒོང་ངའི་གཏོང་ཚད་དང་སྒོང་ངའི་ལྗིད་ཚད་ཇེ་དམར་འགྲོ་བ་མ་ཟད། སྒོང་ཤུན་སྲུར་དུ་ཇེ་སྲབ་ཏུ་གྱུར་པ་དང་མཉམ་དུ་ཤི་ཚད་ཇེ་མཐོར་འགྲོ་སྲིད་པ་དང་། ཏུའུ 37.5℃ལ་བསླེབ་དུས་སྒོང་ངའི་གཏོང་ཚད་སྲུར་དུ་མར་ཆག་འགྲོ་བ་དང་། ཏུའུ 43℃ཡན་ལ་བསླེབས་པ་དང་། དྲོད་ཚད་དེ་དུས་ཚོད 3ལས་བརྒལ་བའི་སྐབས་སུ་མོ་བྱ་ཤི་འགྲོ་བ་ཡིན། དྲོད་ཚད་ཇེ་མཐོར་ཕྱིན་ནས་སྒོང་ངའི་ལྗིད་ཚད་མར་ཆག་པ་དང་མཉམ་དུ་ཁྱིམ་བྱའི་གཟན་ཟ་ཚད་ཀྱང་ཇེ་དམར་འགྲོ་སྲིད་པ་དང་། དྲོད་ཚད་ཏུའུ 20~30℃བར་དུ་ཏུའུ 1℃ཇེ་མཐོར་ཕྱིན་པ་ན། ཁྱིམ་བྱའི་གཟན་ཟ་ཚད 1% ~1.5%མར་ཆག་འགྲོ་བ་དང་། དྲོད་ཚད་ཏུའུ 32 ~38℃བར་དུ་ཏུའུ 1℃ཇེ་མཐོར་ཕྱིན་ན། ཁྱིམ་བྱའི་གཟན་ཟ་ཚད 5%ཇེ་དམར་ཆག་འགྲོ་བ་ཡིན། བསྡོམས་བཅས་ཀྱིས་བཤད་ན་ཁྱིམ་བྱས་གྲང་ངར་ཅུང་གཟོད་ཐུབ་མོད། དྲོད་ཚད་དམའ་དུས་གཟན་ཟ་ཚད་ཇེ་མཐོར་འགྲོ་སྲིད་པ་སྟེ། སྤྱིར་བཏང་དུ་ཏུའུ 5 ~10℃སྐབས་སུ་གཟན་ཟ་ཚད་ཆེས་མཐོ་བ་དང་། ཏུའུ 0℃མན་གྱི་སྐབས་སུ་གཟན་ཟ་ཚད་དེ་ལས་ཀྱང་མར་ཆག་པ་དང་། ལུས་ཀྱི་ལྗིད་ཚད་ཇེ་ཡང་དུ་འགྲོ་བ་དང་སྒོང་གཏོང་ཚད་མར་ཆག་འགྲོ་བ་ཡིན། དེ་བས། གྲང་ངར་ཆེ་བའི་དགུན་ཁར། དྲོད་ཚད་མར་ཆག་ནས་ཏུའུ 5℃མན་དུ་བསླེབ་དུས་དྲོད་སྟེར་བའི་བྱེད་

ཐབས་སྤྱད་ནས་འཁྲུག་པ་ལས་བྱུང་བའི་མི་འཕྲོད་པའི་སྣང་ཚུལ་ཇེ་ཆུང་དུ་བཏང་ནས་དཔལ་འབྱོར་གྱི་འགྲོ་སོང་ཇེ་ཆུང་དུ་གཏོང་དགོས་པ་ཡིན།

1.ཚ་བ་ལས་བྱུང་བའི་མི་འཕྲོད་པའི་སྣང་ཚུལ་ཇེ་ཆུང་དུ་གཏོང་བའི་བྱེད་ཐབས།

(1)གཟན་ཆག་གི་གྲུབ་ཆ་སྙོམ་སྒྲིག་བྱེད་པ། ཉིང་ཚབ་གསར་བརྗེའི་ནུས་པ་ཆེན་པོ 1088 ~1129བར་དུ་སྲུང་འཛིན་བྱས་ནས། ཕྱིམ་བྱས་གཟན་ཆག་ཟ་བའི་ཚད་ཇེ་དམར་འགྲོ་བའི་ཤུགས་རྐྱེན་ཇེ་ཆུང་དུ་གཏོང་བ་དང་། དེ་དང་མཉམ་དུ་ཀའེ་ཡི་འདུས་ཚད་ཇེ་མཐོར་བཏང་སྟེ་སྔོང་འི་ཆག་སྐྱོན་གྱི་ཚད་ཇེ་ཆུང་དུ་གཏོང་དགོས་པ་ཡིན།

(2)བྱ་ཁང་འཛུགས་སྐྲུན་གྱི་སྒྲིག་གཞིའི་ཐད་ནས། བྱ་ཁང་གི་ཀླད་དུ་དྲོད་འགོག་རྒྱ་ཆས་ཁེབས་གཡོགས་སྒྲིག་སྦྱོར་བྱེད་ཚོག་ལ། ཁ་སྲུམ་པའི་རྣམ་པ་ཅན་གྱི་བྱ་ཁང་གི་འཛུགས་སྐྲུན་ཐད་ནས་རྩིག་ལྡེབས་ཀྱི་དྲོད་འགོག་ཚད་གཞིའི་གླང་བྱ་ཙུང་མཐོ་བ་སྟེ། དྲོད་འགོག་གི་ཕན་ནུས་ཙུང་བཟང་བའི་ཚད་དུ་བསླེབ་པར་བྱེད་དགོས་པ་མ་ཟད། ད་དུང་ཕྱི་གྱང་དང་ཁང་ཀླད་དུ་དཀར་རྩི་བྱུག་པའམ། ཡང་ན་དངོས་པོ་གཞན་པས་བསྒྲིབས་ནས་ཚ་ནུས་ཕྱིར་འགྱེད་དང་འགོག་པའི་དམིགས་ཡུལ་དུ་བསླེབ་པར་བྱེད་དགོས་པ་ཡིན།

(3)རླུང་རྒྱུ་བར་ཤུགས་བསྣོན་པ། བྱ་ཁང་ནང་གི་མཁའ་དབུགས་ཀྱི་འཁོར་རྒྱུག་དང་རྒྱུག་ཚད་ཇེ་དྲག་ཏུ་བཏང་ནས་དྲོད་མར་འབབ་པར་བྱེད་དགོས། ཞིབ་འཇུག་ལས་བདེན་དཔང་བྱས་པ་ལྟར་ན། རླུང་གི་མྱུར་ཚད་སྨིད 152/སྐར་ཆ་ལ་བསླེབ་དུས། དྲོད་ཚད་ཏུའུ 5.6℃ཇེ་དམར་འགྲོ་ཐུབ་པར་བཤད།

(4)ཆུ་རྡུལ་ལ་བརྟེན་ནས་དྲོད་ཚད་མར་ཆག་ཏུ་འཇུག་པ། ཆུ་རླངས་པར་གྱུར་དུ་བཙུག་ནས་ཚ་ནུས་སྤུད་པར་བྱས་ནས་མཁའ་དབུགས་ཀྱི་དྲོད་ཚད

མར་ཆག་པའི་དམིགས་ཡུལ་དུ་བསླེབ་པར་བྱེད་དགོས། བྱ་ཁང་གི་སྐྱད་དུ་ཆུ་གཏོར་སྒྲིག་ཆས་སྒྲོར་འཛུགས་བྱས་ནས་དོང་ཆུ་དང་རང་འབབ་ཆུས་ཁང་སྐྱད་དུ་གཏོར་འགྲེམ་བྱས་ན། བྱ་ཁང་ནང་གི་དྲོད་ཚད་ཏུའུ 1~3℃མར་ཆག་ཐུབ་པ་དང་། "བརྟན་འཛིན—རླུང་འཁོར་དྲོད་འབབ་མ་ལག"གིས་ཕྱི་རོལ་གྱི་དྲོད་ཚད་མཐོ་བ་དང་རླན་ཚད་དམའ་བའི་མཁའ་དབུགས་དེ"ཆུ་ཡོལ"སྒྲིག་ཆས་ལ་བརྟེན་ནས་དྲོད་ཚད་དམའ་བ་དང་རླན་ཚད་མཐོ་བའི་མཁའ་དབུགས་སུ་བསྒྱུར་ཐུབ་པ་སྟེ། སྤྱིར་བཏང་དུ་བྱ་ཁང་ནང་གི་དྲོད་ཚད་ཏུའུ 3 ~5℃མར་ཕབ་ཐུབ་པ་ཡིན(བྱེད་ཐབས་འདི་དབྱར་ཁར་ཆར་མང་བའི་དུས་ཚིགས་སམ་བརླན་གཤེར་ཚུང་ཆེ་བའི་ས་ཁུལ་དུ་ཕན་འབྲས་མངོན་གསལ་མིན)། གཞན་ཡང་གནོན་ཤུགས་ཆུང་བའམ་གནོན་ཤུགས་དྲག་པའི་གཏོར་འགྲེམ་སྒྲིག་ཆས་ལ་བརྟེན་ནས་ཆུའི་རླངས་པ་ཁྱབ་སྤྲངས་ཆ་སྙོམ་ཞིག་གྲུབ་པར་བྱས་ཚོག་ལ། བྱ་ཁང་ནང་དུ་གཏོར་འགྲེམ་བྱེད་པ་དེ་ཁང་སྐྱད་དུ་གཏོར་འགྲེམ་བྱེད་པ་ལས་ཆུ་གྱོན་ཆུང་བྱེད་ཐུབ་པ་ཡིན། འོན་ཀྱང་བྱེད་ཐབས་འདི་སྤྱོད་དུས་ངེས་པར་དུ་ཆུའི་གནོན་ཤུགས་འདང་ངེས་ཤིག་དགོས་པ་ཡིན། ཁ་ཕྱེ་བའི་རྣམ་པ་ཅན་གྱི་བྱ་ཁང་ཡིན་ན་བྱ་ཁང་མདུན་ཐད་དུ་ཆུས་སྦངས་པའི་རས་སམ་གསོ་རས་ཀྱིས་ཡོལ་བ་བཟོས་ཏེ་ཉི་འོད་བསྒྲིབས་ན་དྲོད་ཚད་མར་ཆག་པར་ཕན་ཐོགས་མི་དམན་པ་ཡོད་དོ།།

(5)ཆུ་འདང་ངེས་ཤིག་ཡོད་དགོས། འཐུང་ཆུ་ཆད་མི་རུང་ལ། ཁྱིམ་བྱ་རེ་རེས་འཐུང་ཆུ་གཙང་ཞིང་དྭངས་པ་ཞིག་འཐུང་ཐུབ་པར་ཁག་ཐེག་བྱེད་དགོས་པ་མ་ཟད། ད་དུང་འཐུང་ཆུའི་ནང་དུ་འཚོ་བཅུད་སྣ་ཚོགས་དང་། ལིས་ཧྭ་ན། ལིས་ཧྭ་ཙ། མི་འཁྲོད་པ་འགོག་པའི་སྨན་རྫས་དང་ནད་འབུ་འགོག་པའི་སྨན་རྫས་སོགས་བསྲེས་ཏེ་ཁྱིམ་བྱའི་ནད་འགོག་གི་ནུས་པ་ཇེ་དྲག་ཏུ་གཏོང་དགོས་པ་ཡིན།

(6)གཞན་པའི་བྱེད་ཐབས། རྩིས་གཞི་རྒྱ་ཁྱོན་ནང་གི་ཁྱིམ་བྱའི་ཁ་གྲངས་རྗེ་ཉུང་དུ་གཏོང་བ་དང་། གཟན་ཆག་སྐྱེར་དུས་མཁའ་དབུགས་ཀྱི་དྲོད་ཚད་མཐོ་བའི་དུས་སྐབས་དེ་ལས་གཡོལ་དགོས་པ། དུས་ལྟར་རྟུག་སྦྲུན་གཙང་ཕྱགས་བྱེད་དགོས་པ་ཡིན།

མཉམ་འཇོག་བྱ་དགོས་པའི་དོན་ཚན། ཆུ་ལ་བརྟེན་ནས་དྲོད་ཚད་རྗེ་དམར་གཏོང་དུས། ཐོག་མར་ཆུའི་ཐོན་ཁུངས་ཕུན་སུམ་ཚོགས་པ་ཞིག་གྲ་སྒྲིག་བྱེད་དགོས་པ་དང་། གལ་ཏེ་ཆུ་དེ་འཁོར་སྐྱོད་རྣམ་པས་བཀོལ་སྤྱོད་བྱེད་མི་ཐུབ་ན། འཁོར་རྒྱུག་བཟང་བའི་ཆུ་འདོར་མ་ལག་བཟང་པོ་ཞིག་སྒྲུབ་དགོས་པ་མ་ཟད། ད་དུང་ཆུའི་གནོན་ཤུགས་འདང་ངེས་ཤིག་ཀྱང་དགོས་པ་ཡིན། གཞན་ཡང་དྲོད་འབབ་སྒྲིག་ཆས་དེ་ཁང་བའི་ནང་གི་དྲོད་ཚད་ཏུའུ 27℃ལས་མཐོ་བ་དང་། བསྡོས་བཅས་ཀྱི་རླན་ཚད 80%ལས་དམའ་བའི་དུས་སུ་གཟོད་བེད་སྤྱོད་བྱེད་ཆོག་པ་ཡིན།

2.འཁྲུག་པ་ལས་བྱུང་བའི་མི་འཕྲོད་པའི་ཤུགས་རྐྱེན་རྗེ་ཞུང་དུ་གཏོང་བར་གཤམ་གྱི་བྱེད་ཐབས་འདི་དག་སྤྱད་ཆོག་པ་སྟེ།

(1)གསོ་ཚགས་དོ་དམ་ལ་ཤུགས་བསྣོན་པ་སྟེ། བྱ་ཕྲུས་སྣ་འཛོམས་གཟན་ཆག་ཟ་ཐུབ་པར་ཁག་ཐེག་བྱས་པའི་རྨང་གཞིའི་སྟེང་། ཉིན་རེའི་གཟན་ཆག་གི་སྙིང་ཚབ་གསར་བརྗེའི་ནུས་པ་མཐོར་འདེགས་གཏོང་དགོས་པ་དང་། ནངས་མོར་སློག་སྒྲོན་བཀར་རྗེས་སྨུར་དུ་ཁྱིམ་བྱར་གཟན་ཆག་སྐྱེར་བ་དང་། དགོང་མོར་སློག་སྒྲོན་མ་གཞུམ་པའི་སྔོན་ལ་ཁྱིམ་བྱར་གཟན་ཆག་འགྲང་ཚད་ཅིག་བྱིན་ཏེ། བྱ་ཕྲུའི་མཚན་མོའི་དུས་ཁོག་སྟོང་དུ་འདུག་པའི་དུས་ཚོད་རྗེ་ཐུང་དུ་གཏོང་དགོས་པ་ཡིན།

(2)དགུན་གྱི་དུས་ཚིགས་མ་བསླེབ་སྔོན་ལ་བྱ་ཁང་ཞིག་གསོ་ལེགས

བཅོས་བྱེད་པ་སྟེ། འོས་འཚམ་གྱི་རླུང་རྒྱུ་ཁག་ཐེག་ཡོད་པའི་གནས་ཚུལ་འོག་ཏུ་བྱ་ཁང་གི་སྒོ་དང་སྐེའུ་ཁུང་སྲུམ་སྟེ། བྱ་ཁང་ནང་གི་དྲོད་འཛིན་ནུས་པ་ཇེ་མཐོར་གཏོང་བ་དང་། རླུང་བུ་ཐད་ཀར་ཁྱིམ་བྱའི་ལུས་སྟེང་དུ་ཕོག་པར་སྔོན་འགོག་བྱེད་དགོས།

(3)དཔལ་འབྱོར་གྱི་ཆ་རྐྱེན་ཡོད་པའི་གནས་ཚུལ་འོག བྱ་ཁང་གི་ས་འོག་དང་ས་སྟེང་དུ་དུད་ཁུང་འབྲུབ་པ་དང་སྒྲིག་བཟོ་བྱས་ཏེ་དྲོད་སྟེར་ཆོག་ལ། ད་དུང་རྫབ་རླངས་ཐབ་ཀས་དྲོད་སྟེར་བའི་བྱེད་ཐབས་ཀྱང་སྤྱོད་ཆོག་པ་ཡིན།

(4)ཁྱིམ་བྱའི་ལུས་ཀྱི་ཚ་ནུས་ཕྱིར་འབུད་པ་ཇེ་ཉུང་དུ་གཏོང་བ་སྟེ། བྱ་ཁང་གི་ཐང་གཅལ་དུ་བཏིང་བའི་འགྲིག་ཤོག་བརྗེ་བ་དང་། ལྷག་པར་དུ་འཕྱུར་ཆའི་སྒྲིག་ཆས་གཡས་གཡོན་གྱི་འགྲིག་ཤོག་བརྗེས་ཏེ། ཁྱིམ་བྱ་བརླན་གཤེར་ཅན་གྱི་འགྲིག་ཤོག་སྟེང་ཉལ་ནས་ལུས་པོ་རློན་པར་བྱེད་པ་སྔོན་འགོག་བྱེད་པ་དང་། འཕྱུར་ཆུའི་མ་ལག་ལ་ཞིབ་བཤེར་བྱས་ཏེ་ཆུ་འཛུམ་པ་དེས་ཁྱིམ་བྱའི་ལུས་པོ་སྦངས་པར་སྔོན་འགོག་བྱེད་དགོས་པ་ཡིན།

(བཞི)རྣམ་ཚད།

སྒོ་ང་གཏོང་བའི་ཁྱིམ་བྱའི་ཁོར་ཡུག་དང་འཚམ་པའི་རྣམ་ཚད་ནི་ཏུའུ 60~65℃ཡིན་མོད། འོན་ཀྱང་ཏུའུ 40~72℃ཡི་ཁོར་ཡུག་ཁྲོད་དུ། དྲོད་ཚད་མཐོ་དྲག་པ་དང་དམའ་དྲག་པ་མ་ཡིན་ན་ཁྱིམ་བྱར་ཤུགས་རྐྱེན་ཆེན་པོ་ཡོད་པ་མིན། དྲོད་ཚད་མཐོ་བའི་དུས་སུ། ཁྱིམ་བྱས་གཙོ་བོ་ལུས་ཀྱི་དྲོད་ཚད་ཕྱིར་གཏོང་བ་ལས་དྲོད་ཚད་སྙོམ་སྒྲིག་བྱེད་པ་ཡིན་མོད། གལ་ཏེ་རྣམ་ཚད་ཅུང་ཆེ་བར་གྱུར་ན། ཁྱིམ་བྱའི་ལུས་ཀྱི་དྲོད་ཚད་ཕྱིར་གཏོང་བར་འགོག་རྐྱེན་བཟོ་བ་ལས། ཚ་བ་ལས་བྱུང་བའི་མི་འཕྲོད་པའི་སྣང་ཚུལ་འབྱུང་དུ་འཇུག་པ་ཡིན། དྲོད་ཚད་དམའ་ཞིང་རྣམ་ཚད་མཐོ་བའི་ཁོར་ཡུག་ཁྲོད་དུ། ཁྱིམ་བྱའི་ལུས་ཀྱི་དྲོད་

ཚད་ཕྱིར་གཏོང་བ་ཙུང་མང་བ་དང་། གཟན་ཟ་ཚད་ཇེ་ཆེར་སོང་ནས་གཟན་ཆག་གི་འགྲོ་གྲོན་ཇེ་ཆེར་འགྲོ་སྲིད་པས། གྲང་ངར་ཆེ་བའི་དགུན་གྱི་དུས་སུ་ཕྱིམ་བྱའི་ཐོན་སྐྱེད་ཀྱི་ནུས་པ་ཇེ་དམར་ཆག་སྲིད་པ་ཡིན། དེ་བས། གསོ་ཚགས་དོ་དམ་གྱི་གོ་རིམ་ཁྲོད་དུ། ཅི་ནུས་ཀྱིས་ཆུ་བཀོལ་བ་ཇེ་ཉུང་དུ་གཏོང་བ་དང་། དུས་ལྟར་རྟུག་བྲུན་གཙང་མར་ཕྱགས་པ། བཏིང་བའི་འཇིག་སྔོག་བརྗེ་གསོར་བྱེད་པ། བྱ་ཁང་ནང་དུ་རླུང་ལེགས་པར་རྒྱུ་བ་སྲུང་འཛིན་བྱེད་པ་སོགས་ཀྱི་བྱ་བ་ལེགས་པར་སྒྲུབ་ན། བྱ་ཁང་ནང་གི་རླན་ཚད་ཇེ་དམར་གཏོང་ཐུབ་པ་ཡིན་ནོ། །

(ལྔ)རླུང་རྒྱུ་བར་བྱས་ནས་མཁའ་དབུགས་བརྗེ་གསོར་བྱེད་པ།

རླུང་རྒྱུ་བར་བྱས་ནས་མཁའ་དབུགས་བརྗེ་གསོར་བྱེད་པ་དེས་དབྱང་དབུགས་ཁ་གསབ་བྱེད་པ་དང་། བྱ་ཁང་ནང་གི་ཆུ་རྫུལ་དང་གནོད་པ་ཅན་གྱི་དབུགས་གཟུགས་ཕྱིར་འབུད་པར་བྱས་ནས། བྱ་ཁང་ནང་གི་མཁའ་དབུགས་དེ་གསར་བ་ཡིན་ཞིང་དྲོད་ཚད་འོས་འཚམ་ཡིན་པ་ཞིག་སྲུང་འཛིན་བྱེད་ཐུབ་པ་ཡིན། དེ་དང་བྱ་ཁང་ནང་གི་དྲོད་ཚད་དང་རླན་ཚད་ལ་འབྲེལ་བ་དམ་པོ་ཡོད། ཚ་བ་ཆེ་བའི་དབྱར་གྱི་དུས་ཚིགས་སུ་རླུང་རྒྱུ་བར་བྱས་ནས་མཁའ་དབུགས་བརྗེ་གསོར་བྱེད་པའི་བྱ་བར་ཤུགས་བསྣོན་པ་དང་། གྲང་ངར་ཆེ་བའི་དགུན་གྱི་དུས་ཚིགས་སུ་བྱ་ཁང་ནང་དུ་རླུང་རྒྱུ་བ་ཇེ་ཉུང་གཏོང་དགོས་པ་ཡིན་མོད། འོན་ཀྱང་བྱ་ཁང་ནང་གི་མཁའ་དབུགས་གསར་བ་ཞིག་ཡིན་པར་མཁའ་དབུགས་བརྗེ་གསོར་གྱི་ཚད་ངེས་ཅན་ཞིག་སྲུང་འཛིན་བྱེད་དགོས་པ་ཡིན། བྱ་ཁང་ནང་གི་ཕྱིམ་བྱར་གནོད་པ་ཙུང་ཆེ་བའི་གནོད་པ་ཅན་གྱི་དབུགས་གཟུགས་ནི།

1.དབྱང་གཉིས་སྣན་འགྱུར། དེ་ནི་གཙོ་བོ་བྱ་ཕྲུས་དབུགས་འབྱིན་རྔུབ་བྱེད་དུས་ཐོན་པ་ཞིག་ཡིན་ལ། སྤྱིར་བཏང་དུ་བྱ་ཁང་ནང་གི་དབྱང་གཉིས་སྣན

འགྱུར་གྱི་འདུས་ཚད 2%ལས་བརྒལ་མི་རུང་བའི་ཐྣང་བྱ་ཡོད་པ་དང་། 5%ལས་བརྒལ་བའི་སྐབས་སུ་ཁྱིམ་བྱར་དུག་ཟོག་འགྲོ་བ་ཡིན།

2.ཨྣན་དབུགས། དེ་ནི་གཙོ་བོ་ཁྱིམ་བྱའི་རྐུག་སྦྲུན་དང་། བྱ་ཁང་གི་མཐིལ་ངོས་སུ་བཏིང་བའི་རྩྭ་སྐྱུ་དེ་མཁའ་དབུགས་དང་འབྲུ་ལྡོག་རང་བཞིན་གྱི་འབུ་ཕྲས་གྱིས་འགྱེད་བྱུང་དུ་བཅུག་པ་ལས་ཐོན་པ་ཡིན་ལ། ཨྣན་དབུགས་དེ་ཆུ་རྡུལ་འདུས་པའི་ངོས་སམ། ཁྱིམ་བྱའི་ཁ་དང་། སྣ། མིག་སོགས་འབྱར་བག་ཅན་གྱི་ངོས་དང་། མིག་སྐྱིབས་ཀྱི་ངོས་སོགས་སུ་འབྱར་སླ་བས། ཐད་ཀར་ཁྱིམ་བྱར་གནོད་པ་བཟོ་བ་ཡིན། སྤྱིར་བཏང་དུ་དེའི་འདུས་ཚད 0.02%ལས་བརྒལ་མི་རུང་བ་ཡིན།

3.ལིག་ཧྭ་ཆིན། དེ་ནི་ལིག་འདུས་པའི་སྐྱེ་ལྡན་དངོས་པོ་གྱིས་འགྱེད་ལས་བྱུང་བ་དང་། དམིགས་ཚད་ལས་བརྒལ་བའི་དུས་སུ་དོད་དྲག་རང་བཞིན་གྱི་གློ་ཚ་དང་། གློ་བ་ཆུ་སྐྲངས་ཀྱི་ནད། གྲུབ་ཆའི་དབྱང་དབུགས་མི་འདང་བ་སོགས་ཀྱི་ནད་རིགས་འབྱུང་སྲིད་པ་ཡིན།

4.སྐྱེ་དངོས་ཕྲ་རབ་ཀྱི་རྡུལ་ཕྲ། བྱ་ཁང་ནང་གི་སྐྱེ་དངོས་ཕྲ་རབ་སྣ་ཚོགས་རྡུལ་ཕྲ་དང་ཆུ་རྡུལ་སོགས་ཀྱི་སྟེང་འབྱར་ནས་ཡོད་པ་ལ། ཁྱིམ་བྱས་དེ་མིད་པ་ན་དབུགས་ལེན་མ་ལག་ལ་ནད་རིགས་སྣ་ཚོགས་སློང་ཞིང་མཆེད་པར་བྱེད་པ་ཡིན།

ལེའུ་དྲུག་པ། བྱ་གསོ་ར་བའི་འཕྲོད་སྐྱེན་དང་ནད་རིགས་གཙོ་བོ་འགའི་སྔོན་འགོག

ས་བཅད་དང་པོ། རིམས་འགོག་ལག་རྩལ་དང་གོ་རིམ།

གཅིག རིམས་འགོག་ལག་རྩལ།

ཁྱིམ་བྱའི་ཕྱི་རོལ་གྱི་ནད་རིགས་མང་པོའི་འགོ་ཚད་དེ་ཕག་དང་བ་གླང་སོགས་སྒོ་ཕྱུགས་གང་ལས་ཀྱང་མཐོ་བ་ཡིན་པས། རང་འགུལ་སྒོས་རིམས་འགོག་བྱེད་ཐབས་སྤྱོད་པར་མཐོང་ཆེན་བྱེད་དགོས་པ་སྟེ། རིམས་འགོག་སྨན་ཁབ་བརྒྱབ་ནས་འགོ་ཤུགས་དྲག་པའི་ནད་རིགས་མང་པོ་སྔོན་འགོག་བྱེད་པ་དང་། ལྷག་པར་དུ་མ་ལི་ཁོའི་ནད་དང་། གྲོང་ཁྱེར་གསར་བའི་རིམས་ནད། སྒོ་ཡུའི་ཡན་ལག་གཉན་ཚད་ཀྱི་འགོ་ནད། གྲེ་བ་དང་སྒོ་ཡུའི་གཉན་ཚད་ཀྱི་འགོ་ནད་སོགས་ཀྱི་ནད་རིགས་སྔོན་འགོག་བྱེད་དགོས། རིམས་འགོག་སྨན་ཁབ་རྒྱག་པ་ནི་ནད་རིགས་འདི་དག་སྔོན་འགོག་བྱེད་པའི་ཐབས་ཤེས་གཙོ་བོ་ཞིག་ཡིན། རིམས་འགོག་སྨན་ཁབ་རྒྱག་པའི་གོ་རིམ་ཁྲིད། གཤམ་གྱི་ཕྱོགས་གསུམ་གྱི་གནད་དོན་ལ་མཉམ་འཛོག་བྱེད་དགོས།

(གཅིག)ཚན་རིག་དང་མཐུན་པའི་རིམས་འགོག་གོ་རིམ་འཛུགས་པ།

བྱ་ཁྱུ་གསོ་ཚགས་ཀྱི་རིམས་འགོག་གོ་རིམ་དེ། ནད་རིགས་ཀྱི་འགོ་ཁྱབ་གནས་ཚུལ་གཞིར་བཟུང་ན། རྒྱལ་ཁབ་དང་ས་གནས་མི་འདྲ་བའི་རིམས་འགོག་གོ་རིམ་མི་འདྲ་བ་ཡིན། རང་རྒྱལ་གྱི་ནད་རིགས་འགོ་ཁྱབ་ཀྱི་གནས་ཚུལ་གཞིར་

བཟུང་སྟེ། གྲུང་པོའི་སྔོ་ཕྱུགས་ལས་རིགས་མཉམ་འབྲེལ་ལྷན་ཚོགས་ཀྱིས་གཞམ་གྱི་རིམས་འགོག་གོ་རིམ་ཞིག་ཀུན་ལ་དཔྱད་གཞིའི་ཚུལ་དུ་གཏན་ཁེལ་བྱས་ཡོད་དེ།

1.གྲོང་ཁྱེར་གསར་པའི་རིམས་ནད། ནད་རིགས་འདིའི་སྔོན་འགོག་ནི་དུག་སྲིན་འགོག་རྫས་ལྷ་ཞིབ་ཚོད་ལེན་གྱི་རྨང་གཞིའི་སྟེང་དུག་གཙོམ་འགོག····སྨན་དང་འོ་སྨུམ་འབུ་གསོད་འགོག་སྨན་བཟུང་འབྲེལ་བྱེད་པའི་བྱེད་ཐབས་ལ·········བརྟེན་ནས་རིམས་འགོག་བྱེད་དགོས་པ་ཡིན། ན་ཚོད་ཉིན་གྲངས 10ཅན་ལ IV རྒྱུད་འགོག་སྨན་ཆུ་མིག་དང་སྣ་ནང་དུ་གཏིག་པ་དང་། དེ་དང་མཉམ་དུ་སྐྱེ·····ལྤགས་འོག་ཏུ་འོ་སྨུམ་འགོག་སྨན 0.3~0.5ཏའོ་ཧྲིན/ཁྱིམ་བྱ་བརྒྱག་པ་དང་། ན་ཚོད་ཉིན་གྲངས 120 ~140ཅན་ལ་འོ་སྨུམ་འགོག་སྨན 0.5ཏའོ་ཧྲིན/ཁྱིམ་བྱ་རྒྱག་དགོས།

2.མ་ལི་ཁོའི་ནད། ན་ཚོད་ཉིན་གྲངས 1ཅན་ལ་སྐྱེ་ལྤགས་འོག་ཏུ་འགོག་སྨན MDརྒྱག་པ་དང་། འགོ་ཁྱབ་དྲག་པའི་ས་ཁུལ་དུ་གཉིས་སྦེབ་འགོག་སྨན HVT +SB −1རྒྱག་དགོས། (ཚིས་གཞི 4000PFUལས་ཉུང་མི་རུང་བ་ཡིན)

3.ཕྲ་རྒྱུད་ཐུམ་སྦོད་ཀྱི་འགོ་ནད། ནད་འགོག་ཆུ་ཚད་གཞིར་བཟུང་ནས་རིམས་འགོག་དང་པོ་བརྒྱག་པའི་ན་ཚོད་ཉིན་གྲངས་གཏན་ཁེལ་བྱེད་དགོས་པ·····དང་། ན་ཚོད་ཉིན་གྲངས 10 ~14ཅན་ལ་དུག་ཤུགས་འབྲིང་ཙམ་གྱི་འགོག་སྨན་ཆུར་སྤྲུང་ནས་ལྡུད་པ་དང་། ན་ཚོད་ཉིན་གྲངས 21 ~24ཅན་ལ་རིམས་འགོག་སྨན་རྫས་ཐེངས་གཉིས་པ་བརྒྱག་དགོས། སོན་བྱ་ན་ཚོད་ཉིན་གྲངས 120 ~140 ཅན་ལ་འོ་སྨུམ་འགོག་སྨན་བརྒྱག་དགོས།

4.གྲེ་བ་དང་སྨྲོ་ཡུའི་གཉན་ཚད་ཀྱི་འགོ་ནད། ན་ཚོད་ཉིན་གྲངས 20 ~ 42ཅན་ལ་དུག་གཙོམ་འགོག་སྨན་མིག་ནང་དུ་གཏིག་པའི་རིམས་འགོག་བྱེད·······

ཐབས་སྐྱོད་དགོས་པ་དང་། གཟའ་འཁོར་6རེའི་བར་ནས་རིམས་འགོག་བྱེད་ཐབས་དེ་ལྟ་བུ་ཐེངས་རེ་སྐྱོད་དགོས་པ་ཡིན།

5.ཀློ་ཡུའི་ཡན་ལག་གཉན་ཚད་ཀྱི་འགོ་ནད། ན་ཚོད་ཉིན་གྲངས་7ཡི་ནང་ཚུད་ལ་རིམས་འགོག་སྨན་རྫས་H120ཚུར་སྒྲུང་ནས་ལྷུད་པ་དང་། ན་ཚོད་ཉིན་གྲངས་21ལ་བསླེབ་དུས་གོང་གི་རིམས་འགོག་བྱེད་ཐབས་དེ་སླར་ཡང་ཐེངས་གཅིག་སྐྱོད་དགོས་པ་ཡིན།

6.བྱ་དེའི་འབྲུམ་བུ། ན་ཚོད་ཉིན་གྲངས་25 ~35ཅན་ལ་གཙག་པའི་རིམས་འགོག་བྱེད་ཐབས་སྐྱོད་དགོས་པ་དང་། ན་ཚོད་ཉིན་གྲངས་120~140ལ་བསླེབ་དུས་ཡང་བསྐྱར་ཐེངས་གཅིག་གཙག་པའི་རིམས་འགོག་བྱེད་ཐབས་སྐྱོད་དགོས་པ་ཡིན།

7.ཀླད་པའི་གཉན་ཚད་ཀྱི་འགོ་ནད། ན་ཚོད་ཉིན་གྲངས་10 ~13ཅན་ལ་དུག་གཉོམ་འགོག་སྨན་གཙག་དགོས།

8.ནད་དུག་རང་བཞིན་ཅན་གྱི་རྡུས་ཚོགས་གཉན་ཚད། ཤ་སྐྱོད་ཁྱིམ་བྱར་སྐྱོད་པ་སྟེ། ན་ཚོད་གཟའ་འཁོར་2ཅན་ལ་དུག་གཉོམ་འགོག་སྨན་བཀོལ་བ་དང་། ན་ཚོད་ཉིན་གྲངས་120ཅན་ལ་འོ་སྐྱུམ་འགོག་སྨན་བརྒྱག་དགོས།

9.རྣ་བའི་གཉན་ཚད་ཀྱི་འགོ་ནད། ན་ཚོད་གཟའ་འཁོར་3 ~5ཅན་དང་ན་ཚོད་ཉིན་གྲངས་120ཅན་ལ་སོ་སོར་འོ་སྐྱུན་འགོག་སྨན་ཐེངས་རེ་བརྒྱག་དགོས།

(གཉིས)རྒྱུན་སྐྱོད་ཀྱི་རིམས་འགོག་བྱེད་ཐབས།

རྣ་ཁུང(མིག་ནང)དུ་གཏིག་པའི་རིམས་འགོག་བྱེད་ཐབས་དང་། ཚུར་སྒྲུང་ནས་ལྷུད་པའི་རིམས་འགོག་བྱེད་ཐབས། སྨན་ཆུ་གཏོར་བའི་རིམས་འགོག་བྱེད་ཐབས། སྐྱི་ལྤགས་འོག་ཏུ་གཙག་ཁབ་བརྒྱག་པ། ཤ་གནད་ཀྱི་གསེང་དུ་

གཙག་ཁབ་བརྒྱག་པ། གཙག་འདེབས་ཀྱི་རིམས་འགོག་བྱེད་ཐབས། གཟན་ཆག་དང་བསྲེས་པའི་རིམ་འགོག་བྱེད་ཐབས། རྒྱབ་ཁ་ཕྱིས་པའི་རིམས་འགོག་བྱེད་ཐབས་སོགས་ཡོད།

(གསུམ)རིམས་འགོག་གི་སྐབས་སུ་མཉམ་འཇོག་བྱེད་དགོས་པའི་དོན་ཚན།

1.རྒྱུ་ཕྱུགས་ལ་ཁག་ཐེག་ཡོད་པའི་རིམས་འགོག་སྨན་རྫས་འདེམས་པ་དང་། དེའི་བཀོལ་སྟངས་ལ་བྱང་ཆ་ལྡན་དུ་འཇུག་པ། ཚན་རིག་དང་མཐུན་པའི་རིམས་འགོག་འགྲོ་རིམ་ལྟར་དུ་རིམས་འགོག་བྱེད་ཐབས་སྤྱོད་པ་བཅས་བྱེད་དགོས།

2.དུག་གི་རང་བཞིན་ཆུང་བ་དང་། རིམས་འགོག་གི་ནུས་པ་བཟང་བ། རིམས་འགོག་ནུས་ཡུན་རིང་བའི་འགོག་སྨན་བཟང་པོ་འདེམ་དགོས།

3.བྱ་ཕྲུ་ཡོངས་བདེ་ཐང་ཡིན་ཞིང་ནད་མེད་པའི་དུས་སུ་རིམས་འགོག་བྱེད་ཐབས་བཀོལ་དགོས།

4.རིམས་འགོག་སྨན་རྫས་དེ་བསྟེབས་མ་ཐག་འཕྲལ་དུ་སྤྱོད་པ་དང་། ནན་ཏན་གྱིས་བླང་བྱ་ལྟར་སྤྱོད་དགོས།

5.ཅི་ནུས་ཀྱིས་རིམས་འགོག་སྨན་ཁབ་རྒྱག་པའི་དུས་ཀྱི་སྨན་ལོག་འབྱུང་ཚད་ཇེ་ཆུང་དུ་གཏོང་དགོས།

6.རིམས་འགོག་སྨན་ཁབ་རྒྱག་པའི་དུས་ཡུན་ནང་དུ་འོས་འཚམ་གྱིས་སྤྲི་དཀར་གཟན་ཆག་ཇེ་མང་དུ་བཏང་སྟེ། ཁྱིམ་བྱའི་རིམས་འགོག་ཕན་ནུས་ལེགས་པར་ཐོན་དུ་འཇུག་དགོས།

7.བྱ་ནད་ཀྱི་རིམས་འགོག་གོ་རིམ་དེ་བྱ་ནད་རིགས་སོ་སོའི་ནད་ཀྱི་ཁྱད་ཆོས་གཞིར་བཟུང་ནས། འགོས་ཁྱབ་སླ་བའི་ཉིན་དེ་སྔོན་ལ་རིམ་འགོག་བྱེད་

ཐབས་སྤྱོད་དགོས།

གཉིས། རིམས་འགོག་གི་གོ་རིམ།

རིམས་འགོག་གི་གོ་རིམ་བཟོ་བ་དེ་ངེས་པར་དུ་ས་གནས་དེ་གའི་རིམས་ནད་འགོ་ཁྱབ་ཀྱི་གནས་ཚུལ་དང་། གསོ་ཚོགས་རྫོ་དམ་གྱི་ཆུ་ཚད། མ་ཕྱུགས་དུག་སྲིན་འགོག་རྫས་ཀྱི་ཆུ་ཚད་ཀྱི་མཐོ་དམའ་བཅས་གཞིར་བཟུང་ནས་རིམས་འགོག་སྨན་རྫས་ཀྱི་རིགས་དང་། བྱེད་ཐབས། རིམས་འགོག་གི་དུས་ཚོད། ཐེངས་གྲངས་སོགས་ཐག་གཅོད་བྱེད་དགོས་པ་ཡིན། ཚ་རྐྱེན་འཛོམ་པའི་བྱ་གསོ་ར་བས་རིམས་འགོག་ལྟ་ཞིབ་ཚད་གཞིར་བཟུང་ནས་རིམས་འགོག་མཇུག་འབྲས་ཐག་གཅོད་བྱེད་ཆོག རིམས་འགོག་གི་གོ་རིམ་ནི་རེའུ་མིག 6–1ལ་ཟུར་ལྟ་བྱས་ཆོག

རེའུ་མིག 6–1 སྒོང་བྱའི་འགོ་ནད་གཙོ་བོའི་རིམས་འགོག་གོ་རིམ།

ན་ཚོད་ཉིན་གྲངས།	འགོག་བཅོས་བྱེད་པའི་འགོ་ནད།	འགོག་སྨན།	འགོག་སྨན་སྤྲོད་ཐབས།	ཟུར་མཆན།
1	མ་ལི་ཁོའི་ནད།	HVTའམ“841”ཡང་ན་ཕན་ནུས་གཉིས་ལྡན་གྱི་འགོག་སྨན HVT “841”	སྐེའི་སྐྱི་ལྤགས་འོག་ཏུ་ཁབ་རྒྱག་པ།	བྱ་ཕྲུག་ཁང་དུ་སྤེལ་བ།
7~10	གྲོང་ཁྱེར་གསར་པའི་རིམས་ནད་དང་སྒྲོ་ཡུའི་ཡན་ལག་གཅན་ཚད་ཀྱི་འགོ་ནད།	གྲོང་ཁྱེར་གསར་པའི་རིམས་ནད་དང་སྒྲོ་ཡུའི་ཡན་ལག་གཅན་ཚད་འགོ་ནད་ཀྱི་གཉིས་སྡེབ་འགོག་སྨན H120	སྣ་ཁུང་དང་མིག་ནང་དུ་གཏིག་པ།	ལྟ་ཞིབ་ཚད་ལེན་གྱི་མཇུག་འབྲས་གཞིར་བཟུང་སྔེ་འགོག་སྨན་དང་པོ་བཀོལ་བའི་ན་ཚོད་ཉིན་གྲངས་གཏན་ལ་ཕབ་པ།
10~14	མ་ལི་ཁོའི་རིམས་འགོག་ཐེངས་གཉིས་པ། ཐྲ་རྒྱུད་ཐུམ་སྦོད་ཀྱི་འགོ་ནད།	ན་ཚོད་ཉིན་གྲངས 1ཅན་གྱི་འགོག་སྨན་དང་ཐྲ་རྒྱུད་ཐུམ་སྦོད་ཀྱི་ཕན་ནུས་གཉིས་ལྡན་གྱི་འགོག་སྨན།	ན་ཚོད་ཉིན་གྲངས 1ཅན་དང་འདྲ་བ་དང་། ཆུར་སྦྱང་ནས་ལྡུད་པ།	བཀོལ་ཚད་ལྡབ་འགྱུར་གྱིས་སྤོན་པ།
20~24	བྱ་དེའི་འབྲུམ་བུ། གྲེ་བ་དང་སྒྲོ་ཡུའི་གཅན་ཚད་ཀྱི་འགོ་ནད།	བྱ་དེའི་འབྲུམ་བུའི་དུག་གསོམ་འགོག་སྨན་དང་འགོ་ཁྱབ་རང་བཞིན་གྱི་གྲེ་བའི་གཅན་ཚད་ཀྱི་དུག་གསོམ་འགོག་སྨན།	གཤོག་པའི་འོག་ཏུ་གཙག་པ། ཆུར་སྦྱང་ནས་ལྡུད་པ།	ནད་ཁྱལ་ནས་བཀོལ་བ།

ན་ཚོད་ཉིན་གྲངས།	འགོག་བཅོས་བྱེད་པའི་འགོ་ནད།	འགོག་སྨན།	འགོག་སྨན་སྤྱོར་ཐབས།	ཟུར་མཆན།
25~30	གྲོང་ཁྱེར་གསར་པའི་རིམས་ནད་དང་སྒོ་ཡུའི་ཡན་ལག་གཉན་ཚད་ཀྱི་འགོ་ནད། རྡུ་རྒྱུད་འགོ་ནད།	གྲོང་ཁྱེར་གསར་པའི་རིམས་ནད་དང་སྒོ་ཡུའི་ཡན་ལག་གཉན་ཚད་འགོ་ནད་ཀྱི་གཉིས་སྦྱེལ་འགོག་སྨན H52 རྡུ་རྒྱུད་ཁྱམ་སྔོད་འགོ་ནད་ཀྱི་ཕན་ནུས་གཉིས་ལྡན་གྱི་འགོག་སྨན།	ཆུར་སྦྱང་ནས་ལྡུད་པའམ་ཤ་གནད་དང་པགས་པའི་འོག་ཏུ་ཁབ་རྒྱག་པ།	བཀོལ་ཚད་ལྟབ་འགྱུར་གྱིས་སྟོན་པ།
50~60	ཁྱམ་སྔོད་ནད་དང་གྲེ་བ་དང་སྒོ་ཡུའི་གཉན་ཚད་ཀྱི་འགོ་ནད།	དུག་གསོམ་འགོག་སྨན།	ཆུར་སྦྱང་ནས་ལྡུད་པ།	ནད་ཁྲུལ་ནས་བཀོལ་བ།
70~90	གྲོང་ཁྱེར་གསར་པའི་རིམས་ནད།	ཁུ་སྙོམ 30འམIVརྒྱུད། གྲོང་ཁྱེར་གསར་པའི་འོ་སྦྱམ་འགོག་སྨན།	སྨན་ཆུ་གཏོར་བའམ་ཆུར་སྦྱང་ནས་ལྡུད་པ། ཤ་གནད་དམ་སྐྱི་ལྤགས་འོག་ཏུ་ཁབ་རྒྱག་པ།	གལ་ཏེ་ནད་འགོག་ཆུ་ཚད་མི་དམའ་ན་རིམས་འགོག་འདི་མ་བྱས་ན་ཆོག
110~120	སྒོ་ཡུའི་ཡན་ལག་གཉན་ཚད་ཀྱི་འགོ་ནད། སྙིང་འི་ཕྲོན་ཚད་མར་ཆག་པའི་འདུས་ནད། བྱ་དེའི་འབྲུམ་བུ།	སྒོ་ཡུའི་ཡན་ལག་གཉན་ཚད་ཀྱི་འགོ་ནད H52 སྙིང་འི་ཕྲོན་ཚད་མར་ཆག་པའི་འདུས་ནད་ཀྱི་འོ་སྦྱམ་འགོག་སྨན། བྱ་དེའི་འབྲུམ་བུའི་དུག་གསོམ་འགོག་སྨན།	ཆུར་སྦྱང་ནས་ལྡུད་པ། ཤ་གནད་དང་པགས་པའི་འོག་ཏུ་ཁབ་རྒྱག་པ། གཤོག་པའི་འོག་ཏུ་གཙག་པ།	

ས་བཅད་གཉིས་པ། རྒྱུན་མཐོང་ནད་ཀྱི་འགོག་བཅོས།

ཁྱིམ་བྱའི་རྒྱུན་མཐོང་ནད་རིགས་སྣ་མང་ཞིང་རྐྱོག་འཛིང་ཆེ་ལ་དེ་དག་གི་སྐབས་བདེའི་སྔོན་འགོག་དང་གསོ་བཅོས་བྱ་ཐབས་གཤམ་གསལ་ལྟར།

གཅིག བྱའི་རིམས་ཚམ།

བྱའི་རིམས་ཚམ་ལ་དེ་སྔོན་དར་ཅིག་ལ"བྱ་རིམས"ཞེས་འབོད་པ་དང་། དེ་ནི་བྱ་རིགས་མང་པོའི་དཔུགས་ལམ་དང་ལོ་རྒྱུ། དབང་རྩའི་མ་ལག་ལ་གནོད་པར་བྱེད་པའི་ནད་དུག་རང་བཞིན་གྱི་ནད་ཅིག་ཡིན། ནད་དུག་དང་ཁྲག་རིགས་ལ་གཞིགས་ནས་ནད་སློང་ཉེན་ཆུང་བ་དང་ནད་སློང་ཉེན་ཆེ་བ་གཉིས་སུ་དབྱེ

ཚོག

1.ནད་རྟགས་དང་འགྱུར་ཚུལ། བྱ་ནད་བྱུང་བའི་ཁྱིམ་བྱ་དག་སློ་ལུ་བ་དང་སྲིད་པ། སྒྲོ་བར་སོག་སྒྲ་འབྱུང་བ། མིག་ཆུ་མང་བ། སྔོང་གཏོང་ཚད་ཉུང་དུ་འགྲོ་བ། ཁོག་པ་བཤལ་བ། ཁ་ངོ་དང་མིག་སྐྲངས་པ། རྟོམ་འཐོར་བ་སོགས་ཀྱི་ནད་རྟགས་མངོན་པ་ཡིན། དཔེ་གཞི་ཅན་གྱི་ནད་ཀྱི་འགྱུར་ཚུལ་ནི་ངོ་གདོང་སྔོ་སྨུག······དུ་འགྱུར་བ་དང་སྐྲངས་པ། བསམ་བསེའུ་སྐྲངས་ནས་ཁྲག་ཤོར་བ་དང་ཡང་ན་བྲང་ཁོག་གི་ཚིལ་དང་སྙེར་མོའི་གནས་སུ་ཁྲག་ཤོར་བ་དེ་ཡིན།

2.ནད་འདི་ལ་མིག་སྔར་འགོག་སྨན་སོགས་མེད་པས། གཙོ་བོ་ཕྱུགས་བསྲུས་ཀྱི་འགོག་བཅོས་དང་རིམས་ནད་ཞིབ་བཤེར་ལ་ཤུགས་བསྐྱོན་པའི་བྱེད······ཐབས་ལ་བརྟེན་ནས་བྱ་ཁྱུ་ཡོངས་ལ་འགོ་བར་མི་བྱེད་པ་དེ་ཡིན།

གཉིས། གྲོང་ཁྱེར་གསར་བའི་རིམས་ནད།

གྲོང་ཁྱེར་གསར་བའི་རིམས་ནད་ལ་ཨེ་ཤེ་ཡའི་བྱ་རིམས་ཞེས་ཀྱང་འབོད། འདི་ནི་ནོད་དྲག་རང་བཞིན་ཅན་དང་ནད་དུག་རང་བཞིན་ཅན་གྱི་འགོས་ནད······ཅིག་ཡིན་ལ་བྱ་རིགས་ལས་ཁྱིམ་བྱ་ལ་འགོ་སླ་བ་ཡིན། ནད་འདིའི་མགོ་ཁུངས་ནི་དུག་ནད་འགོས་ཡོད་པའི་ཁྱིམ་བྱ་དང་བྱ་རོ་ཡིན། ནད་དུག་འདིའི་རིགས···དབུགས་རྒྱུ་ལམ་དང་ཟས་རིགས་འཇུ་ལམ། མིག་ཐྲིན་དང་མངལ་ལམ། རྨ་ཁ···ཡོད་པའི་པགས་པ་སོགས་བརྒྱུད་དེ་ལུས་ཕུང་ནང་འཛུལ་བ་ཞིག་ཡིན། ནད་འདི་ལ་དུས་ཚིགས་རང་བཞིན་དང་བྱ་རིགས་གང་ལའང་དམིགས་བསལ་མེད་པར······འགོས་ཁྱབ་བྱུང་བ་ཞིག་ཡིན།

1.ནད་རྟགས་གཙོ་བོ་དང་ནད་ཀྱི་འགྱུར་ཚུལ། བྱ་ཁྱུ་ཡོངས་ལ་སློ་བུར་དུ་ནད་བྱུང་ནས་ཤི་ཚད་ཇེ་མཐོར་འགྲོ་བ་དང་། ཟས་ལ་ཡི་ག་མེད་པ། དབང་པོ་མི་གསལ་བ། ཁ་སྣ་ལས་ལྷན་ལྷིན་མང་དུ་འཛག་པ། དབུགས་འཚངས་པ་དང་རྫུར་

སྒྲ་འབྱུང་བ། ཧུག་སྤྲུན་དཀར་ཤས་ཅན་དང་ཡང་ན་སྔོ་སེར་ཅན་འབྱུང་བ་སོགས་ཡིན།

2.འགོག་བཅོས། ①རིམས་འགོག་ལམ་ལུགས་འཐུས་ཚང་ཅན་དུ་གཏོང་བ། ②འགོག་སྨན་རྒྱག་པ་གཙིགས་སུ་འཛིན་པ། ③ནད་འདི་བྱུང་བ་ཤེས་མ་ཐག་མྱུར་དུ་བྱ་ནད་བྱུང་བའི་བྱ་ཁྱུ་ཁེར་འགོག་བྱས་ནས་དུག་སེལ་བྱེད་པ། ④ཤི་ཟིན་པའི་བྱ་རོ་དང་ཧུག་སྤྲུན་དག་མེར་བསྲེག་པའམ་ཡང་ན་ས་འོག་ཏུ་འཇུག་དགོས།

གསུམ། ཐྭ་རྒྱུད་ཐུམ་སྐྲོད་ཀྱི་འགོ་ནད།

ཐྭ་རྒྱུད་ཐུམ་སྐྲོད་ཀྱི་འགོ་ནད་ནི་གཙོ་བོ་བྱ་ཕྲུག་ལ་གནོད་པ་ཆེ་བའི་འགོ་ནད་ཅིག་ཡིན་ལ་ཐུག་རེག་ལས་འགོ་ཁྱབ་བྱུང་བའི་ཁྱད་ཆོས་ལྡན་པ་དང་། ནད་དུག་དེ་ཐུག་རེག་བྱུང་བའམ་ཡང་ན་ནད་དུག་འགོས་པའི་བར་བརྒྱུད་དངོས་པོ་ཞིག་ལ་བརྟེན་ནས་མཆེད་པར་བྱེད་པ་དང་། ལུས་ཕུང་ནང་དུ་འགྲོ་བའི་ལམ་གཙོ་བོ་ནི་དབུགས་རྒྱུ་ལམ་དང་ཟས་རིགས་འཇུ་ལམ་གཉིས་ཡིན་ནོ།།

1.ནད་རྟགས་གཙོ་བོ་དང་ནད་ཀྱི་འགྱུར་ཚུལ། བྱ་ཕྲུག་ལ་གློ་བུར་དུ་ནད་བྱུང་བ་དང་ཤི་བའི་ནད་རྟགས་འབྱུང་བ་དང་། ནད་བྱུང་བའི་ཁྱིམ་བྱའི་རིག་པ་མི་གསལ་བ། ཟས་ཀྱི་ཡི་ག་མེད་པ། ཧུག་སྤྲུན་མདོག་དཀར་ཤས་ཆེ་བའི་ཟགས་ཁུ་ཅན་དུ་འབབ་པ། གཤོག་པ་སར་དྲུད་ནས་འགྲོ་བ། ཟབ་རྫིབ་ཏུ་སྣང་བའི་ནད་རྟགས་འབྱུང་བ་དང་། ནད་ཚབས་ཆེ་བའི་ཁྱིམ་བྱའི་ལུས་ཟུངས་ཆེས་ཆེར་ཟད་ནས་ཤི་འགྲོ་བ་ཡིན། ནད་བྱ་ཁ་ཤས་ཉིན་ཤས་རྗེས་ནས་ནད་དྲག་པར་འགྱུར་ནའང་། འཚར་སྐྱེ་ཇེ་དལ་དུ་འགྲོ་བ་ཡིན།

2.འགོག་བཅོས། ①རིམས་འགོག་སྨན་བཅོས་ལེགས་པོར་སྒྲུབ་པ། ②ནད་ཐོག་མར་བྱུང་བའི་བྱ་ཁྱུ་ལ་འཕྲལ་དུ་རིམས་འགོག་ནུས་པ་མཐོ་བའི་སྔོང་ཁྱུ་

སེར་པོ་བཀྲུག་པ། ③གསོ་ཚགས་དོ་དམ་དང་འཕྲོད་སྟེན་རིམས་འགོག་བྱེད་ཐབས་ལ་ཤུགས་སྣོན་དགོས། ④རྗེས་མཐུད་འགོ་ཁྱབ་ལ་ཚོད་འཛིན་བྱེད་དགོས།

བཞི། མ་ལེ་ཡོའི་ནད།

མ་ལེ་ཡོའི་ནད་ནི་ནད་དུག་རང་བཞིན་གྱི་འགོ་ནད་ཅིག་ཡིན་ལ། གཙོ་བོ་ཁྲིམ་བྱུར་འགོ་སླ་བ་དང་། དེའི་འགོ་སླའི་རང་བཞིན་ནི་ན་ཚོད་ཉིན་གྲངས་ཇེ་མཐོར་སོང་བ་དང་བསྟུན་ནས་ཇེ་དམར་འགྲོ་བ་དང་། ནད་བྱ་དང་ནད་དུག་འགོས་པའི་ཁྲིམ་བྱ་ནི་འགོ་ཁྱབ་ཀྱི་ཁུངས་གཙོ་བོ་ཞིག་ཡིན་ལ། དབུགས་ལམ་དང་ཟས་རིགས་འཇུ་ལམ། ནད་བྱའི་སྒྲོ་སྤུ་སོགས་བརྒྱུད་ནས་མཆེད་པར་བྱེད་པ་ཡིན།

1.ནད་རྟགས་གཙོ་བོ་དང་ནད་ཀྱི་གྱུར་ཚུལ། ①དབང་རྩའི་རིགས་ཏེ། རྐང་པ་འཁྲོམ་ཞིང་སྒྲིད་པ་དང་། རྐང་པ་གཉིས་པོ་རྒྱང་བཀྱེད་པའི་ཚུགས་ཀ་མངོན་པ་དང་། གཉོག་པ་ཐུར་དུ་འཕྱང་པ། ཟེ་བའི་མདོག་མི་ལེགས་པ། རྐམ་ཞིང་རིད་པ། མཚང་རུས་དང་གཉོག་རྩ་སྐྲངས་པ། སྤུ་མདོག་ཉམས་པ་སོགས་ཀྱི་ནད་རྟགས་འབྱུང་བ་དང་། ②འབྲས་སྐྲན་གྱི་རིགས་ཏེ། སྐྱི་ཤྭགས་ལ་སྦྲ་ཆགས་པ་དང་། དོན་སྙིང་དེ་མཆེན་པ་དང་། མཁལ་མ། སྙིང་སོགས་སུ་འབྲས་སྐྲན་ཆགས་པ། རིག་པ་མི་གསལ་བ། ཡི་ག་འགག་པ། རིམ་གྱིས་ལུས་རིད་པ། ལྒྱི་བུར་དུ་ཤི་བ་སོགས་ཀྱི་ནད་རྟགས་འབྱུང་བ་ཡིན།

2.འགོག་བཅོས། ①འཕྲོད་སྟེན་དུག་སེལ་ལམ་ལུགས་ལག་བསྟར་ནན་མོ་བྱས་ཏེ། སོན་བྱ་དང་། བྱ་ཕྲུག བྱ་ཕྲུག་གི་ཁང་པ་སོགས་ལ་དུག་སེལ་བྱེད་པ་དང་། ②ན་ཚོད་ཉིན་གཅིག་ཅན་གྱི་བྱ་ཕྲུག་ལ་རིམས་འགོག་བྱ་བ་ལེགས་པོར་སྒྲུབ་པ་དང་། བྱ་ཕྲུག་ལ་ཆེས་བཟང་ན་ཕན་ནུས་གཉིས་ལྡན་ནམ་གསུམ་ལྡན་གྱི

འགོག་སྨན་བརྒྱག་དགོས།

ལྔ། གློ་བའི་ཡན་ལག་གཉན་ཚད་ཀྱི་འགོ་ནད།

གློ་བའི་ཡན་ལག་གཉན་ཚད་ཀྱི་འགོ་ནད་ནི་ཁྱིམ་བྱར་བྱུང་བ་དང་དེ་ལས་ཀྱང་བྱ་ཕྲུག་ཁོ་ན་ལ་འབྱུང་བའི་ནད་ཅིག་ཡིན། བྱ་ནད་བྱུང་ཡོད་པ་དང་ནད་དུག་འགོས་པའི་ཁྱིམ་བྱ་ནི་འགོས་ཁྱབ་ཀྱི་ཁུངས་གཙོ་བོ་ཡིན། ནད་འདི་དབུགས་ཀྱི་རྒྱུ་ལམ་དང་འཇུ་ལམ་ལས་འགོས་ཁྱབ་བྱུང་བ་ཞིག་ཡིན།

1.ནད་རྟགས་གཙོ་བོ་དང་ནད་ཀྱི་གྱུར་ཚུལ། ①འབྱིན་རྫབ་རང་བཞིན་ཅན་གྱི་རིགས་ཏེ། ཁ་གདངས་ནས་དབུགས་འབྱིན་རྫབ་བྱེད་པ་དང་སྦྲིད་པ། གློ་ལུ་བ། དབུགས་ལམ་ལས་སོག་སྒྲ་འབྱུང་བ། ལུས་ཡོངས་ཀྱི་ཟུངས་ཟད་པ། གྲང་ཞུམ་བྱེད་པ་དང་དབང་པོ་མི་གསལ་བ། ཟས་ལ་ཡི་ག་མེད་པ་དང་སྒྲོ་སྤུ་གཟིངས་པའམ་གཤང་མདོག་དཀར་བ། སྒོང་གཏོང་ཚད་གློ་བུར་དུ་ཇེ་ཉུང་དུ་འགྲོ་བའམ་རྒྱུ་སྤུས་ཞན་པ། དབུགས་ལམ་དང་སྣ་སྒོ་ལས་བད་ཀན་ལྡན་ལྡེན་ཅན་འཛག་པའི་ནད་རྟགས་འབྱུང་བ་དང་། ②མཁལ་མའི་རང་བཞིན་ཅན་གྱི་རིགས་ཏེ། བསམ་སེའུ་སྐྲངས་ཤིང་ཁྲག་འཛུམ་པ་དང་། ནད་དུག་འགོས་སྦ་བའི་རིགས་ལ་ཁམས་འདྲེན་སྦུ་གུ་རུབ་ནས་མང་ལ་མི་ཆགས་པ་དང་མཁལ་མ་གཉིས་སྐྲངས་པའམ་ཁ་དོག་སྐྱ་བོར་འབྱུང་བ་ཡིན།

2.འགོག་བཅོས། མིག་སྔར་ནད་འདིའི་རིགས་ལ་ཕན་པའི་སྨན་མེད་པ་ཡིན། ① ནན་ཏན་སྒོས་འགོག་སྨན་རྒྱག་པ་དང་ཁེར་འགོག་བྱེད་པ། དུག་སེལ་བྱེད་པ་སོགས་ཀྱི་འཕྲོད་སྟེན་བྱེད་ཐབས་བཀོལ་དགོས། ②ཁོར་ཡུག་གཙང་སྦྲ་སོགས་ལ་དོ་སྣང་བྱེད་པ་དང་གཟན་ཆག་བཟང་པོ་བྱིན་ནས་ཁྱིམ་བྱའི་ནད་འགོག་ནུས་པ་མཐོར་འདེགས་སུ་གཏོང་དགོས། ③འགོག་སྨན་རྒྱག་པ་སྟེ། དུག་གཉོམ་འགོག་སྨན་ཁ་སྣ་དང་མིག་ནང་དུ་གཏིག་པ་དང་། ཆུར་སྦྱང་ནས

ལྷུད་པ། དུག་གསོད་འགོག་སྨན་པགས་འོག་གམ་ཡང་ན་ཤ་གནད་ཀྱི་གསེང་དུ་རྒྱག་དགོས།

དྲུག སྐྲ་ཡུའི་གཉན་ཚད་ཀྱི་འགོ་ནད།

སྐྲ་ཡུའི་གཉན་ཚད་ཀྱི་འགོ་ནད་ནི་ཁྱིམ་བྱ་དར་མའི་རིགས་ལ་ནད་རྟགས་མངོན་གསལ་ཅན་ལྡན་པ་ཡིན་ལ། ནད་འདི་ནི་དབུགས་ཀྱི་རྒྱུ་ལམ་དང་མིག་སྒྲིན་སོགས་བརྒྱུད་དེ་འགོས་ཁྱབ་བྱེད་པ་ཡིན།

1.ནད་རྟགས་དང་ནད་ཀྱི་གྱུར་ཚུལ། ནད་ལྡེ་བའི་ཁྱིམ་བྱའི་རིགས་ཀྱིས་ལྷག་པ་དགྱེ་ནས་དབུགས་རྔོད་པ་དང་སྐྲ་ལུ་བ། སྲིད་པ་མང་བ། འཕྱིན་རྫུབ་བྱེད་དཀའ་བ། ལུས་ལ་ཚ་རྒྱས་པ། ཡི་ག་འགག་པ་དང་དབང་པོ་མི་གསལ་བ། ཕོག་པ་བཤལ་བ། ལུད་པ་ལྷན་ལྷིན་ཅན་འོང་བ་སོགས་ཀྱི་ནད་རྟགས་འབྱུང་བ་ཡིན། ནད་ཅུང་ཡང་བའི་ཁྱིམ་བྱའི་རིགས་ལ་མིག་ནད་བྱུང་ནས་མིག་ཆུ་དང་སྣ་ཆུ་མང་དུ་བཞུར་བ། མིག་ལྤིབས་སྐྲངས་པ་སོགས་ཀྱི་ནད་རྟགས་འབྱུང་ཞིང་། ནད་འདིའི་རིགས་ཤི་ཚད་ཞུང་ནའང་སྟོང་གཧོང་ཚད་ཇེ་ཞུང་དུ་འགྲོ་བ་ཡིན། ནད་ཀྱི་གྱུར་ཚུལ་གཙོ་བོ་ནི་མིད་པ་དང་གྲེ་བར་གཉན་ཁ་རྒྱས་ནས་ཁྲག་གམ་ལྷན་ལྷིན་ཅན་འཛག་པ་དང་། ཚབས་ཆེ་དུས་དབུགས་ལམ་འགག་ནས་དབུགས་འཕྱིན་རྫུབ་བྱེད་མི་ཐུབ་པར་ཤི་འགྲོ་བ་ཡིན།

2.འགོག་བཅོས། ①ནན་ཏན་གྱིས་ནད་བྱ་ཁེར་འགོག་གིས་དུག་སེལ་ལམ་ལུགས་རྒྱུན་འཁྱོངས་བྱེད་པ་དང་། བྱ་ཁང་ནང་དུ་རླུང་རྒྱུ་བར་བྱས་ཏེ་མཁའ་དབུགས་བཙེ་གསོར་བྱེད་དགོས། ②འཕྲལ་དུ་རིམས་འགོག་སྨན་ཁབ་རྒྱག་པ་སྟེ། མིག་དང་སྣ་ནང་དུ་གཏིག་པའི་རིམས་འགོག་བྱེད་ཐབས་སྤྱོད་པ་ལས། སྨན་ཆུ་གཏོར་བ་དང་ཆུར་སྦྱང་ནས་ལྷུད་པའི་རིམས་འགོག་བྱེད་ཐབས་སྤྱོད་མི་རུང་བ་ཡིན། ③རྫེས་མཐུད་ཀྱི་རྒྱ་འབུའི་ནད་རིགས་སོགས་བསྐྱེད་པར་

ཚོད་འཛིན་དང་མཉམ་འཛོག་དགོས།

བདུན། བྱ་དེའི་འབྲུམ་བྱ།

ནད་འདི་ནི་ནད་དུག་གིས་བསྐྱེད་པ་ཡིན་ལ། བྱ་ནད་བྱུང་ཡོད་པ་དང་ནད་དུག་འགོས་ཡོད་པའི་ཁྱིམ་བྱ་ནི་འགོས་ཁྱབ་ཀྱི་ཁུངས་གཙོ་བོ་ཡིན།

1.ནད་རྟགས་དང་ནད་ཀྱི་འགྱུར་ཚུལ། ①པགས་ནད་རང་བཞིན་ཅན་ཏེ། ཐོག་མར་པགས་པར་འབྲུམ་པ་དཀར་པོ་འབྱུང་བ་དང་། དེ་དག་ཕན་ཚུན་འདྲེས་ནས་སྐམ་ཤས་དང་རྩུབ་ཤས་ཆེ་བའི་དམར་སྨུག་ཅན་གྱི་སྐྲན་ཆགས་པ་ཡིན། ②པགས་རྩེ་རང་བཞིན་ཅན་ཏེ། འདིའི་རིགས་ལ་གྲེ་བ་དང་མིད་པའི་གནས་ཀྱི་པགས་རྩེ་སྟེང་དུ་ཁ་དོག་སེར་པོ་ཅན་གྱི་འབྲུམ་པ་ཆགས་པ་དང་རིམ་བཞིན་ཇེ་མཐུག་ཏུ་སོང་ནས་དབུགས་ལམ་འགག་ནས་དབུགས་འཇིབ་རྩུབ་དང་ཟས་མིད་དཀའ་བ་ཡིན། ③འདུས་པའི་རང་བཞིན་ཅན་ཏེ། པགས་པ་དང་ཁའི་ནང་དུ་མཉམ་དུ་ནད་ཀྱི་ངོ་བོ་འགྱུར་བ་དང་། ནད་ཚབས་ཆེན་ཤི་ཚད་མཐོ་བ་ཡིན།

2.མིག་སྔར་ནད་འདི་ལ་ཕན་བསྐྱེད་ཆེ་བའི་སྨན་རྫས་མེད་པས་འགོག་སྨན་བརྒྱབ་ནས་སྔོན་འགོག་བྱེད་པ་ནི་ཕན་ནུས་ལྡན་པའི་བྱེད་ཐབས་ཞིག་ཡིན་ནོ།།

ལེའུ་བདུན་པ། བྱ་གསོ་ར་བའི་བདག་གཉེར་དོ་དམ།

ས་བཅད་དང་པོ། བྱ་གསོ་ར་བའི་བདག་གཉེར་དོ་དམ་གྱི་ནང་དོན།

གཅིག བྱ་གསོ་ར་བའི་བདག་གཉེར་དོ་དམ་གྱི་ནང་དོན།

1.བྱ་གསོ་ར་བའི་ཆ་འཕྲིན་གྱི་སྒྲུད་གསོག་དང་། དཔྱེ་ཞིབ། སྔོན་དཔག ཚོང་རའི་དཔལ་འབྱོར་མགྱོགས་མྱུར་ངང་འཕེལ་རྒྱས་འགྲོ་བཞིན་པའི་དེ་རིང་ལ་མཚོན་ན། ཐོན་ལས་ཤིག་འཕེལ་རྒྱས་སུ་འགྲོ་དགོས་ན། ཐོན་སྐྱེད་ཀྱི་ཐོག་མཐའ་བར་གསུམ་གྱི་རྟུས་གཞི་གང་ལའང་ངེས་པར་དུ་ཐོག་མར་ཚོང་རར་བརྟག་དཔྱད་ཞིབ་འཇུག་བྱས་ཏེ་ཚོང་རའི་ཆ་འཕྲིན་སྒྲུད་སྒྲིག་ཤེས་རྟོགས་བྱེད་པ་མ་ཟད་ཚོད་དཔག་དཔྱེ་ཞིབ་བྱེད་དགོས། འདི་ལྟར་བྱས་ན་ད་གཟོད་བདག་གཉེར་དོ་དམ་གྱི་རྟུས་གཞི་ལེགས་པོ་ཞིག་འདིང་ཐུབ་པ་ཡིན།

2.ཐོན་སྐྱེད་མ་བྱས་པའི་སྔོན་གྱི་རྟུས་གཞི། འདི་ལ་བདག་གཉེར་དོ་དམ་ཁ་ཕྱོགས་ཀྱི་རྟུས་གཞི་དང་། ཐོན་སྐྱེད་རྒྱུ་ཆ་ཕྱོན་གྱི་རྟུས་གཞི། གསོ་སྐྱེལ་བྱེད་ཐབས་ཀྱི་རྟུས་གཞི་སོགས་འདུས་པ་ཡིན།

3.འཆར་གཞི་བཟོ་བ། འདི་ལ་ཐོན་རྫས་ཕྱིར་འཚོང་གི་འཆར་གཞི་དང་། ཐོན་རྫས་ཐོན་སྐྱེད་ཀྱི་འཆར་གཞི། བྱ་ཕྲུ་འཁོར་རྒྱུག་གི་འཆར་གཞི། གཟན་ཆག་མཁོ་སྤྲོད་ཀྱི་འཆར་གཞི། ནོར་དོན་གཏོང་འཛིན་གྱི་འཆར་གཞི་སོགས་ཡོད་པ་ཡིན།

4.ངལ་རྩོལ་མི་དོན་རྩ་འཛུགས་དང་དོ་དམ། འདི་ལ་ཐོན་སྐྱེད་དང་འཚམ་པའི་ངལ་རྩོལ་རྩ་འཛུགས་འཛུགས་སྒྲུབ་བྱེད་པ་དང་། ལུགས་མཐུན་གྱིས་ངལ་རྩོལ་ཡོ་བྱད་དང་ངལ་རྩོལ་གྱི་ལས་ཚད་བཀོད་སྒྲིག་བྱེད་པ། ཚན་རིག་དང་མཐུན་པའི་ངལ་རྩོལ་དོ་དམ་ལམ་ལུགས་འཛུགས་པ་སོགས་ཡོད་པ་ཡིན།

5.ནོར་དོན་དོ་དམ། འདི་ལ་མ་དངུལ་གྱི་གཏོང་འཛིན་དོ་དམ་དང་། དཔལ་འབྱོར་ཞིབ་རྩིས་སོགས་ཡོད་པ་དང་། ཚན་རིག་གི་ནོར་དོན་དོ་དམ་བྱེད་ཐབས་ཀྱིས་མ་དངུལ་བཀོལ་སྤྱོད་བྱེད་པ་ལུགས་མཐུན་སྒྲོས་བཀོད་སྒྲིག་བྱེད་ཐུབ་པ་དང་། མ་དངུལ་འཁོར་སྐྱོད་ཇེ་མགྱོགས་སུ་གཏོང་བ། མ་དངུལ་བཀོལ་སྤྱོད་ཀྱི་ཕན་ནུས་ཇེ་མཐོར་གཏོང་བ། ཐོན་སྐྱེད་འཆར་གཞི་དང་ནོར་དོན་གཏོང་འཛིན་འཆར་གཞི་ལག་བསྟར་བྱས་པའི་གནས་ཚུལ་ལ་ཞིབ་བཤེར་བྱེད་པ་སོགས་ལུགས་མཐུན་གྱིས་བཀོད་སྒྲིག་བྱེད་ཐུབ་པ་མ་ཟད། འདིའི་རྨང་གཞིའི་སྟེང་ཉམས་མྱོང་སྤྱི་བསྡོམས་དང་། བདག་གཉེར་དོ་དམ་གྱི་ཆོས་ཉིད་ལེགས་སྦྱར་བྱས་ཏེ་བྱ་གསོར་བའི་དཔལ་འབྱོར་ཕན་འབྲས་ཇེ་མཐོར་གཏོང་ཐུབ་པ་ཡིན།

6.ལག་རྩལ་དོ་དམ། ལག་རྩལ་དོ་དམ་བྱེད་ཐབས་འདིས་བྱ་གསོར་བའི་ཐོན་སྐྱེད་ལག་རྩལ་གྱི་ཆུ་ཚད་དང་ཐོན་རྫས་ཀྱི་ཚན་རྩལ་འདུས་ཚད་མགྱོགས་མྱུར་ངང་ཇེ་མཐོར་བཏང་སྟེ། སྔོན་ཐོན་གྱི་ལག་རྩལ་དེས་ཐོན་སྐྱེད་ཁྲིད་ནུས་པ་སླ་ལྷག་ཏུ་བཏོན་ནས་བྱ་གསོར་བའི་མདུན་གྲས་ཀྱི་ལག་རྩལ་དེ་རྒྱུན་བསྲིང་བྱེད་ཐུབ་པ་ཡིན།

7.ཐོན་རྫས་ཕྱིར་འཚོང་། ཐོན་རྫས་ཉོ་འཚོང་ནི་བདག་གཉེར་དོ་དམ་གྱི་རྩ་བའི་གནད་འགག་ཅིག་ཡིན་ལ། ཐོན་རྫས་རིན་གོང་མཐོན་པོས་ཕྱིར་འཚོང་བ་དང་། དེ་ལ་བརྟེན་ནས་ཚོང་ར་མུ་མཐུད་རྒྱ་བསྐྱེད་དགོས་ན། ངེས་པར་དུ་ཐོན་རྫས་ཕྱིར་འཚོང་གི་ཐབས་ཤེས་ཡག་པོ་ཞིག་དགོས་པ་ཡིན། དེ་ལ་ཐོན་རྫས་དྲིལ་

བསྒྲགས་དང་སྐྱུལ་འཚོང་། ཞབས་ཞུའི་རྣམ་འགྱུར་ལེགས་པོ་སོགས་ཡོད་པ་ཡིན།

8.དཔལ་འབྱོར་ལག་རྩལ་གྱི་ཕན་འབྲས་དབྱེ་ཞིབ། དཔལ་འབྱོར་དོ་དམ་དང་ལག་རྩལ་ཐབས་ཤེས་ཀྱི་ཕན་ནུས་སྣ་ཚོགས་ལ་ཞིབ་བཤེར་དང་སྤྱི་བསྡོམས་བྱེད་དགོས་ན། ངེས་པར་དུ་རྒྱུ་ཆ་མང་པོ་བསྡོམས་རྩིས་བྱས་པ་ལ་བརྟེན་ནས་དུས་ཡུན་ངེས་གཏན་ནམ་ངེས་གཏན་མིན་པའི་སྒོ་ནས་དཔལ་འབྱོར་ལག་རྩལ་ཕན་ནུས་ལ་དབྱེ་ཞིབ་བྱས་ཏེ། དུས་ལྟར་གནད་དོན་ཤེས་སུ་འཇུག་པ་དང་། ཉམས་མྱོང་ལ་སྤྱི་བསྡོམས་བཅས་བྱས་ནས། བདག་གཉེར་དོ་དམ་ལེགས་བཅོས་བྱས་ནས་མུ་མཐུད་དུ་བྱ་གསོ་རབའི་དཔལ་འབྱོར་ཕན་འབྲས་ཇེ་མཐོར་གཏོང་དགོས།

གཉིས། རྩ་འཛུགས་སྒྲིག་གཞི་དང་ངལ་རྩོལ་དོ་དམ།

(གཅིག)བྱ་གསོ་རབའི་རྩ་འཛུགས་སྒྲིག་གཞི་དང་ལས་གནས་འགན་འཁྲི།

1.བྱ་གསོ་རབའི་རྩ་འཛུགས་སྒྲིག་གཞི། (རི་མོ 7–1)

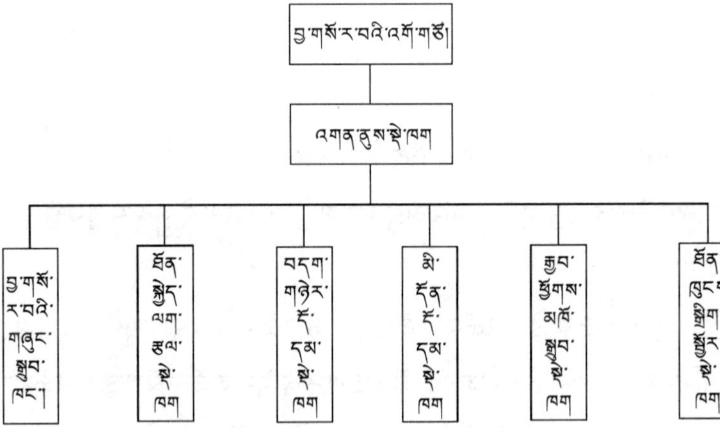

རི་མོ 7–1 བྱ་གསོ་རབའི་རྩ་འཛུགས་སྒྲིག་གཞི།

2.ལས་གནས་འགན་འཁྲི།

(1)བྱ་གསོ་ར་བའི་མགོ་གཙོ། དེས་སྐོང་བྱའི་བྱ་གསོ་ར་བའི་དོ་དམ་ལ་ཕྱུགས་ཡོངས་ནས་འགན་ཁུར་བ་དང་། ཆ་འཛུགས་སྐོས་ཐོན་སྐྱེད་འཆར་གཞི་དང་སྒྲིག་སྲོལ་ལམ་ལུགས་སྣ་ཚོགས་བཟོ་བ་མ་ཟད། ད་དུང་དེ་དག་གི་ལག་བསྟར་གྱི་གནས་ཚུལ་ལ་ལྟ་རྟོག་ཞིབ་བཤེར་བྱེད་པ་ཡིན། ཆ་འཛུགས་སྐོས་བྱ་ཁྱུ་རེ་རེའི་གཟན་ཆག་དོ་དམ་འཆར་འགོད་དང་ཁྱིམ་བྱའི་སྟོན་འགོག་བྱེད་ཐབས་བཟོ་བ་དང་ཐོག་མའི་ཞིབ་བཤེར་བྱེད་དགོས་ལ། སྐྱེ་གཉེར་གཞུང་སྒྲུབ་གྲོས་ཚོགས་ཀྱི་འབྲེལ་ཡོད་ཐག་གཅོད་ལ་འགན་ཁུར་ནས་ལག་བསྟར་བྱེད་དུ་བཅུག་སྟེ། ངེས་གཏན་གྱི་དུས་ཚོགས་རེའི་ནང་དུ་སྐྱེ་གཉེར་གཞུང་སྒྲུབ་གྲོས་ཚོགས་ལ་ཐོན་སྐྱེད་གནས་ཚུལ་སྙན་ཞུ་ཕུལ་དགོས།

(2)བྱ་གསོ་ར་བའི་མགོ་གཙོ་གཞོན་པ། དེས་འཁོར་ཁང་རེ་རེའི་གཟན་ཆག་དོ་དམ་བྱ་བར་འགན་ཁུར་བ་དང་། ལུགས་མཐུན་གྱི་སྒོ་ནས་འཁོར་ཁང་རེ་རེའི་བར་གྱི་མི་སྣ་བརྗེ་གསོར་བྱེད་པ། བྱ་ཁྱུ་རེ་རེའི་སྐོང་བྱའི་གཟན་ཆག་དོ་དམ་འཆར་འགོད་དང་དུས་སྐབས་ཁྱད་པར་དུས་ཀྱི་གསོ་སྐྱེལ་དོ་དམ་བཟོ་བ་དང་། སྒྲིག་སྲོལ་ལམ་ལུགས་སྣ་ཚོགས་གཞི་རྩར་བཟུང་ནས་ལས་གནས་སོ་སོའི་མི་སྣའི་བྱ་བའི་གནས་ཚུལ་ལ་ཞིབ་བཤེར་བྱེད་དགོས་པ་ཡིན།

(3)ལས་རིས་མི་སྣ། དེའི་བྱ་བའི་དུས་ཡུན་ནི་ཉིན་དེའི་གཞུང་སྒྲུབ་གྲོལ་བ་ནས་ཉིན་གཉིས་པའི་གཞུང་སྒྲུབ་མགོ་བརྩམས་པའི་བར་དུ་ཡིན། དགོང་མོའི་ལས་གནས་སོ་སོའི་བྱ་བའི་གནས་ཚུལ་ལ་ཞིབ་བཤེར་བྱེད་པ་དང་། བྱ་ཁང་སོ་སོའི་གནས་ཚུལ་ལ་ཞིབ་བཤེར་བྱེད་པ། ཡུལ་དངོས་ནས་གློ་བུར་དུ་བྱུང་བའི་དོན་རྐྱེན་སྣ་ཚོགས་ཐག་གཅོད་པ། མགོ་ཁྲིད་ཀྱིས་བཀོད་སྒྲིག་བྱས་པའི་གཞན་པའི་བྱ་བ་ལེགས་འགྲུབ་བྱེད་པ་དེ་ཡིན།

(4)འཁོར་ཁང་གི་ཀྲུའུ་རིན། དེས་རང་གི་འཁོར་ཁང་ནང་གི་ལས་མིའི་སྐྱེ་ཁྲིད་དེ་ནན་ཏན་གྱིས་ཀུང་ཁྲའི་སྒྲིག་སྲོལ་ལམ་ལུགས་སྣ་ཚོགས་བརྩི་སྲུང་བྱེད་པ་དང་། རང་གི་འཁོར་ཁང་ནང་གི་ལས་མིའི་སྐྱེ་ཁྲིད་དེ་མཐུན་སྒྲིལ་མཉམ་རེས་བྱེད་པ་དང་། བྱ་བའི་སྒྲིག་རིམ་གཞིར་བཟུང་ནས་ཤུས་ཀ་མཐོན་པོའི་སྒོ་ནས་ཉིན་དེའི་བྱ་བ་སྣ་ཚོགས་འགྲུབ་པར་བྱེད་པ་དང་། ནན་ཏན་གྱིས་ལྟ་ཞིབ་བྱེད་པ་བརྒྱུད་ནས་བྱ་ཁྱུ་དང་བྱ་ཁང་ནང་གི་སྒྲིག་ཆས་སོགས་ཀྱི་གནད་དོན་ཤེས་རྟོགས་བྱེད་པ་དང་། གལ་ཏེ་ཐག་གཅོད་བྱེད་མི་ཐུབ་ན་དེ་འཕྲལ་གོང་རིམ་ལ་སྙན་ཞུ་འབུལ་དགོས། རིམས་འགོག་སྡེ་ཁག་ལ་རོགས་བྱས་ཏེ་རིམས་འགོག་བྱ་བ་ལེགས་པོར་སྒྲུབ་པ་དང་། བྱ་བའི་བཀོད་སྒྲིག་དང་དུ་བླངས་ནས་མགོ་ཁྲིད་ཀྱིས་བཀོད་སྒྲིག་བྱས་པའི་གཞན་པའི་བྱ་བ་ལེགས་པོར་སྒྲུབ་དགོས།

(5)གསོ་ཚགས་མི་སྣ། དེས་ནན་ཏན་གྱིས་ཀུང་ཁྲའི་སྒྲིག་སྲོལ་ལམ་ལུགས་སྣ་ཚོགས་བརྩི་སྲུང་བྱེད་པ་དང་། མགོ་ཁྲིད་ཀྱི་ཁར་ཉན་པ་དང་མཛུབ་སྟོན་དང་དུ་ལེན་པ། ནན་ཏན་གྱིས་རང་གི་འགན་འཁྲིའི་བྱ་བ་འགྲུབ་པར་བྱེད་པ་དང་། གཡོ་དང་སྒྲིད་ལུག་མེད་པ་དང་། འཕྱི་འགྱོར་ཐེ་ལོག་མི་བྱེད་པ། བྱ་བ་སྣ་ཚོགས་ཀྱི་འགྲོ་རིམ་ལག་རྩལ་སྣ་ཚོགས་ལ་བྱང་ཆུབ་པ་དང་། ལས་རོགས་པན་ཚུན་བར་མཐུན་སྒྲིལ་བྱེད་པ། དོན་མེད་རྩོད་རྙོག་མི་སློང་བ། ལས་གྲོགས་དབར་ཁ་གཡེམ་མི་བྱེད་པ། བཟང་ཁ་མཐུན་ཕྱོགས་ལྟར་སྐོར་ཁག་མི་བཟོ་བ་བཅས་སོ། །

(གཉིས)བྱ་གསོ་ར་བའི་ངལ་རྩོལ་དོ་དམ།

བྱ་གསོ་ར་བའི་ངལ་རྩོལ་དོ་དམ་ཞེས་པ་ནི་བྱ་གསོ་ར་བའི་ཐོན་སྐྱེད་ལས་གཉེར་བྱ་འགུལ་ཁྲོད་ཀྱི་ངལ་རྩོལ་ནུས་ཤུགས་ཀྱི་འཆར་གཞི་དང་། རྩ་འཛུགས། མཛུབ་སྟོན། མཐུན་སྦྱོར། ཚོད་འཛིན་སོགས་ཀྱི་འགུལ་སྐྱོད་རབ་དང་རིམ་པ་ལ་ཟེར། དེ་ལ་ངལ་རྩོལ་ནུས་ཤུགས་ཀྱི་ལུགས་མཐུན་བཀོད་སྒྲིག་དང་བཀོལ་སྤྱོད་

དང་། ངལ་རྩོལ་འཆར་གཞི་བཟོ་བ་དང་ལག་བསྟར། ལས་ཀའི་ཚད་དང་ངེས་གཏན་མི་སྣའི་དོ་དམ། རྩ་འཛུགས་སྒྲོམ་ལས་ཀའི་འགན་དབྱེ་བ་དང་མཉམ་རེས། ལས་ཀའི་རྩ་འཛུགས་འཛུགས་པའམ་ཆ་ཚང་དུ་གཏོང་བ། ལས་ཀའི་སླ་ཆ་རྗེས་རྒྱུག་པ་དང་བགོ་བྱ་རྒྱུག་པ། ལས་ཀར་ལྟ་རྟོག་དང་དཔྱད་ཞིབ་བྱེད་པ། ལས་ཀའི་སྒྲིག་ལམ་ལ་སྲུང་སྐྱོབ་བྱེད་པ། ལས་ཀའི་ཉེན་སྲུང་དང་ཕན་བདེ། ལས་ཀའི་ཆད་པ་དང་བྱ་དགའི་ལམ་ལུགས་སོགས་དང་། ལས་ཀ་པར་ཆབ་སྲིད་བསམ་བློའི་ཐད་ནས་སློབ་གསོ་གཏོང་བ་དང་ལས་རིགས་ཐད་ནས་སྦྱོང་བརྡར་བྱེད་པ་སོགས་ཀྱི་བྱ་བ་འདུས་པ་ཡིན། བྱ་གསོ་ར་བའི་ལས་ཀའི་དོ་དམ་ལེགས་པར་བསྒྲུབ་དགོས་ན། ངེས་པར་དུ་གཤམ་གྱི་ཕྱོགས་འགའ་ནས་དམ་འཛིན་བྱེད་དགོས་པ་སྟེ།

1.ཚན་རིག་དང་མཐུན་པའི་ལས་ཀའི་དོ་དམ་ལམ་ལུགས་འཛུགས་དགོས།

ལས་ཀའི་དོ་དམ་ལམ་ལུགས་ནི་ལས་ཀར་དོ་དམ་བྱེད་པར་མེད་དུ་མི་རུང་བའི་ཐབས་ཤེས་ཤིག་ཡིན་ལ། དེ་ལ་གཙོ་བོར་ལས་ཞུགས་ཞིབ་བཤེར་ལམ་ལུགས་དང་། ལས་ཀའི་སྒྲིག་ལམ། ལས་ཀའི་འགྲན་སྡུར་ལམ་ལུགས། ཐོན་སྐྱེད་འགན་ཁུར་ལམ་ལུགས། ཆད་པ་དང་བྱ་དགའི་ལམ་ལུགས། ལས་ཀའི་སྲུང་སྐྱོབ་ལམ་ལུགས། ལས་ཀའི་འགན་སྲུང་། ཕན་བདེའི་ལམ་ལུགས། ལག་རྩལ་སྦྱོང་བརྡར་ལམ་ལུགས་སོགས་འདུས་པ་ཡིན།

གོང་གི་ལམ་ལུགས་དག་འཛུགས་དགོས་ན། གཅིག་ནས་བྱ་གསོ་ར་བའི་ལས་ཀའི་ཁྱད་ཆོས་དང་ཐོན་སྐྱེད་དོན་དངོས་དང་འཚམ་པར་བྱེད་པ་དང་། གཉིས་ནས་ལམ་ལུགས་ཀྱི་ནང་དོན་བྱེ་བྲག་ཅན་ཡིན་དགོས་པ་དང་། སྐད་ཆའི་སྦྱོར་བ་ཡང་དག་པ་དང་ཚིག་བསྡུས་ཤིང་དོན་གྱི་གནད་འདུས་པ། རྒྱུ་ཕྱུས་དང་གྲངས་འབོར་གྱི་དོན་ངེས་པར་གསལ་པོར་བཟོ་དགོས། གསུམ་ནས་ལམ་ལུགས

དག་བྱ་གསོ་ར་བའི་མི་སྣ་ཡོངས་ཀྱིས་ནན་ཏན་གྱིས་གྲོས་སྡུར་བྱེད་པ་དང་། མགོ་ཁྲིད་ཀྱིས་ཚོག་མཆན་ཐོབ་རྗེས་སྤྱི་བསྒྲགས་སྤེལ་ཏེ་ལག་བསྟར་བྱེད་པ། བཞི་ནས་ངེས་པར་དུ་གཟབ་ནན་རང་བཞིན་ངེས་ཅན་ཞིག་ཡོད་དགོས་པ་དང་། སྤྱི་བསྒྲགས་སྤེལ་བ་ཡིན་ན། ལས་བྱེད་བཟོ་པ་ཡོངས་ཀྱིས་ངེས་པར་དུ་བརྩི་སྲུང་ལག་བསྟར་བྱེད་པ་ལས། དམིགས་བསལ་རང་བཞིན་སྤྱོད་པར་མི་བྱེད་པ། ལྔ་ནས་ངེས་པར་དུ་རྒྱུན་མཐུད་རང་བཞིན་དགོས་པ་དང་། ཡུན་རིང་ལ་རྒྱུན་འཁྱོངས་བྱས་ཏེ་ཐོན་སྐྱེད་ཁྲིད་ནས་མུ་མཐུད་དུ་འཕྲུས་ཚད་དུ་གཏོང་དགོས་པ་ཡིན།

2.ལུགས་མཐུན་གྱི་ལས་ཀའི་རྩ་འཛུགས་འཛུགས་དགོས། བྱ་གསོ་ར་བས་ལུགས་མཐུན་གྱི་སྒོ་ནས་ངལ་རྩོལ་ནུས་ཤུགས་བེད་སྤྱོད་བཏང་ནས་ངལ་རྩོལ་ཐོན་སྐྱེད་ཚད་མུ་མཐུད་ཇེ་མཐོར་གཏོང་དགོས་ན། ངེས་པར་དུ་ངལ་རྩོལ་རྩ་འཛུགས་འཐུས་སྒོ་ཚང་བ་ཞིག་འཛུགས་དགོས་པ་ཡིན། ཕྱིར་བཏང་དུ་ངལ་རྩོལ་རྩ་འཛུགས་འཐུས་སྒོ་ཚང་བ་ཞིག་འཛུགས་པར་གཤམ་གྱི་ངེས་སྲོལ་དག་བརྩི་སྲུང་བྱེད་དགོས་པ་སྟེ།

(1)དོན་དངོས་ཆ་རྐྱེན་དང་ཐོན་སྐྱེད་བླང་བྱ་གཞིར་བཟུང་ནས་ལས་ཀའི་རྩ་འཛུགས་ཀྱི་རྣམ་པ་དང་གཞི་ཁྱོན་གཏན་ཁེལ་བྱེད་པ་དང་། ཐོན་སྐྱེད་སྡེ་ཁག་མི་འདྲ་བ་དང་། ལག་རྩལ་སྒྲིག་སྦྱོར་གྱི་ཆུ་ཚད་མི་འདྲ་བ། དོ་དམ་ཆ་རྐྱེན་མི་འདྲ་བའི་ཁེ་ལས་ལ། སོ་སོར་རྣམ་པ་མི་འདྲ་བའི་ལས་ཀའི་རྩ་འཛུགས་བཙུགས་ཏེ། དེ་ནི་མིག་སྔའི་ཐོན་སྐྱེད་ནུས་ཤུགས་འཕེལ་རྒྱས་ཀྱི་ཆུ་ཚད་དང་འཚམ་པར་བྱེད་དགོས།

(2)ལས་ཀའི་བགོ་བྱ་དང་རོགས་རེས་ཀྱི་དགེ་མཚན་འདོན་སྤེལ་བྱེད་དགོས། ལས་ཀའི་བགོ་བྱ་དང་རོགས་རེས་ནི་ལས་ཀའི་རྩ་འཛུགས་ཀྱི་རྨང་གཞི

ཡིན་ལ། ལས་ཀའི་བགོ་བྱ་ནི་ངལ་རྩོལ་པ་རེའི་རང་གི་ལས་གནས་སྟེང་ཁུར་འོས་པའི་འགན་འཁྲི་གསལ་པོར་བཟོ་བ་དང་། རོགས་རེས་ནི་བྱ་བ་སྣ་མང་པོ་ཕན་ཚུན་དམ་དུ་འབྲེལ་བཅུག་ནས་ཐུན་མོང་གི་སྟོབས་ཤུགས་ཤིག་འགྲུབ་པར་བྱས་པ་ལ་ཟེར། ལས་ཀའི་བགོ་བྱའི་རྨང་གཞིའི་སྟེང་རོགས་རེས་བྱས་པ་ཡིན་ན། ད་གཟོད་མི་ཚང་མ་རང་རང་གང་ལ་མཁས་པ་དེ་འདོན་སྤེལ་བྱེད་པར་ཕན་པ་དང་། ངལ་རྩོལ་པས་རང་འགུལ་སྒྲོས་ངལ་རྩོལ་ནུས་པ་ཇེ་མཐོར་གཏོང་བར་ཕན་པ། ལས་ཀའི་བགོ་བྱ་དང་རོགས་རེས་ཀྱི་ངལ་རྩོལ་གྱི་དགེ་མཚན་འདོན་སྤེལ་བྱེད་པར་ཕན་པ་ཡིན་ནོ། །

(3) ལས་ཀའི་རྩ་འཛུགས་འཛུགས་པ་དེ་ཐོན་སྐྱེད་འགན་འཁྲི་ལམ་ལུགས་འཐུས་སྒོ་ཚང་བ་འཛུགས་པ་དང་འཚམ་དགོས། འགན་ཁུར་ལམ་ལུགས་ལག་བསྟར་བྱེད་པ་ནི་ལས་ཀའི་དོ་དམ་གྱི་གལ་ཆེའི་བྱེད་ཐབས་ཤིག་ཡིན་ལ། བྱ་གསོ་ར་བའི་ལས་ཀའི་རྩ་འཛུགས་དང་འབྲེལ་བ་དམ་པོ་ཡོད་དེ། ཕན་ཚུན་ཆ་རྐྱེན་དུ་བྱེད་ཅིང་ཐོན་སྐྱེད་རྩ་འཛུགས་ཁྲིད་མཉམ་དུ་ནུས་པ་འདོན་སྤེལ་བྱེད་པ་ཡིན།

བྱ་གསོ་ར་བའི་ལས་གཉེར་ཁྱབ་ཁོངས་དང་རྒྱུ་ཚོན་མི་འདྲ་བ་ལས། བྱ་གསོ་ར་བ་སོ་སོའི་ལས་ཀའི་རྩ་འཛུགས་འཛུགས་པའི་རྣམ་པ་དང་སྒྲིག་གཞི་ཡང་མི་འདྲ་བ་ཡིན། སྤྱིར་བཏང་དུ་དེ་ལ་བྱ་གསོ་ར་བའི་མགོ་གཙོ་དང་། མགོ་གཙོ་གཞོན་པ། ཕྱུགས་སྨན་གྱི་སྤྱིའི་དགེ་རྒན། ཁའོ་ཀྲང་། ཚན་གཙོ་སོགས་རྩ་འཛུགས་མགོ་ཁྲིད་སྡེ་ཁག་དང་། བྱ་གསོ་ར་བའི་འགན་ནུས་སྡེ་ཁག་ཡོད་པ་ཡིན་ལ། དཔེར་ན། ཐོན་སྐྱེད་ལག་རྩལ་ཁའོ་དང་། ཉོ་འཚོང་ཁའོ། ནོར་དོན་ཁའོ། རྒྱབ་སྐྱོར་ཁག་ཐེག་ཁའོ་སོགས་ལྷ་བུ་དང་། གཞན་ཡང་ཐོན་སྐྱེད་བཟོ་རྩལ་འགྲོ་རིམ་གཞིར་བཟུང་ན་ཐོན་སྐྱེད་ལས་ཀའི་རྩ་འཛུགས་ཞིབ་མོར་སྒྲིག་བསྐལ་ཚན་ཁག་དང་། བྱ་ཕྲུག་སྐྱེ་འཚར་ཚན་ཁག སྒོང(སོན)བྱའི་ཚན་ཁག གཟན

ཆག་ཚན་ཁག ཧྲུག་སྦྲུན་ཚན་ཁག་སོགས་སུ་དབྱེ་བ་ལྟ་བུ་རེད། སྡེ་ཁག་དང་ཚན་སྐོར་སོ་སོའི་མི་སྣའི་སྒྲིག་སྦྱོར་དེ་མི་སྣེར་གྱི་ལས་ཀའི་རྣམ་འགྱུར་དང་། ལག་རྩལ་ཁྱད་ནུས། ལུས་སྟོབས། རིག་གནས་ཆུ་ཚད་སོགས་བྱེ་བྲག་གི་ཆ་རྐྱེན་གཞིར་བཟུང་ནས། ལུགས་མཐུན་གྱིས་སྡེབ་སྒྲིག་བྱེད་པ་དང་། ཚན་རིག་དང་མཐུན་པར་རྩ་འཛུགས་བྱེད་དགོས་པར་མ་ཟད། ཅི་ནུས་ཀྱིས་མི་སྣ་དང་མི་སྣ་དེའི་བྱ་བ་གཉིས་ཀྱི་བསྟོས་བཅས་བརྟན་བརླིང་རྒྱུན་བསྲུང་བྱེད་དགོས།

3.ལུགས་མཐུན་གྱི་སྒོ་ནས་ལས་ཀའི་ཚད་གཏན་ཁེལ་བྱེད་དགོས། ལས་ཀའི་ཚད་གཞི་ནི་ཚན་རིག་དང་མཐུན་པའི་ལས་ཀ་རྩ་འཛུགས་བྱེད་པའི་གཞི་འཛིན་ས་གལ་ཆེན་ཞིག་ཡིན་ལ། བྱ་གསོར་བའི་ལས་ཀའི་འཛད་གྲོན་རྩིས་རྒྱག་པ་དང་ཐོན་རྫས་ཀྱི་མ་དངུལ་རྩིས་བཤེར་བྱེད་པའི་ཁྲུ་ཚོད་དང་། ངལ་རྩོལ་ནུས་པ་བེད་སྤྱོད་པའི་འཆར་གཞི་དང་མི་སྣ་གཏན་ཁེལ་བྱེད་པའི་གཞི་འཛིན་སའང་ཡིན། ལས་ཀའི་ཚད་གཞི་བཟོ་བར་ངེས་པར་དུ་གཤམ་གྱི་སྒྲིག་སྲོལ་བཞི་བརྩི་སྲུང་བྱེད་དགོས་པ་སྟེ།

(1)ལས་ཀའི་ཚད་གཞི་དེ་སྔོན་ཐོན་ལུགས་མཐུན་ཡིན་པ་དང་། དོན་དངོས་དང་མཐུན་པ། སྤྱོད་གོ་ཆོད་པ་ཞིག་ཡིན་དགོས་པ་དང་། ལས་ཀའི་ཚད་གཞི་བཟོ་བར་ངེས་པར་དུ་སྔོན་གྱི་ཉམས་མྱོང་དང་མིག་སྔའི་ཐོན་སྐྱེད་ལག་རྩལ། སྒྲིག་ཆས་སྦྱོར་འཛུགས་སོགས་བྱེ་བྲག་གི་ཆ་རྐྱེན་གཞིར་བཟུང་སྟེ། བྱ་གསོར་བ་རང་ཉིད་ཀྱི་ཆུ་ཚད་འབྲིང་ཙམ་གྱི་ངལ་རྩོལ་ནུས་པས་བསྒྲུབ་པར་བྱེད་ཐུབ་པའི་གྲངས་འབོར་དང་རྒྱུ་སྤུས་དེ་ཚད་གཞིར་བྱས་ནས། ཚད་ལས་བརྒལ་བའམ་ཚད་དུ་མ་ཐོན་པ་སོགས་ཀྱི་གནད་དོན་སེལ་དགོས་པ་སྟེ། ཕྱིར་བཏང་གི་ཆུ་ཚད་ཀྱི་ལས་ཀ་པས་ཧུར་བརྩོན་བྱས་ན་བསྒྲུབ་ཐུབ་པ་དང་། སྔོན་ཐོན་ཆུ་ཚད་ཀྱི་ལས་ཀ་བས་ཧུར་བརྩོན་བྱས་ན་ཐོན་སྐྱེད་ཚད་ལས་བརྒལ་ཐུབ་པ་ཞིག་ཡིན་དགོས། འདི་

ལྟ་བུའི་ལས་ཀའི་ཚད་གཞི་ནི་ཚན་རིག་ལུགས་མཐུན་ཞིག་ཡིན་ལ། ད་གཟོད་སྐུལ་འདེད་ཀྱི་ནུས་པ་ཐོན་ཐུབ་པར་མ་ཟད་ལས་ཀ་པའི་ནུས་པར་སྐུལ་འདེད་གཏོང་ཐུབ་པ་ཡིན།

(2)ལས་ཀའི་ཚད་གཞིའི་དམིགས་ཚད་དེ་ངེས་པར་དུ་གྲངས་འབོར་དང་སྤུས་ཀའི་གཅིག་མཐུན་གྱི་ཚད་གཞིར་བསླེབ་ཐུབ་དགོས་པ་སྟེ། དཔེར་ན་གསོ་ཚགས་མི་སྣ་ཞིག་གི་ཁྱིམ་བྱ་གསོ་ཚགས་ཀྱི་གྲངས་འབོར་གཏན་ཁེལ་བྱེད་པ་དང་མཉམ་དུ། ད་དུང་ཁྱིམ་བྱའི་གསོན་ཚད་དང་། སྒོ་ང་གཏོང་ཚད། གཟན་ཆག་གི་འབྲས་བུ། སྨན་གྱི་འགྲོ་གྲོན་སོགས་ཀྱི་དམིགས་ཚད་ཀྱང་གཏན་ཁེལ་བྱེད་དགོས་པ་ཡིན།

(3)ལས་ཀའི་ཚད་གཞི་སོ་སོ་ཆ་སྙོམ་ཡིན་དགོས་ཏེ། ཁྱིམ་བྱ་གསོ་བའི་བྱ་བ་ཡིན་ནའང་འདྲ། སྒོ་ང་བསྐྱལ་བའམ་སྤུ་བྲུན་ཉ་ར་བྱེད་པའི་བྱ་བ་ཡིན་ནའང་རུང་། ལས་ཀའི་ཚད་གཞི་སོ་སོ་ངེས་པར་དུ་དྲང་གཞག་གི་ལམ་དུ་འགྲོ་དགོས་པ་ཡིན།

(4)ལས་ཀའི་ཚད་གཞི་དེ་ཁ་གསལ་དོན་འདུས་ཅན་ཞིག་དང་བཀོལ་སྤྱོད་བྱེད་པར་སྟབས་བདེ་བ་ཞིག་ཡིན་དགོས། རེའུ་མིག 7–1ལས་བསྟར་བའི་བྱ་གསོ་རའི་ལས་ཀའི་ཚད་གཞི་ཟུར་ལྟར་སྤུལ་ཡོད།

4.ཕྱོགས་ཡོངས་ནས་བྱ་གསོ་རའི་ཐོན་སྐྱེད་འགན་འཁྲི་ལམ་ལུགས་ལག་བསྟར་བྱེད་པ། འགན་འཁྲི་དང་། དབང་ཆ། ཁེ་ཕན་གསུམ་པོ་ཕན་ཚུན་གཅིག་གྱུར་བྱེད་པ་དང་། ལས་གནས་སོ་སོའི་དོན་དངོས་གནས་ཚུལ་དང་བྱ་བའི་ནང་དོན་གཞིར་བཟུང་ནས། འགན་འཁྲི་ལམ་ལུགས་དེ་ཡུལ་དུས་དང་བསྟུན་པ་དང་། རྣམ་པ་མི་འདྲ་བ་སྣ་ཚོགས་སྤྱོད་དེ། ལས་བཟོ་པའི་ཧུར་བརྩོན་རང་བཞིན་དང་འགན་འཁྲིའི་བསམ་པར་སྐུལ་འདེད་གཏོང་བར་ཕན་པར་བྱས་ཏེ། བྱ་གསོར

རེའུ་མིག 7–1 བྱ་གསོ་ར་བའི་ལས་ཀའི་ཚད་གཞི།

ལས་ཀའི་རྣམ་གྲངས།	ནང་དོན།	མི་སྣའི་ཚད།	ཆ་རྐྱེན།
བྱ་ཕྲུག་གི་གསོ་ཚགས།	མེ་འབུད་པ། རིམ་པ་བཞི་བརྩེགས་ཅན་གྱི་གཟེབ་དུ། གཟའ་འཁོར་འགོ་མར་མཚན་མོར་ལས་རེས་བྱེད་པ། རིམས་འགོག་སྨན་ཁབ་བརྒྱག་པ།	6000ཁྱིམ་བྱ་/མི	རིམས་འགོག་སྨན་ཁབ་རྒྱག་སྐབས་ད་དུང་གཞན་པའི་རོགས་རམ······དགོས་པ།
འཚར་སྐྱེའི་ཁྱིམ་བྱའི་གསོ་ཚགས།	རིམ་པ་གསུམ་བརྩེགས་ཅན་གྱི་གཟེབ་དུ། གཟན་སྟེར་བ་དང་སྟུག་སྐྱུན་ཕྱར་བྱེད་པ།	6000ཁྱིམ་བྱ་/མི	རང་འགུལ་གྱིས་ཆུ་འབྱུང་དུ་འཇུག་པ་དང་། མིས་གཟན་སྟེར་བ་དང་སྟུག་སྐྱུན་ཕྱར་བྱེད་པ།
ཉིན 1~140ཅན་གྱི་གསོ་ཚགས།	འཕྲུལ་ཆས་རང་བཞིན་གྱི་ཚོད་འཛིན······བ་དང་། གཟེབ་དུར་གསོ་བ། ངོས······སྐམ་དུ་བའི་སྟེང་གསོ་བ།	6000ཁྱིམ་བྱ་/མི	རང་འགུལ་སློས་ཆུ་འབྱུང་དུ་འཇུག་པ་དང་། འཕྲུལ་ཆས་ཀྱིས་གཟན་སྟེར་བ་དང་སྟུག་སྐྱུན་ཕྱར་བྱེད་པ།
གཟེབ་གསོའི་སྒོང་གཏོང་བའི་ཁྱིམ་བྱ།	མིས་གཟན་སྟེར་བ་དང་སྒོང་བཏུས······པ།	5000~10000ཁྱིམ་བྱ་/མི	སྟུག་སྐྱུན་གསོག་སའི་རིང 200 ནང་དུ་ཡོད་པ་དང་། འཕྲུལ་ཆས་ཀྱིས་ཕྱར་བྱེད་པ།
སྟུག་སྐྱུན་ཕྱར་བྱེད་པ།		ཁྲི 2~ཁྲི 4ཁྱིམ་བྱ་/མི	གཟབ་དྲའི་འོག་ཏུ་མིས་སྟུག་སྐྱུན······ཐད་ནས་དོར་བ་དང་། སྟུག······སྐྱུན་གསོག་སའི་རིང 200ནང······ཚུན་དུ་ཡོད་པ།

བའི་དཔལ་འབྱོར་ཕན་འབྲས་ཇེ་མཐོར་གཏོང་བ་རྩ་དོན་དུ་བཟུང་ནས་བཟོ་དགོས་པ་ཡིན།

5.དུས་ལྟར་ལས་ཀའི་སྤྲ་ཆ་རྩིས་རྒྱག་དགོས། ལས་ཀ་པར་ཐོབ་འོས་པའི་ལས་ཀའི་སྤྲ་ཆ་དེ། འགན་འཁྲིའི་ཡིག་ཆའི་ནང་དོན་དང་ཚན་རིག་དང་མཐུན་པའི་སྤྲ་ཆ་རྩིས་རྒྱག་ཚད་གཞི་ལྟར་ནན་ཏན་གྱིས་ཞིབ་བཤེར་བྱས་ཏེ་དུས་ལྟར······སྟེར་བ་དང་། དགའ་རྟགས་དང་ཆད་པ་གསལ་པོར་བཟོས་ནས་ལས་བཟོ་བའི······

ལས་ཀའི་ཧུར་བརྩོན་རང་བཞིན་ལ་སྐུལ་འདེད་གཏོང་དགོས།

6.ལས་བཟོ་བའི་བསམ་བློའི་བྱ་བ་ལེགས་པོར་སྒྲུབ་དགོས། བྱ་གསོ་ར་བར་མཚོན་ན་མི་གཙོ་བོ་ཡིན་ལ། ལས་བཟོ་པ་ཡོངས་ཀྱི་འཚོ་བའི་ཐད་སེམས་ཁུར་བྱེད་པ་དང་། ཆབ་སྲིད་ཐད་རོགས་རམ་བྱེད་པ། བྱ་བའི་ཐད་རྒྱབ་སྐྱོར་བྱེད་པ། དོན་དག་དང་འཕྲད་ན་ལས་བཟོ་པ་དང་གྲོས་བྱེད་པ་བཅས་བྱས་ནས། མང་ཚོགས་ཀྱི་བློ་རིག་དང་འཛོན་ནུས་འདོན་སྤེལ་བྱས་ཏེ། སུ་མཐུད་དུ་བྱ་གསོ་ར་བའི་གཅིག་སྒྲིལ་གྱི་ནུས་པ་ཤུགས་དྲག་ཏུ་གཏོང་བ་དང་། མི་ཚང་མས་བྱ་གསོ་ར་བ་དུས་ནམ་ཡང་ཡིད་དུ་བྱེད་པ་དང་། བྱ་གསོ་ར་བ་རང་གི་ཁྱིམ་ལྟར་བལྟ་བ་བཅས་བྱས་ཏེ་གོང་འོག་བར་གསུམ་གྱི་སེམས་ཤུགས་གཅིག་ཏུ་སྒྲིལ་ཏེ་མཉམ་དུ་ཐོན་སྐྱེད་ལ་བརྩོན་པའི་རྣམ་པ་བཟང་པོ་ཞིག་ཆགས་པར་བྱེད་དགོས།

གསུམ། ལམ་ལུགས་དོ་དམ།

1.གསོ་ཚགས་དོ་དམ་ལག་རྩལ་གྱི་བཀོལ་སྤྱོད་བྱེད་ཐབས། སྒོང་བྱ་དང་སོན་བྱའི་གསོ་ཚགས་དང་། སྒོ་ང་བསྐལ་བ་ཚང་མར་བཀོལ་སྤྱོད་བྱེད་ཐབས་ཀྱི་ལམ་ལུགས་ནན་མོ་ཞིག་བཟོ་དགོས་པར་མ་ཟད། ལམ་ལུགས་ཡིག་ཐོག་ཏུ་བཀོད་པ་གྱང་དོས་སུ་སྒྲུར་ཏེ་གསོ་ཚགས་དོ་དམ་མི་སྣར་སྒྲིག་ཁྲིམས་ཀྱི་གཞི་འཛིན་ས་ཡོད་པར་གཏོང་དགོས།

2.རིམས་འགོག་སྨན་ཁབ་རྒྱག་པའི་གོ་རིམ། རིམས་འགོག་སྨན་ཁབ་རྒྱག་པའི་གོ་རིམ་ནི་འགོ་ནད་དོད་དྲག་ཅན་གྱིས་བྱ་ཁྱུར་གནོད་པ་བྱེད་པ་སྔོན་འགོག་བྱས་ཏེ་བྱ་ཁྱུའི་བདེ་ཐང་ལ་ནུས་ལྡན་གྱི་བྱེད་ཐབས་ཡོད་པར་ཁག་ཐེག་བྱེད་པ་དེ་ཡིན་ལ། བྱ་གསོ་ར་བ་སོ་སོས་འབྲེལ་ཡོད་ཀྱི་གཏན་ཁེལ་གཞིར་བཟུང་ནས། ཉམས་མྱོང་ཕུན་སུམ་ཚོགས་པའི་ཕྱུགས་ཟོག་གི་སྨན་པ་བཟང་པོ་ཞིག་གདན་དྲངས་ནས་རིམ་འགོག་གོ་རིམ་ནན་མོ་ཞིག་བཟོ་རུ་འཇུག་དགོས་པ་མ་ཟད།

རིམས་འགོག་གོ་རིམ་དེ་གཞིར་བཟུང་ནས་རིམས་འགོག་སྨན་ཁབ་བརྒྱབ་སྟེ་རིམས་ནད་ལ་སྔོན་འགོག་བྱེད་དགོས།

3.བྱ་གསོ་ར་བའི་འཕྲོད་སྟེན་དུག་སེལ་ལམ་ལུགས། བྱ་ཁང་ཕྱི་རོལ་གྱི་ནད་དུག་ནང་དུ་མཆེད་པ་སྔོན་འགོག་བྱེད་པར། རིམས་འགོག་གོ་རིམ་གཞིར་བཟུང་ནས་རིམས་འགོག་སྨན་ཁབ་རྒྱག་པ་ལས་གཞན། ད་དུང་བྱ་གསོ་ར་བས་འཕྲོད་སྟེན་དུག་སེལ་ལམ་ལུགས་བཙུགས་ཏེ། བྱ་ཁང་ནང་དུ་འགྲོ་བའི་ལས་སྒྲུབ་མི་སྣ་དང་། ཐང་ས་འཁོར། ཡོ་བྱད་སོགས་ལ་ནན་ཏན་གྱིས་དུག་སེལ་བྱེད་དགོས་པར་མ་ཟད། ཕྱིའི་མི་སྣ་བྱ་གསོ་ར་བའི་ནང་དུ་འཛུལ་བར་ཚོད་འཛིན་ནན་མོ་བྱེད་དགོས།

4.ངལ་རྩོལ་ནོ་དམ་ལམ་ལུགས། ངལ་རྩོལ་ནོ་དམ་ལམ་ལུགས་ནི་བྱ་གསོ་ར་བས་ངལ་རྩོལ་ནོ་དམ་ལེགས་པོར་སྒྲུབ་པར་མེད་དུ་མི་རུང་བའི་བྱེད་ཐབས་ཤིག་ཡིན། འདི་ལ་གཙོ་བོ་ལས་ཞུགས་ཞིབ་བཤེར་ལམ་ལུགས་དང་། ངལ་རྩོལ་སྒྲིག་ཁྲིམས། ཐོན་སྐྱེད་འགན་འཁྲི་ལམ་ལུགས། བྱ་དགའ་དང་ཆད་གཅོད་ལམ་ལུགས། ངལ་རྩོལ་འགན་སྲུང་ལམ་ལུགས། ལག་རྩལ་ཟབ་སྦྱོང་ལམ་ལུགས་སོགས་ཡོད་དོ།།

5.ནོར་དོན་ལམ་ལུགས། ནོར་དོན་ལམ་ལུགས་ནི་བྱ་གསོ་ར་བའི་མ་དངུལ་རྒྱུན་ལྡན་དུ་འཁོར་སྐྱོད་བྱེད་པར་ཁག་ཐེག་བྱེད་པ་དང་། འགྲོ་སོང་ལ་གྲོན་ཆུང་བྱེད་པ་བཅས་བྱས་ནས། ཚད་ཐོས་སུ་མི་འགྲོ་བར་བྱེད་པའི་བྱེད་ཐབས་གལ་ཆེན་ཞིག་ཡིན་པས། ངེས་པར་དུ་རྩིས་ཞིབ་མོ་བརྒྱབ་ནས་ནན་ཏན་གྱིས་ལག་བསྟར་བྱེད་དགོས།

6.ཐོན་རྫས་ཀྱི་ཉོ་འཚོང་དང་ཞིབ་བཤེར། བདག་དམ་བཅས་ཀྱི་ལམ་ལུགས། མ་བཅོས་རྒྱུ་ཆ་དང་ཐོན་རྫས་ཀྱི་ཕྱིར་གཏོང་ནང་འདྲེན་བྱེད་པར་རིམ་

པ་བཞིན་དུ་བདག་དམ་གྱི་འགྲོ་ལུགས་ནན་མོ་བསྒྲུབ་ཏུ་བཅུག་སྟེ་འགྲོ་རིམ་ལྟར་དུ་འཁོར་སྐྱོད་བྱེད་དུ་བཅུག་ནས། ཐོན་རྫས་ཐོར་སྟོར་འབྱུང་བ་དང་། རྒྱུ་ཆ་ནང་འདྲེན་བྱེད་དུས་ཆད་ཤོར་འབྱུང་བའི་སྣང་ཚུལ་ལ་སྔོན་འགོག་བྱེད་དགོས།

7.ཐོན་སྐྱེད་བསྡོམས་རྩིས་དང་སྙན་ཞུའི་ལམ་ལུགས། བྱ་གསོ་ར་བའི་ཐོན་རྫས་མཁོ་སྤྲོད་དང་། ཐོན་སྐྱེད་མ་རྩ། གཏོང་འཛིན་སོགས་ཀྱི་གནས་ཚུལ་ཚང་མར་ནན་ཏན་གྱིས་བསྡོམས་རྩིས་དང་ཐོ་འགོད་བྱེད་དགོས་པར་མ་ཟད། དགོས་མཁོ་མི་འདྲ་བ་གཞིར་བཟུང་ནས་སྙན་ཞུའི་ལམ་ལུགས་ནན་མོ་ཞིག་ལག་བསྟར་བྱེད་དགོས་པ་ཡིན། དཔེར་ན། བྱ་ཕྲུའི་བརྗེ་འགྱུར་དང་། གཟན་ཆག་གི་གྲོན་ཚད། སྒོང་བསྐལ་གྱི་ཚད། བྱ་སྨྲུག་གི་གསོན་ཚད། ཐོན་རྫས་ཀྱི་ཉོ་འཚོང་སོགས་ཚང་མར་དུས་ལྟར་བསྡོམས་རྩིས་བྱས་ཏེ་སྙན་ཞུ་འབུལ་དགོས་པ་ལྟ་བུའོ།།

བཞི། ཉོ་འཚོང་དོ་དམ།

1.ཚོང་རའི་དཔལ་འབྱོར་གྱི་ཆ་རྐྱེན་འོག་ཏུ་བྱ་གསོ་ར་བའི་ལས་གཉེར་འཆར་གཞི་དེ་འཆར་གཞི་དཔལ་འབྱོར་དུས་སྐབས་ཀྱི་ལས་གཉེར་འཆར་གཞི་དང་མི་མཐུན་པ་ཡིན། དེ་ཡང་བྱ་གསོ་ར་བའི་ལས་གཉེར་འཆར་གཞི་ནི་བྱ་གསོ་ར་བས་ཁེ་སྤོགས་ཆེན་པོ་ལེན་པ་དེ་མཐའ་མཇུག་གི་དམིགས་ཡུལ་དུ་བྱེད་པ་དང་། ཚོང་རའི་ཞིབ་དཔྱད་དང་ཚོད་དཔག་གི་རྨང་གཞི་སྟེང་། ཚོང་རའི་དགོས་མཁོ་གཞིར་བཟུང་ནས་སྔོན་དཔག་གི་དུས་ཡུན་ནང་ལས་གཉེར་དམིགས་འབེན་དང་ལས་གཉེར་བྱ་འགུལ་གྱི་སྔོན་ཚུད་བཀོད་སྒྲིག་བྱེད་པ་དེ་ཡིན། ཐོན་སྐྱེད་ལས་གཉེར་འཆར་གཞི་ལ་ཐོན་རྫས་ཕྱིར་འཚོང་གི་འཆར་གཞི་དང་། མ་དངུལ་ཁེ་སྤོགས་ཀྱི་འཆར་གཞི། ཐོན་རྫས་ཐོན་སྐྱེད་ཀྱི་འཆར་གཞི། གཟན་ཆག་གི་དགོས་མཁོའི་འཆར་གཞི། མ་དངུལ་བཀོལ་སྤྱོད་ཀྱི་འཆར་གཞི་སོགས་ཡོད་པ་ཡིན།

ཐོན་རྫས་ཕྱིར་འཚོང་གི་འཆར་གཞི། ཚོང་རའི་དཔལ་འབྱོར་གྱི་ཆ་རྐྱེན་འོག་ཏུ་ཐོན་རྫས་ཕྱིར་འཚོང་གི་འཆར་གཞི་ནི་འཆར་གཞི་ཡོད་ཚད་ཀྱི་གཙོ་བོ་ཡིན་ལ། གཞན་པའི་འཆར་གཞི་ཚང་མ་ངེས་པར་དུ་ཕྱིར་འཚོང་གི་འཆར་གཞི་གཞིར་བཟུང་ནས་བཟོ་དགོས་པ་ཡིན། དེ་བས། བྱ་གསོ་ར་བ་ཡོད་ཚད་ཀྱིས་ངེས་པར་དུ་ཚོང་རའི་དགོས་མཁོ་ལྟར་དུ་ཐོན་སྐྱེད་བྱེད་པ་དང་། ཐོན་སྐྱེད་དང་དགོས་མཁོ་ཟུང་འབྲེལ་བྱེད་པའི་རྩ་དོན་རྒྱུན་འཁྱོངས་བྱེད་དགོས། ཕྱིར་འཚོང་གི་འཆར་གཞི་བཟོ་ན་གཅིག་ནས་ཚོང་ར་དང་འབྲུང་བར་ངེས་པའི་ཉེན་ཁའི་རྒྱུ་རྐྱེན་སྣ་ཚོགས་གཞིར་བཟུང་ནས་ཚན་རིག་ལུགས་མཐུན་གྱི་སྒོ་ནས་བཟོ་བ་དང་། གཉིས་ནས་བློ་གཤོགས་ཆེན་པོའི་སྒོ་ནས་ཚོང་ར་རྒྱ་བསྐྱེད་པ་དང་། ཐབས་བརྒྱ་ཇུས་སྟོང་གིས་ཚོང་ལམ་རྒྱ་བསྐྱེད་དེ་མང་དུ་ཐོན་པ་དང་མང་དུ་འཚོང་དགོས་པ་ཡིན། ཉོ་འཚོང་རྒྱ་བསྐྱེད་པར་ཐབས་ལམ་ཧ་ཅང་མང་ནའང་། གཙོ་བོ་ཚོང་རའི་འདུ་ཤེས་བཙུགས་ནས། "གཞན་ལ་མེད་ན་ང་ལ་ཡོད་པ་དང་། གཞན་ལ་ཡོད་ན་ང་ལ་གསར་བ་ཡོད་པ། གཞན་ལ་གསར་བ་ཡོད་ན་ང་ལ་དགེ་མཚན་ཡོད་པ། གཞན་ལ་དགེ་མཚན་ཡོད་ན་ང་ལ་ཐོན་སྐྱེད་ཡོད་པའི"ལམ་དུ་བསྐྱོད་པ་དང་། ཕྱིར་འཚོང་གི་འཆར་གཞི་ལ་ཉོ་འཚོང་གི་ཚད་དང་། ཕྱིར་འཚོང་གི་ལམ། ཕྱིར་འཚོང་ཡོང་འབབ། ཕྱིར་འཚོང་དུས་ཚོད། ཕྱིར་འཚོང་གི་ལམ་ཕྱོགས་ཇུས་གཞི་སོགས་ཡོད་པ་ཡིན།

བྱ་གསོ་ར་བའི་ཕྱིར་འཚོང་འཆར་གཞིའི་རིགས་དབྱེ་ལ་སོན་སྨོང་ངམ་སོན་བྱའི་ཕྱིར་འཚོང་གི་འཆར་གཞི་དང་། ཚོང་རྫས་སྨོང་བའི་ཕྱིར་འཚོང་འཆར་གཞི། ཕྱིར་འབུད་ཁྱིམ་བྱའི་ཕྱིར་འཚོང་འཆར་གཞི། བྱ་སྒུན་ཕྱིར་འཚོང་འཆར་གཞི་སོགས་ཡོད་ལ། ཕྱིར་འཚོང་འཆར་གཞི་ཁྲོད་ཀྱི་ཐོན་རྫས་ཕྱིར་འཚོང་གི་ཚད་དེ་རྩ་དོན་སྟེང་བྱ་གསོ་ར་བའི་ཐོན་སྐྱེད་ནུས་པ་ལས་བརྒལ་མི་རུང་བ་ཡིན།

༥། ནོར་དོན་དོ་དམ།

ནོར་དོན་དོ་དམ་གྱི་འགན་ཁུར་གཙོ་བོ་ནི་ནོར་དོན་གྱི་གཏོང་འཛིན་འཆར་གཞི་དང་། ཚོད་འཛིན། ཞིབ་རྩིས། དབྱེ་ཞིབ། ཞིབ་བཤེར་གྱི་བྱ་བ་སྣ་ཚོགས་ལེགས་པོར་སྒྲུབ་པ་དང་། གསོ་སྐྱིལ་ར་བའི་ནོར་དོན་དོ་དམ་མ་ལག་འཕྲུལ་སྒྲིག་ཚང་བ་ཞིག་བཙུགས་ཏེ། དུས་ལྟར་ཕྱོགས་ཡོངས་ནས་གསོ་སྐྱིལ་ར་བའི་ནོར་དོན་གནས་ཚུལ་དང་ལས་གཉེར་གྲུབ་འབྲས་ཡང་དག་པར་མཚོན་དུ་འཇུག་དགོས། མ་དངུལ་ཞིབ་རྩིས་ནི་ནོར་དོན་བྱ་འགུལ་ཡོད་ཚད་ཀྱི་རྨང་གཞི་དང་ལྟེ་བ་ཡིན་ནོ།།

ལེ་བཅད་གཉིས་པ། མ་དངུལ་ཞིབ་རྩིས།

གཅིག མ་དངུལ་ཞིབ་རྩིས།

བྱ་གསོ་ར་བ་གང་ཡིན་ཡང་ཚང་མས་མ་དངུལ་ཉུང་ཙམ་བཏང་ནས་ཐོན་འབབ་མང་དུ་ལེན་པར་བརྩོན་པ་ཡིན་ལ། ཐོན་འབབ་མང་དུ་སྣུད་པའི་རྨང་གཞིའི་སྙིང་འགྲོ་གྲོན་ལ་གྲོན་ཆུང་བྱེད་པ་ཡིན།

1.བྱ་གསོ་ར་བའི་འགྲོ་གྲོན(མ་རྩ་གཏོང་བ)ཞིབ་མོ།

(1)བྱ་ཕྲུག་གི་རིན་པ། བྱ་གསོ་ར་བས་བྱ་ཕྲུ་བརྗེ་གསོར་གྱི་ཆེད་དུ་བྱ་ཕྲུག་ཉོ་བའི་རིན་པ་ལ་ཟེར།

(2)གཟན་ཆག་གི་རིན་པ། བྱ་ཕྲུའི་དོན་དངོས་ཟད་གྲོན་དུ་བཏང་བའི་གཟན་ཆག་སྣ་ཚོགས་ཀྱི་རིན་ཐང་འདུས་པ་དང་། ལོ་སྔོན་མར་གསོག་ཉར་བྱས་པའི་གཟན་ཆག་དེ་སྐོར་མོར་བཀུག་ནས་ད་ལོའི་འགྲོ་གྲོན་གྱི་ཁོངས་སུ་འཛོག་པ་དང་། ལོ་མཇུག་མཛོད་ཁང་དུ་ལྷག་པའི་གཟན་ཆག་སྐོར་མོར་བཀུག་ནས་ལོ

རྫས་མའི་འགྲོ་གྲོན་གྱི་ཁོངས་སུ་འཛོག་པ།

(3)སྨན་ཕོགས། ཐོན་སྐྱེད་མི་སྣའི་སྨན་ཕོགས་དང་བྱ་དགའི་དངུལ། ངལ་རྩོལ་ཞེན་སྲུང་དང་ཕན་བདེ་སོགས།

(4)བརྟན་འཛུགས་རྒྱུ་ནོར་གྱི་རྙིང་འགྲུག   ཁང་པའི(བྱ་ཁང་དང་། མཛོད་ཁང་། གཟན་ཆག་ལས་སྡོན་ཁང་། གཞུང་སྒྲུབ་ཁང་། ཉལ་ཁང་སོགས)རྙིང་འགྲུག་གི་ལོ་ཚད་དེ་སྤྱིར་བཏང་དུ་ཤིང་དང་སོ་ཕག་གི་ཁང་པ་ལོ 15དང་། ས་དང་ཤིང་གི་ཁང་པ་ལོ 10ཡིན་པ་དང་། སྒྲིག་ཆས(གཟེབ་དྲ་དང་། གཟན་ཆག་ལས་སྡོན་སྒྲིག་ཆས་སོགས)ཀྱི་རྙིང་འགྲུག་གི་ཚད་དེ་སྤྱིར་བཏང་དུ་ལོ 15 དང་། འདྲུད་འཐེན་འཁོར་ལོ་དང་། རླངས་འཁོར་གྱི་རྙིང་འགྲུག་གི་ལོ་ཚད་དེ་ལོ 10ཡིན་ལ། བརྟན་འཛུགས་རྒྱུ་ནོར་གྱི་ཞིག་གསོའི་འགྲོ་གྲོན་དེ་རྙིང་འགྲུག་རིན་གོང་གི 10%ལྟར་རྩིས་བརྒྱག་དགོས།

(5)དོ་དམ་འགྲོ་གྲོན། ཐོན་སྐྱེད་མི་སྣ་མ་ཡིན་པའི་སྨན་ཕོགས་དང་། བྱ་དགའི་དངུལ། ཕན་བདེའི་དངུལ། གཞུང་དོན་དུ་སོང་བའི་འགྲོ་གྲོན་སོགས་ལ་ཟེར་ཞིང་། དཔྱད་འགྲིམ་འགྲུལ་གྱི་སྨན་ཆ་དང་། ཆུ་དང་གློག་གི་རིན་པ། ཞིག་གསོའི་རིན་པ། རིན་པ་དམའ་བའི་འཛད་གྲོན་སྨ་བའི་དངོས་རྫས་ཀྱི་རིན་པ་སོགས་ཡོད།

(6)འབར་རྫས་དང་ཆུ་གློག་གི་འགྲོ་གྲོན། བྱ་གསོ་རབའི་ཐོན་སྐྱེད་གོ་རིམ་ཁྲོད་འཛད་གྲོན་དུ་སོང་བའི་འབར་རྫས་དང་ཆུ་གློག་གི་འགྲོ་གྲོན་ལ་ཟེར།

(7)སྨན་བཅོས་འགྲོ་གྲོན། ཁྱིམ་བྱ་གསོ་ཚགས་ཐོན་སྐྱེད་ཁྲོད་བྱུང་བའི་སྨན་བཅོས་དང་། སྨན་རྫས། རིམས་འགོག་སོགས་ཀྱི་ཐད་སྤྱད་པའི་འགྲོ་གྲོན་ལ་ཟེར།

(8)སྐྱེལ་འདྲེན་འགྲོ་གྲོན། བྱ་ཕྲུག་དང་ཐོན་རྫས་སྐྱེལ་འདྲེན་གྱི་འགྲོ་

གྲོན་ལ་ཟེར།

(9)གཞན་དག གོང་དུ་བརྗོད་པའི་དོན་ཚན 8 ཕན་ཆད་ཀྱི་འགྲོ་གྲོན་ལ་ཟེར།

2.བྱ་གསོ་ར་བའི་ཐོན་རྫས(ཡོང་འབབ)ཞིབ་རྩིས།

(1)ཚོང་རྫས་སྒོང་གཏོང་ཁྲིམ་བྱ། གཙོ་བོ་ཚོང་རྫས་སྒོང(ཁམས་གསོའི་སྒོང)དང་། ཕྱིར་འབུད་ཁྲིམ་བྱ་ལོ་ལོན། བྱ་བྲུན་སོགས་ཕྱིར་འཚོང་ལ་བརྟེན་པ་ཡིན།

(2)སོན་བྱ། གཙོ་བོ་སོན་སྒོང་དང་། ཕྱིར་འབུད་ཁྲིམ་བྱ་ལོ་ལོན། བྱ་བྲུན་སོགས་ཀྱི་ཕྱིར་འཚོང་ལ་བརྟེན་པ་ཡིན།

གཉིས། ཐོན་སྐྱེད་ཁེ་སྤོགས་ཞིབ་རྩིས།

སྒོང་བྱའི་ཐོན་སྐྱེད་ཁེ་སྤོགས་ནི་ཐོན་རྫས་ཀྱི་རིན་ཐང་ཁྲོད་ནས་མ་དངུལ་འཕྲི་བ་ལས་ལྷག་པའི་ཆ་ཤས་དེ་ཡིན་ལ། དེ་ལ(སྤྱིར་བཏང་དུ་གསོ་སྐྱེལ་ལས་རིགས་ལ་ཁྲལ་མི་བསྡུ་བ་ཡིན)ཁྲལ་སྣུད་དང་བྱ་གསོ་ར་བའི་ཁེ་སྤོགས་གཉིས་ཡོད། ཁེ་སྤོགས་ཞིབ་རྩིས་དེ་ཁེ་སྤོགས་ཀྱི་མང་ཉུང་དང་ཁེ་སྤོགས་ཀྱི་ཚད་དེ་ཕྱོགས་གཉིས་ནས་ཚད་འཇལ་དགོས་པ་ཡིན། ཁེ་སྤོགས་ཀྱི་མང་ཉུང་ནི་བྱ་གསོ་ར་བའི་ཁེ་སྤོགས་ཀྱི་བསྡོམས་བཅས་གྲངས་འབོར་ལ་ཟེར།

ཁེ་སྤོགས་ཀྱི་མང་ཉུང＝ཕྱིར་འཚོང་གི་ཡོང་འབབ–ཐོན་སྐྱེད་མ་རྩ–ཕྱིར་འཚོང་གི་འགྲོ་གྲོན–ཁྲལ་དངུལ+ལས་གཉེར་ཕན་གྱི་གཏོང་འཛིན་གྱི་བར་ཁྱད།

ལས་གཉེར་ཕན་གྱི་གཏོང་འཛིན་གྱི་བར་ཁྱད་ནི་བྱ་གསོ་ར་བའི་ཐོན་སྐྱེད་ལས་གཉེར་དང་ཐད་ཀར་འབྲེལ་བ་མེད་པའི་ཡོང་འབབ་དང་འགྲོ་གྲོན་ལ་ཟེར་ཞིང་། བྱ་གསོ་ར་བའི་གཞི་ཚྭོན་ཆེ་ཆུང་གི་དབང་གིས་མི་འདྲ་བ་དང་། ཁེ་སྤོགས་ཀྱི་མང་ཉུང་ལའང་བར་ཆད་ཐུང་ཆེན་པོ་ཡོད་པ་ཡིན། ཁེ་སྤོགས་ཀྱི་ཚད་

ཕན་ཚུན་བསྒྱུར་བ་ལས་དྲང་བདེན་གྱི་སྒོ་ནས་བྱ་གསོ་ར་བ་སྒྲུབ་པ་ལེགས་མི་ལེགས་ལ་དཔྱད་འཛོག་བྱེད་ཐུབ་པ་དང་། ཁེ་སྤོགས་ཀྱི་ཚད་ནི་ཁེ་སྤོགས་དང་མ་རྩ། ཐོན་རྫས་རིན་ཐང་། མ་དངུལ་བསྒྱུར་བ་ལས། ཟུར་མི་འདྲ་བའི་སྒོ་ནས་གནད་དོན་གསལ་བཤད་བྱེད་པ་དེ་ཡིན།

མ་དངུལ་ཁེ་སྤོགས་ཀྱི་ཚད(%)=ལོ་གཅིག་གི་ཁེ་སྤོགས་ཀྱི་བསྡོམས་གྲངས/(ལོ་རེར་ཆ་སྙོམ་གྱིས་བཟུང་བའི་མ་དངུལ་གྱི་སྤྱི་བསྡོམས×ལོ 100ཡི་ཆ་སྙོམ་གྱིས་བཟུང་བའི་མ་དངུལ་གྱི་སྤྱི་བསྡོམས—ལོ་རེར་འཁོར་སྐྱོད་བྱེད་པའི་མ་དངུལ་གྱི་ཆ་སྙོམ་བཟུང་བའི་གྲངས་འཐོར+ལོ་རེའི་བརྟན་འཛུགས་མ་དངུལ་གྱི་ཆ་སྙོམ་ཀྱུང་ཐང)

མ་དངུལ་ཁེ་སྤོགས་ཚད་ནི་ལྟེ་བའི་དམིགས་ཚད་ཅིག་ཡིན་ལ། བཟུང་བའི་མ་དངུལ་མང་མི་འཚམ་པ་ཡིན། དེ་ལས་ཕྱོག་ན་སྐྱེད་ཀ་མང་དུ་སྟེར་བ་དང་སྙིང་འགུག་དང་ཞིག་གསོའི་འགྲོ་གྲོན་མང་དུ་འཕྱུར་དགོས་པ་ཡིན།

ཚེད་ལས་བྱ་གསོ་ཁྱིམ་ཚང་ལ་མཚོན་ན། མ་དངུལ་ཕན་ཚད་ཁེ་སྤོགས་ཡིན་ལ། མ་དངུལ་ཞེས་པ་ནི་གཙོ་བོ་ཐོན་སྐྱེད་ཁྲིད་ཐད་ཀར་འཛད་གྲོན་དུ་སོང་བའི་སྒོར་མོ་ཡིན་པ་དང་། སླ་ཐོགས་དང་སྙིང་འགུག་གི་འགྲོ་གྲོན་དེའི་ནང་མི་འདུས་པ་ཡིན། དེ་ཡང་ལོ་དེའི་སྤྱིའི་ཡོང་འབབ་ལས་ཐད་ཀར་ཐོན་སྐྱེད་འགྲོ་གྲོན་འཕྲི་བའི་ལྷག་མ་ནི་ཁེ་སྤོགས་ཡིན་ལ། འདི་ནི་མ་དངུལ་དང་ཁེ་སྤོགས་ཀྱི་ཞིབ་རྩིས་ཆ་ཚང་བ་ཞིག་མིན། ཚེད་ལས་བྱ་གསོ་ཁྱིམ་ཚང་གི་ཐོན་སྐྱེད་གཞི་ཁྱོན་ཇེ་ཆེར་སོང་བ་དང་ཐོན་སྐྱེད་ཆུ་ཚད་ཇེ་མཐོར་སོང་བ་དང་བསྟུན་ནས། ངེས་པར་དུ་ཕར་བཏང་བའི་མ་དངུལ་གྱི་ཕན་འབྲས་ཀྱི་ཞིབ་རྩིས་ལ་ཤུགས་སྣོན་པ་དང་། དོ་དམ་ཆུ་ཚད་ཇེ་མཐོར་བཏང་སྟེ་འཕེལ་རྒྱས་ཀྱི་ཁ་ཕྱོགས་བཟང་པོ་དེ་འགན་སྲུང་བྱེད་དགོས་པ་ཡིན།

གསུམ། སྒོང་བྱ་གསོ་སྐྱེལ་ར་བའི་ཐོན་སྐྱེད་ཚད་ཀྱི་དམིགས་ཚད།

1.སྒོ་ང་གཏོང་བའི་ནུས་པ་ནི་སྒོ་ང་ཐོན་པའི་ཐོན་སྐྱེད་ཕན་འབྲས་ལ་ཚད་འཇལ་བྱེད་ཀྱི་གལ་ཆེའི་དམིགས་ཚད་ཡིན།

(1)སྒོ་ང་ཐོན་པའི་འཆར་གཞིའི་འགྲུབ་ཚད། གལ་ཏེ་སྤྱར་ཚད་འདི་100%ལས་ཆེ་བ་ཡིན་ན། དེས་འགན་ཁུར་ལྷག་མ་གྲུབ་པ་གསལ་བཤད་བྱས་པ་ཡིན།

སྒོ་ང་ཐོན་པའི་འཆར་གཞིའི་འགྲུབ་ཚད(%) = དོན་དངོས་སུ་འགྲུབ་པའི་ཚད÷འཆར་གཞིའི་འགྲུབ་པར་བྱེད་པའི་ཚད×100%

(2)སྒོ་ངའི་ཐོན་ཚད། མོ་བྱའི་སྒོ་ངའི་ཐོན་ཚད(མོ་བྱ་རེ་རེའི་སྒོ་ངའི་ཐོན་ཚད)ཇི་ལྟར་མཐོ་ན་དེ་ལྟར་བཟང་བ་ཡིན།

(3)སོན་སྒོང་ཁྱབ་བླུག་པའི་ཚད། 90%ལས་མི་དམའ་བ་དགོས།

(4)སྒོ་ང་བསྐལ་ལང་གི་ཚད། ཁྱབ་སྤྱད་པའི་སྒོ་ངའི་བསྐལ་ལང་གིཚད་དང་མིས་སྒོ་ང་བསྐལ་ལང་གི་ཚད་དེ་སོ་སོར 99%དང 85%ཡན་དུ་བསླེབ་དགོས་པ་ཡིན།

(5)བྱ་ཕྲུག་གསོ་ཚད། སྒོང་བྱའི་བྱ་ཕྲུག་གསོ་ཡུན་ནི་གཟའ་འཁོར 0~6 བར་ཡིན་ལ། བྱ་ཕྲུག་གསོ་ཚད 95%ལས་དམའ་མི་རུང་བ་ཡིན།

(6)སྐྱེ་ལོངས་ཚད། སྒོང་ཞུན་ཐོ་སྐྱའི་སྒོང་བྱ་དེ་གཟའ་འཁོར 7~20བར་དུ་འཚར་སྐྱེའི་དུས་ཡུན་ཡིན་ལ། དུས་སྐབས་འདིའི་ཁྱིམ་བྱ་ལ་ན་གཞོན་ཁྱིམ་བྱ(རྗེས་སྙོན་ཁྱིམ་བྱ་དང་འཚར་ལོངས་ཁྱིམ་བྱའང་ཟེར)ཟེར་ལ། འཚར་ལོངས་ཀྱི་ཚད་ཇི་ལྟར་མཐོ་ན་དེ་ལྟར་བཟང་བ་ཡིན།

2.གཟན་ཆག་གི་ཕན་འབྲས་ནི་སྒོང་བྱ་ཐོན་སྐྱེད་ཁྲོད་དུ་གཟན་ཆག་དང་སྒོ་ངའི་སྤྱར་བ་དེར་ཟེར་བ་དང་། འདིའི་སྤྱར་བའི་ཚད་ཇི་ལྟར་དམའ་ན། གཟན་

ཚག་གི་ཕན་འབྲས་དེ་ལས་མཐོ་བ་གསལ་བཤད་བྱེད་ཐུབ་པ་ཡིན།

ས་བཅད་གསུམ་པ། བྱ་གསོ་ར་བའི་ཐོན་སྐྱེད་འཆར་གཞི་དང་ཐོ་འགོད།

གཅིག བྱ་གསོ་ར་བའི་ཐོན་སྐྱེད་འཆར་གཞི་བཟོ་བ།

(གཅིག)བྱ་ཁྱུ་འཁོར་སྐྱོད་ཀྱི་འཆར་གཞི།

བྱ་གསོ་ར་བ་གང་འདྲ་ཞིག་ཡིན་ཡང་འཁོར་སྐྱོད་ཀྱི་འཆར་གཞི་དེ་ཐོན་སྐྱེད་འཆར་གཞི་ཡོད་ཚད་ཀྱི་རྨང་གཞིར་འཛུག་པ་དང་། དེ་ལ་བརྟེན་ནས་སོན་བྱ་ནང་འཛིན་དང་། སྒོང་བསྐལ་བ། གཟན་ཆག་མཁོ་སྤྲོད། ནོར་དོན་གཏོང་འཛིན་སོགས་ཀྱི་གཞན་པའི་འཆར་གཞི་བཟོ་དགོས་པ་ཡིན། འཁོར་སྐྱོད་འཆར་གཞི་བཟོ་དུས་ཁྱིམ་བྱའི་གོ་བབ་དང་། ཁྱིམ་བྱའི་གོ་བབ་ཀྱི་བེད་སྤྱོད་ཚད། གསོ་ཚོགས་ཀྱི་ཞིན་གྲངས། ཆ་སྙོམ་གསོ་ཚོགས་ཀྱི་ཁ་གྲངས། བྱ་ཁང་དུ་ཚུད་པའི་ཁ་གྲངས་སོགས་ཀྱི་རྒྱུ་རྐྱེན་ལ་མཉམ་འཛོམ་བྱེད་དགོས། གསོན་ཚད་དང་། ཟླ་རེའི་ཤི་ཚད་དང་ཕྱིར་འབུད་ཚད་སོགས་ཟུང་འབྲེལ་བྱས་ན། བྱ་གསོ་ར་བ་ཞིག་གི་བྱ་ཁྱུའི་འཁོར་སྐྱོད་འཆར་གཞི་ཡང་དག་པ་ཞིག་བཟོ་ཐུབ་པ་ཡིན།

བྱ་གསོ་ར་བའི་ཐོན་སྐྱེད་དེ་བྱ་ཕྲུག་ནང་འཛིན་བྱེད་པ་ནས་གསོ་བ་དང་། གསོ་འཚར་ནས་སྒོང་གཏོང་བ། ཕྱིར་འབུད་གཏོང་བ། སོན་བྱའི་ར་བའི་བར་དང་། ད་དུང་སོན་སྒོང་བསྐལ་བ་དང་། བྱ་ཕྲུག་ཕྱིར་འཚོང་བྱེད་པ་སོགས་འདི་ལྟའི་འཁོར་སྐྱོད་ཅིག་མཚམས་མ་ཆད་པར་འཁོར་བཞིན་ཡོད་པ་དང་། ཐོན་སྐྱེད་ཀྱི་གོ་རིམ་ཚང་མ་ཕན་ཚུན་གཅིག་ལ་གཅིག་འབྲེལ་ཞིང་ཁ་འབྲལ་དུ་མི་ཙུང་བ་ཡིན། ཐོན་སྐྱེད་ཀྱི་དོན་དངོས་དང་ཚོང་རའི་གནས་ཚུལ་གྱི་སྟོན་དཔག་ནས་མགོ

བརྩམས་པ་ཡིན་ན། ཐོན་སྐྱེད་ཁྲོད་ཀྱི་གོ་རིམ་སོ་སོར་གནད་དོན་མི་འབྱུང་བར་ཁག་ཐེག་བྱེད་ཐུབ་པར་མ་ཟད། ད་གཟོད་དཔལ་འབྱོར་གྱི་ཕན་འབྲས་མི་དམན་པ་ཞིག་ཀྱང་ལེན་ཐུབ་པ་ཡིན།

(གཉིས) ཐོན་རྫས་ཀྱི་འཆར་གཞི།

ཐོན་འབོར་གྱི་མཁོ་སྤྲོད་ལྟར་བཟོས་པའི་ཐོན་སྐྱེད་འཆར་གཞི་ཡིན་ནའང་འདྲ། སྒོང་ཐོན་པའི་ལྗིད་ཚད་ལྟར་བཟོས་པའི་ཁྱིམ་བྱའི་སྒོང་གཏོང་ཚད་ཀྱི་འཆར་གཞི་ཡིན་ཡང་རུང་། གཞི་རྩའི་དམིགས་འབེན་ནི་ཁྱིམ་བྱ་ཞིག་གསོ་ཚགས་བྱས་པའི་ཉིན་རེའི་སྒོང་བཏང་བའི་ཁེ་གྲངས་ཡིན་ལ། དེ་ལྟར་ཉིན་རེ་དང་ཟླ་རེའི་སྒོང་བཏང་བའི་ལྗིད་ཚད་རྩིས་ཐུབ་པ་ཡིན།

སྒོང་བྱ་གསོ་ཚགས་ར་བའི་ཐོན་རྫས་གཙོ་བོ་ནི་སྒོང་ཡིན་ལ། དེ་ལས་གཞན་ད་དུང་ཕྱིར་འབུད་གཏོང་བའི་ཁྱིམ་བྱ་དང་བྱ་སྤུན་ཡང་ཡོད། ཐོན་སྐྱེད་འཆར་འགོད་བཟོ་དུས། འདི་ལྟའི་ཐོན་རྫས་དཀྱུས་མ་དང་ཞོར་ཐོན་དངོས་རྫས་སོགས་ཀྱང་ཐོན་རྫས་གཙོ་བོ་དང་མཉམ་དུ་ཐོན་རྫས་འཆར་གཞིའི་ནང་དུ་འཛུག་དགོས་པ་ཡིན།

ཐོན་རྫས་ཡོད་ཚད་ཀྱི་ཐོན་འབོར་དེ་ལས་གཉེར་མཁན་གྱིས་ཚོང་རའི་ཆ་རྐྱེན་གཞིར་བཟུང་ནས། ཚོང་རར་བརྟག་དཔྱད་ཞིབ་འཇུག་དང་སྔོན་དཔག་བཟང་པོ་བྱས་པ་བརྒྱུད། ཐོན་སྐྱེད་ཀྱི་འཆར་གཞི་དང་། ཉོ་འཚོང་གི་གན་རྒྱ། ཐོན་སྐྱེད་གོ་རིམ་ཁྲོད་ཀྱི་བྱེ་བྲག་གི་གནས་ཚུལ་སོགས་གཞིར་བཟུང་ནས་སྒོམ་སྒྲིག་བྱེད་དགོས་པ་དང་། འདི་ལྟར་བྱས་ན་ད་གཟོད་ཐོན་རྫས་ཕྱིར་འཚོང་གི་རིན་གོང་དེ་བསམ་ཐོག་ཏུ་མི་ཡོང་བ་ཞིག་ཡིན་མི་སྲིད་པ་མ་ཟད། མཐའ་མར་ཁེ་ཕན་ཆེས་ཆེ་བ་ཞིག་ལེན་ཐུབ་པ་ཡིན་ནོ།།

(གསུམ) གཟན་ཆག་གི་འཆར་གཞི།

གཟན་ཆག་ནི་ཁྲིམ་བྱ་གསོ་ཚགས་ཐོན་སྐྱེད་ལེགས་འགྲུབ་འབྱུང་མིན་གྱི་དངོས་པོའི་ཆ་རྐྱེན་གཅིག་པུ་ཡིན་ལ། གཟན་ཆག་གི་རྒྱུ་ཕྱུས་དང་རིན་ཐང་གིས་ཐད་ཀར་ཁྲིམ་བྱ་གསོ་ཚགས་ཐོན་སྐྱེད་ལ་ཚོད་འཛིན་ཐེབས་པ་ཡིན། རྒྱུ་ཕྱུས་མཐོ་བའི་གཟན་ཆག་དང་རིན་གོང་དམའ་བའི་གཟན་ཆག་ཅིག་བྱུང་བར་གྱུར་ན། བྱ་གསོ་ར་བས་ད་གཟོད་དཔལ་འབྱོར་གྱི་ཕན་འབྲས་ཡིད་ཚིམ་པ་ཞིག་ལེན་ཐུབ་པ་ཡིན། གལ་ཏེ་བྱ་གསོ་ར་བའི་གཟན་ཆག་གི་ཐོན་ཁུངས་དེ་གཟན་ཆག་བཟོ་གྲྭ་ཡིན་ན། བྱ་ཕྲུའི་དུས་མཚམས་སོ་སོའི་དགོས་མཁོ་ལྟར་གཟན་ཆག་འདང་ངེས་ཤིག་ཉོས་ཏེ་ནང་འདྲེན་བྱེད་དགོས། འཚར་སྐྱེའི་དུས་རིམ་སོ་སོའི་ཁྲིམ་བྱའི་གཟན་ཆག་འཛད་གྲོན་གྱི་ཚད་མི་འདྲ་བ་ཡིན་ལ། སྤྱིར་བཏང་དུ་རིམ་གྱིས་ཇེ་མང་དུ་བཏང་ནས་ཆུ་ཚད་ངེས་ཅན་ཞིག་ལ་བསླེབས་རྗེས་ཚད་དེ་རྒྱུན་སྲུང་བྱེད་དགོས། བྱ་རྒྱུད་མི་འདྲ་བའི་ཁྲིམ་བྱའི་ཐོན་སྐྱེད་གཟན་ཆག་གི་ཐོ་འགོད་ཟིན་བྲིས་སྟེང་དུ་སོ་སོར་གསལ་བཤད་ཞིབ་མོ་ཡོད་པ་ཡིན། ཐོ་འགོད་ཟིན་བྲིས་སྟེང་གི་གསལ་བཤད་དང་ཟུང་འབྲེལ་བྱས་ན། བྱ་གསོ་ར་བའི་དོན་དངོས་བྱ་ཕྲུའི་འཁོར་སྐྱོད་འཆར་གཞི་ཚང་མས་བྱ་གསོ་ར་བ་དེར་ཉིན་རེར་དང་གཟའ་འཁོར་རེར་དགོས་པའི་གཟན་ཆག་གི་ཚད་དེ་མངོན་པར་འཆར་གཞི་བཟོ་ཐུབ་པ་ཡིན།

(བཞི)གཞན་པའི་འབྲེལ་ཡོད་འཆར་གཞི།

གོང་གི་དོན་ཚན་གསུམ་པོ་ནི་བྱ་གསོ་ར་བ་ཞིག་གི་ཆེས་གལ་ཆེ་བའི་ཐོན་སྐྱེད་འཆར་གཞིའི་ནང་དོན་གསུམ་ཡིན་ལ། བྱ་གསོ་ར་བ་ཞིག་ལ་མཚོན་ན་འཆར་གཞི་རིགས་འདི་གསུམ་པོ་ནས་ད་དུང་མི་འདང་སྟེ། ད་དུང་གཞན་པའི་རིགས་སྐོར་རང་བཞིན་གྱི་འཆར་གཞིས་གཞོགས་འདེགས་བྱེད་དགོས་པ་ཡིན། འཆར་གཞི་འདིའི་རིགས་ལ་སྒྲིག་ཆས་གསར་སྒྱུར་གྱི་འཆར་གཞི་དང་། ཞིག་གསོའི་འཆར་གཞི། ནོར་དོན་འཆར་གཞི། ལས་བཟོ་པའི་ཟབ་སྦྱོང་འཆར་གཞི།

ཐོན་རྫས་ཞིབ་བཤེར་ཚད་ལེན་གྱི་འཆར་གཞི་སོགས་ཡོད་པ་ཡིན།

གཉིས། བྱ་གསོ་ར་བའི་གསོ་སྐྱེལ་ཡིག་ཆགས་དང་ཐོ་འགོད་དོ་དམ།

1.ཁྱིམ་བྱའི་བྱ་རྒྱུད་དང་། ཁ་གྲངས། སྐྱེ་འཕེལ་ཐོ་འགོད། རྟགས་བཏབ་པའི་གནས་ཚུལ། ཡོང་ཁུངས་དང་ནང་འདྲེན་ཕྱིར་གཏོང་གི་ཚེས་གྲངས…སོགས།

2.གཟན་ཆག་དང་། གཟན་ཆག་སྦྱོར་རྟ། ཕྱུགས་སྨན་སོགས་ཀྱི་ཡོང་ཁུངས་དང་། མིང་། བཀོལ་སྤྱོད་བྱེད་ཡུལ། དུས་ཚོད་དང་བཀོལ་སྤྱོད་ཀྱི……ཚད་སོགས།

3.རིམས་ནད་ཞིབ་དཔྱད་དང་། རིམས་འགོག དུག་སེལ་གྱི་གནས་ཚུལ་སོགས།

4.ནད་བྱུང་བ་དང་། ཤི་བ། གནོད་མེད་ཅན་དུ་བསྒྱུར་བའི་གནས་ཚུལ་སོགས།

5.སྒོ་ང་གཏོང་བའི་དུས་སྐབས་ཀྱི་ཉིན་རེའི་སྒོ་ངའི་ཐོན་ཚད་དེ་ལ། སྒོ་ང་བཟང་པོ་དང་། ཡ་མ་གཟུགས་ཀྱི་སྒོ་ང་། ཆག་རལ་ཤོར་བའི་སྒོ་ང་སོགས……ཡོད།

6.སོན་བྱའི་སྒོ་ང་གཏོང་བའི་དུས་སྐབས་ཀྱི་ཉིན་རེར་འོད་ཕོག་པའི་དུས་ཚོད་ཞིབ་མོ་སྟེ། དེ་ལ་ནངས་དགོང་གཉིས་ལ་སྒློག་འགེར་བ་དང་གཟུམ་པའི…དུས་ཚོད་སོགས་ཡོད།

7.ཕྱིར་འཚོང་ཐོན་རྫས་ཀྱི་ལྗིད་ཚད་དང་ཁ་གྲངས།

ལེའུ་བརྒྱད་པ། ཁོར་ཡུག་གི་ཚོད་འཛིན་དང་ རྟག་བརྟན་འབག་དངོས་གསོད་མེད་ ཅན་དུ་སྒྱུར་ཐབས།

ས་བཅད་དང་པོ། བྱ་ཁང་ནང་གི་ཁོར་ཡུག་གི་ཚོད་འཛིན།

གཅིག རླུང་རྒྱུ་བར་བྱེད་པ།

བྱ་ཁང་གི་ཆེ་ཆུང་དང་གསོ་ཚགས་ཁྲིམ་བྱའི་ཁ་གྲངས་ལ་མ་བལྟོས་པར། བྱ་ཁང་ནང་དུ་རླུང་རྒྱུ་བར་བྱས་ནས་མཁའ་དབུགས་གསར་པ་གཙང་མ་ཞིག་རྒྱུན་སྲུང་བྱེད་རྒྱུ་ནི་མེད་དུ་མི་རུང་བ་ཞིག་ཡིན། དེ་ལས་ཀྱང་འདུས་ཚད་མཐོ་བའི་གསོ་ཚགས་ཀྱི་བྱ་ཁང་ལ་མཚོན་ན་གནད་དོན་འདི་ནི་ལྷག་ཏུ་གལ་ཆེན་པོ་ཞིག་ཡིན་ཏེ། བྱ་ཁང་ནང་དུ་རླུང་རྒྱུ་བ་མ་བཟང་ན་གནོད་པ་ཅན་གྱི་དབུགས་གཟུགས་ཏེ་དཔེར་ན་ཨན་དབུགས་དང་། དབྱང་གཉིས་ཐྣན་འགྱུར། ལིག་ཧྲ་ཆེན་སོགས་དུས་མིན་དུ་བྱུང་ནས། ཁྲིམ་བྱའི་རྒྱུན་ལྡན་གྱི་འཚར་སྐྱེ་དང་སྒོ་ང་གཏོང་བར་ཤུགས་རྐྱེན་ངན་པ་ཐེབས་པར་མ་ཟད། ད་དུང་ནད་རིགས་སྣ་ཚོགས་ཀྱང་དྲངས་འོང་བ་ཡིན། དེ་བས། ཐོན་སྐྱེད་ཁྲོད་ངེས་པར་དུ་བྱ་ཁང་གི་མཐིལ་ཞབས་སུ་རླུང་རྒྱུའི་སྒེའུ་ཁུང་ཆུང་བ་དང་། རྩིག་ལོགས་སུ་རླུང་རྒྱུའི་སྒེའུ་ཁུང་ཆེ་བ། ཁང་སྟོད་དུ་ཏོག་ཁེབས་ཅན་གྱི་དབུགས་གཏོང་སྦུ་གུ་སྒྲིག་སྦྱོར་བྱེད་དགོས་པ་དང་། དབྱར་ཁར་ཚང་མ་ཁ་ཕྱེ་བ་དང་དགུན་ཁར་རྩིག་ལོགས་ངོས་

ཀྱི་སྣེའུ་ཁྲུང་ཆེ་བ་གཏན་ནས་མཐིལ་ཞབས་ཀྱི་སྣེའུ་ཁྲུང་ཆུང་བ་དང་། ཁང་སླད་ཀྱི་དབུགས་གཏོང་སྦུ་གུ་གཉིས་ཁ་སྦྱེ་དགོས། དགུན་ཁའི་དུས་སུ་ད་དུང་རྩིག་ལྡེབས་ངོས་ཀྱི་སྣེའུ་ཁྲུང་ཁར་དབུགས་འདྲེན་རླུང་འཁོར་སྒྲིག་སྦྱོར་བྱས་ནས་བྱ་ཁང་ནང་གི་བཙོག་དབུགས་ཕྱིར་ཕུད་པར་སྟབས་བདེ་སྐྱུན་ཚོག་པ་ཡིན། དགུན་ཀྱི་དུས་སུ་རླུང་རྒྱུའི་མ་ལག་ལ་མཉམ་འཛོམ་ལེགས་པོ་བྱས་ཏེ། རླུང་འཚུབ་ཀྱིས་གཙེ་བ་དང་ཁང་བའི་ནང་གི་དྲོད་ཚད་མར་ཆག་པ་གཏན་འགོག་བྱེད་དགོས། དེ་ལྟར་བྱས་ན་གཟན་ཆག་གི་འགྲོ་གྲོན་ཇེ་ཉུང་དུ་གཏོང་ཐུབ་པ་དང་། ནད་རིགས་སྣ་ཚོགས་ཀྱང་འགོག་ཐུབ་པ་ཡིན་ནོ། །

གཉིས། འོད་ཡོག་ཏུ་འཇུག་པ།

འོད་ཡོག་པར་བྱེད་པ་དེས་ཁྱིམ་བྱའི་སྒོང་གཏོང་བའི་ནུས་པར་ཤུགས་རྐྱེན་ཚུང་ཆེན་པོ་ཐེབས་པ་ཡིན། ལུགས་མཐུན་གྱི་སྒོ་ནས་འོག་ཡོག་པར་བྱེད་པ་དེས་ཁམས་དམར་ཕྱིར་གཏོང་བར་རེག་ཚོར་བཟོས་ཏེ། ཁྱིམ་བྱའི་རྒྱུན་ལྡན་གྱི་འཚར་སྐྱེ་ལ་སྐུལ་འདེད་བཏང་ནས་སྒོ་ངའི་ཐོན་ཚད་ཇེ་མཐོར་གཏོང་ཐུབ་པ་ཡིན། མིས་ཐབས་ཀྱིས་འོད་ཡོག་པར་ཁ་གསབ་བྱེད་ན། ཉིན་རེའི་ནམ་མ་གསལ་བའི་སྟོན་ལ་ཕན་ནུས་ཆེས་བཟང་བ་དང་། འོད་ཡོག་པ་ཁ་གསབ་བྱེད་དུས། བྱ་ཁང་ནང་གི་རྫིད་ངོས་སྐྱེམ་གྲུ་བཞི་མ་རེའི་ས་ངོས་ཀྱི་རྒྱ་ཁྱོན་ལ་ཕ 3~5 བར་འཚམ་པ་ཡིན། དེ་ཡང་ཤེལ་ཏོག་ས་ངོས་ལས་རྫིད 2མཚམས་སུ་འཛོག་པ་དང་། ཆེས་བཟང་ན་ཤེལ་ཏོག་ལ་ཁེབས་འགེལ་སྒྲིག་སྦྱོར་བྱས་ནས་འོད་གཅིག་ཏུ་སྡུད་པར་བྱེད་པ་དང་། ཤེལ་ཏོག་ཕན་ཚུན་བར་དུ་ཕལ་ཆེར་རྫིད 3ཀྱིས་བར་ཐག་བཞག་སྟེ། བྱ་ཁང་གི་གནས་སོ་སོར་འོད་སྙོམ་པོར་ཡོག་ཏུ་འཇུག་པར་ཁག་ཐེག་བྱེད་དགོས་སོ།།

གསུམ། གཟན་ཆག་སྟེར་བ།

སྒོང་བྱར་རྒྱུན་ལྡན་དུ་ཕྱེ་མའི་རིགས་ཀྱི་གཟན་ཆག་སྐམ་པོ་སྟེར་དགོས་པ་དང་། སྔ་དྲོའི་དུས་ཚོད་9པ་དང་ཕྱི་དྲོའི་དུས་ཚོད་3པར་གཟན་ཆག་སྟེར་འཚམ་པ་དང་། ཉིན་རེའི་གཟན་ཆག་གི་ཚད་ནི་སྤྱིར་བཏང་དུ་ཁྱིམ་བྱ་རེ་ལ་ཁེ100~125ཡིན་མོད། ལུས་པོའི་ལྗིད་ཚད་ཀྱི་འགྱུར་ལྡོག་གཞིར་བཟུང་སྟེ་གཟན་ཆག་སྟེར་ཚད་སྙོན་འཕྲི་བྱེད་ཆོག་ལ། དེ་ཡང་སྒོང་གཏོང་ཚད་ལ་ཤུགས་རྐྱེན་མི་ཐེབས་པའི་ཚད་དེ་ཆེས་འཚམ་པ་ཡིན། ཁྱིམ་བྱའི་ཟས་ཀྱི་ཡི་ག་རྒྱུན་སྲུང་བྱེད་ཆེད། ཉིན་རེར་གཟན་གཞོང་སྟོང་བ་འཇོག་པའི་དུས་ཚོད་ངེས་ཅན་ཞིག་ཁག་ཐེག་བྱེད་དགོས། དེ་ལྟར་བྱས་ན་གཅིག་ནས་གཟན་ཆག་ཡུན་རིང་གཟན་གཞོང་དུ་བཞག་ནས་རུལ་བའམ་སྨུས་ཀ་འགྱུར་བའི་གནད་དོན་ལྡོག་ཐུབ་པ་དང་། གཉིས་ནས་ཁྱིམ་བྱའི་ཡི་ག་མེད་པ་དང་ཟས་བསལ་གསེས་བྱེད་པའི་གཤིས་ཀ་ངན་པ་ལྡོག་ཐུབ་པ་ཡིན།

བཞི། འཐུང་ཆུ་བླུད་པ།

ཆུ་ནི་ཁྱིམ་བྱ་གསོ་ཚགས་ཀྱི་ཐོན་སྐྱེད་ལ་ཧ་ཅང་གལ་ཆེ་བ་དང་། འཐུང་ཆུ་ཆད་པའི་མཇུག་འབྲས་ནི་གཟན་ཆག་ཆད་པའི་མཇུག་འབྲས་ལས་ཀྱང་ཚབས་ཆེ་བ་ཡིན། རྒྱུན་ལྡན་སྒོང་བྱའི་ཆུའི་འདུས་ཚད་ནི་70%ཡན་ལ་བསླེབ་དགོས་པ་དང་། ཁྱིམ་བྱ་རེར་ཉིན་རེར་ཆུ་ཧ་འོ་ཧྲིན220~380དགོས་པ་ཡིན། འཐུང་ཆུ་བླུད་པ་ཉུང་ན་ཁྱིམ་བྱའི་གཟན་ཆག་ཟ་ཚད་ཇེ་ཉུང་དུ་འགྲོ་སྲིད་པ་དང་། རྒྱུན་ལྡན་གྱི་འཚར་སྐྱེ་ལ་ཤུགས་རྐྱེན་ཐེབས་པ། སྒོང་གཏོང་ཚད་མ་མཐའ་ཡང་2%མར་ཆག་འགྲོ་བ་ཡིན། འཐུང་ཆུའི་རྒྱུ་ཕྲུས་མ་བཟང་ནའང་སྒོང་གཏོང་ཚད་དང་སྒོང་ངའི་རྒྱུ་ཕྲུས། སྒོང་ངའི་ལྗིད་ཚད་མར་ལྷུང་འགྲོ་བས་ན། སྒོང་བྱ་གསོ་སྐྱོང་བྱེད་པར་ངེས་པར་དུ་དུས་ལྟར་འཐུང་ཆུའི་ཚད་གཞི་དང་མཐུན་ལ། དྭངས་

ཤིང་གཙང་བའི་འཐུང་ཆུ་ལྡུད་དགོས་པ་ཡིན་ནོ།།

༣། དྲོད་ཚད།

ཁྱིམ་བྱ་ར་ཆེས་འཚམ་པའི་དྲོད་ཚད་ནི་ཌུཨུ 18~23℃བར་ཡིན་པ་དང་། དྲོད་ཚད་མཐོ་བའམ་དམའ་བར་གྱུར་པ་གང་ཡིན་ཡང་སྒོང་ངའི་ཐོན་ཚད་ལ་མི་ཕན་པ་ཡིན། བྱ་ཁང་ལ་འོས་འཚམ་གྱི་དྲོད་ཚད་ཅིག་སྲུང་འཛིན་བྱེད་དགོས་པ་སྟེ། དབྱར་ཁར་བྱ་ཁང་ནང་དུ་རླུང་རྒྱུ་བར་མཉམ་འཛོམ་བྱེད་པ་དང་། དགུན་ཁར་དྲོད་འཛིན་པའི་བྱ་བ་ལེགས་པོར་སྒྲུབ་དགོས། དེ་ཡང་བྱ་ཁང་གི་སྒོ་དང་སྒེའུ་ཁུང་དེ། དགོང་མོའི་དུས་དང་ཁ་ཆར་གྱི་ནམ་ཟླར་འཕྲད་དུས་ཡོལ་བ་བཏགས་ནས་བྱ་ཁང་ནང་གི་དྲོད་ཚད་ཇེ་མཐོར་གཏོང་དགོས་པ་དང་། ད་དུང་བྱ་ཁང་གི་བྱང་ངོས་ཀྱི་རྩིག་ལྡེབས་ཕྱི་ངོས་སུ་མ་རྩོས་ལོ་ཏོག་གི་གཞུང་རྩ་བརྩེགས་ནས་རླུང་འགོག་པ་དང་རྩ་སྐྱ་སྤུངས་ནས་གྲང་ངར་འགོག་ཆོག་ལ། ད་དུང་བྱ་ཁང་ཐླད་དུ་སོག་མ་དང་སོག་ཕྱེ་བླུགས་ནས་གྲང་ངར་བཀག་ཀྱང་ཆོག་གོ།

༤། རླན་ཚད།

ཁྱིམ་བྱ་ར་ཆེས་འཚམ་པའི་རླན་ཚད་ནི་ཌུཨུ 60~70℃བར་ཡིན་ལ། གལ་ཏེ་བྱ་ཁང་ནང་གི་རླན་ཚད་དམའ་དྲག་པར་གྱུར་ན། སྒོང་བྱའི་སྤྱོད་ལམ་འཕོབས་པ་དང་། སྒྲོ་སྤུ་ཟིང་ལོང་དུ་གྱུར་པ། སྐྱི་པགས་སྐམ་ཞིང་འཕོབ་པ། སྒྲོ་སྤུ་དང་མཆུ་ཏོའི་ཁ་དོག་ལ་བཀྲག་མདངས་མེད་པར་འགྱུར་བ་མ་ཟད། ཁྱིམ་བྱའི་ལུས་ཀྱི་ཆུ་བསྲད་ནས་བྱ་ཕྲུ་ཡོངས་ལ་དབུགས་རྒྱུའི་མ་ལག་གི་ནད་བསྐྱེད་སྲིད་པ་ཡིན། རླན་གཤེར་མཁའ་དབུགས་ཀྱི་དྲོད་བརྒྱུད་རང་བཞིན་དེ་སྐམ་ཤས་མཁའ་དབུགས་ཀྱི་ལྡབ་བཅུ་ཡིན་པས། དགུན་གྱི་དུས་སུ་གལ་ཏེ་བྱ་ཁང་ནང་གི་རླན་ཚད་མཐོ་བར་གྱུར་ན། ཁྱིམ་བྱའི་ལུས་ལས་ཕྱིར་བཏང་བའི་ནུས་ཚད་ཇེ་མཐོར་སོང་ནས་ཁྱིམ་བྱ་སྟེར་ལས་གྲང་བར་འགྱུར་བ་དང་། དབྱར་གྱི་དུས་སུ་བྱ་ཁང་ནང་གི་རླན་

ཚད་མཐོ་བར་གྱུར་ན། ཁྱིམ་བྱས་དབུགས་རྔུབ་པའི་དུས་མཁའ་དབུགས་ནང་གཏོར་བའི་ཆུ་རྡུལ་ལ་ཚོད་འཛིན་ཐེབས་ནས། ཁྱིམ་བྱའི་ལུས་པོ་བཙྙད་པ་ལས་འབྲུ་ཕྲ་མང་པོ་འཐེལ་བར་གྱུར་ཏེ། ནད་རིགས་སྣ་ཚོགས་བསྐྱེད་པ་དང་སྒོང་གཏོང་ཚད་མར་ཆག་པའི་སྣང་ཚུལ་འབྱུང་སྲིད་པ་ཡིན། དེ་བས། ཐོན་སྐྱེད་ཁྲོད་བྱ་ཁང་ནང་དུ་རླུང་རྒྱུ་བར་བྱེད་པ་དང་བྱ་ཁང་ནང་དུ་རྡོ་ཐལ་འཛོག་པ་སོགས་ཀྱི་བྱེད་ཐབས་སྤྱད་ནས་ཁང་པའི་ནང་གི་རླན་ཚད་རྗེ་དམར་གཏོང་དགོས་པ་ཡིན།

ས་བཅད་གཉིས་པ། བྱ་ཁང་ཕྱིའི་ཁོར་ཡུག་གི་ཚོད་འཛིན།

བྱ་ཁང་ཕྱིའི་ཁོར་ཡུག་གི་ཚོད་འཛིན་ལ། བྱ་ཁང་ངམ་མཐའ་འཁོར་གྱི་ཁོར་ཡུག་གི་ལྗིང་འཇགས་རྒྱུན་སྲུང་བྱེད་པ་དང་། གསོ་ཚགས་མི་སྣས་ངེས་པར་དུ་བརྟན་འཇགས་ཀྱི་ལས་ལྷ་གྱོན་པ། དོན་མེད་ཀྱི་མི་གཞན་པ་བྱ་ཁང་དུ་འགྲོ་རུ་མི་འཇུག་པ། བྱ་ཁང་ནང་གི་ཙོག་ཁུང་སོགས་ཀྱི་ཁ་གཅོད་པ། དུས་ཡུན་ངེས་གཏན་རེའི་ནང་དུ་བྱ་ཁང་ཕྱི་ལ་ཙོག་སྨན་བཞག་ནས་ཙོག་གྲུ་རྫ་མེད་གཏོང་བ། ཞི་ལ་དང་། ཁྱི། ཙོག་གྲུ་སོགས་བྱ་ཁང་དུ་འགྲོ་བ་འགོག་པ་སོགས་དང་། གཞན་ཡང་། གཟན་ཆག་ལས་སྣོན་དང་མར་ཐོག་ཡར་འགེལ་གྱི་ལས་རྗེས་དུས་བྱ་ཁང་དང་རྒྱུང་བཀྱེད་དགོས་པ་སྟེ། འདིས་བྱ་བྲུར་དཀྲིག་དཀྲུག་སློང་བ་འགོག་ཐུབ་པ་མ་ཟད། ད་དུང་བྱ་བྲུ་ལ་ནད་རིགས་སྣ་ཚོགས་བསྐྱལ་ནས་འགོ་བའི་སྣང་ཚུལ་འགོག་ཐུབ་པ་ཡིན།

1.ཁོར་ཡུག་དུག་སེལ་གྱི་བྱ་བ་ལེགས་པོར་སྒྲུབ་དགོས། དུས་ཡུན་ངེས་གཏན་རེའི་ནང་དུ 2%ཅན་གྱི་ཤུགས་ཆེའི་ཐུལ་ཧྲོག་བཞུ་ཁུ་གཏོར་བ་དང་། སྒོ་

འགྲམ་དུ་དུག་སེལ་རྫིང་སྒྲིག་བཟོ་བྱེད་དགོས།

2.དུས་ལྟར་བྱ་ཁང་ཕྱིའི་རྫ་ལྷུམ་གཙང་ཕྱགས་བྱེད་དགོས་པ་སྟེ། ནད་དུག་རང་བཞིན་གྱི་སྐྱེ་དངོས་ཕྲ་རབ་རྫ་ལྷུམ་སྟེང་འབྱར་ནས་ཡོད་སྲིད་པ་ཡིན།

3.བྱ་ཁང་ནང་དུ་རླུང་རྒྱུ་བར་གནོད་པ་མེད་པའི་གནས་ཚུལ་འོག་ཏུ། བྱ་ཁང་གི་ཕྱི་རོལ་ཏུ་སྡོང་པོ་དང་། འཁྲི་ཤིང་གི་སྐྱེ་དངོས། ན་རྩྭ་སོགས་འདེབས་འཛུགས་བྱེད་པ་དང་། སྐྱེ་དངོས་འདི་དག་གི་འོད་སྦྱོར་ནུས་པ་བརྒྱུད་ནས་དབྱུང་གཉིས་ཐྣ་འགྱུར་སྤྱུད་པ་དང་། དབྱུང་དབུགས་ཕྱིར་གཏོང་བ་བཅས་ཀྱིས། དུག་ཕྲའི་འདུས་ཚད་ཇེ་དམར་གཏོང་བ་དང་། རྡུལ་འགོག་པ། དྲི་ངན་བཟློག་པ། དུག་དང་འདྲེས་པའི་དབུགས་གཟུགས་ཇེ་ཉུང་དུ་གཏོང་བ་མ་ཟད། ད་དུང་རླུང་འཚུབ་འགོག་པ་དང་སྒྲ་རྩུབ་མི་ལྡོག་པའི་ནུས་པ་ཐོན་དུ་འཇུག་དགོས།

4.ཚོར་རིག་དྲག་པའི་རྒྱུ་རྐྱེན་སྣ་ཚོགས་འབྱུང་བར་སྔོན་འགོག་བྱེད་དགོས། ལྷག་པར་དུ་ཁྱིམ་བྱའི་སྒོང་གཏོང་ཚད་མཐོ་བའི་དུས་སྐབས་སུ། ཐོན་སྐྱེད་ཀྱི་ཤུགས་ཙུང་དྲག་པ་དང་། སྐྱེ་ཁམས་ཀྱི་འགན་ཁུར་ཙུང་ལྕི་བ། འཚོ་བའི་ནུས་པ་ཉམ་དམས་པ། ནད་འགོག་གི་ནུས་པ་ཙུང་ཞན་པ་སོགས་ཀྱི་གནས་སྐབས་སུ་ཡོད་པས། གལ་ཏེ་རེག་ཚོར་དྲག་པའི་རྒྱུ་རྐྱེན་དང་འཕྲད་ན། ཁྱིམ་བྱའི་འཚར་སྐྱེ་ལ་འགོག་རྐྱེན་བཟོ་བ་དང་། གཟན་ཆག་གི་ཟད་གྲོན་ཇེ་ཆེར་འགྲོ་བ། སྒོང་གཏོང་ཚད་མྱུར་དུ་མར་ཆག་པ། ཤི་ཚད་ཇེ་མཐོར་འགྲོ་བ་སོགས་ཀྱི་སྣང་ཚུལ་འབྱུང་སྲིད་པ་མ་ཟད། སྒོང་གཏོང་ཚད་མར་ཆག་རྗེས་བསྐྱར་སོས་བྱེད་དཀའ་བ་ཡིན་ནོ།།

ས་བཅད་གསུམ་པ། རྟུག་བྲུན་དང་འབག་དརྫོས་གནོད་མེད་ཅན་དུ་སྒྱུར་ཐབས།

གསོ་སྦྱོང་ལས་རིགས་དེ་རང་རྒྱལ་དུ་མགྱོགས་མྱུར་ངང་འཕེལ་རྒྱས་སུ་ཕྱིན་པ་དང་མཉམ་དུ། སྒོ་ཕྱུགས་ཀྱི་རྟུག་བྲུན་འཕོར་ཆེན་ཞིག་ཀྱང་ཞོར་དུ་ཐོན་ཡོང་བ་དང་། འདིས་ཁོར་ཡུག་ལ་འབག་སྣད་བཟོ་བ་ལས་གཞན། ད་དུང་གསོ་སྦྱོང་ལས་རིགས་ཀྱི་རྒྱུད་མཐུད་འཕེལ་རྒྱས་ལའང་ཤུགས་རྐྱེན་བཟོ་བཞིན་ཡོད་པ་རེད། དེ་བས། ཇི་ལྟར་སྒོ་ཕྱུགས་ཀྱི་རྟུག་བྲུན་གནོད་མེད་ཅན་དུ་བསྒྱུར་ནས་ཐོན་ཁུངས་ཅན་དུ་བེད་སྤྱོད་པ་དང་། གསོ་ཚགས་ར་བར་རྟུག་བྲུན་གྱིས་འབག་བསྣད་གཏོང་བ་འགོག་སེལ་བྱེད་པ་ནི། སྐྱེ་ཁམས་ཁོར་ཡུག་ལ་སྲུང་སྐྱོབ་བྱེད་པ་དང་། ཞིང་པའི་ལས་རིགས་རྒྱུད་མཐུད་འཕེལ་རྒྱས་སུ་འགྲོ་བར་སྐུལ་འདེད་དང་ཀྱང་གོའི་ཞིང་ལས་ཐོན་རྫས་ཀྱི་ཚོང་རའི་འགྲན་རྩོད་ནུས་པ་ཇེ་ཆེར་གཏོང་བ་བཅས་ལ་དོན་སྙིང་གལ་ཆེན་ཡོད་ལ། དེ་ནི་དེང་སྐབས་གསོ་སྦྱོང་ལས་རིགས་ཀྱིས་ངེས་པར་དུ་ཐག་གཅོད་ལེགས་པོ་བྱེད་དགོས་པའི་འགན་ཁུར་གལ་ཆེན་ཞིག་ཀྱང་ཡིན།

གཅིག ཁྱིམ་བྱའི་རྟུག་བྲུན་གྱིས་རང་རྒྱལ་གྱི་ཁོར་ཡུག་ལ་ཐེབས་པའི་ཤུགས་རྐྱེན།

(གཅིག)ཁྱིམ་བྱའི་རྟུག་བྲུན་གྱི་གྲུབ་ཆ་གཙོ་བོ་དང་ཐོན་ཚད།

1.ཁྱིམ་བྱའི་རྟུག་བྲུན་གྱི་གྲུབ་ཆ་གཙོ་བོ། ཁྱིམ་བྱའི་གཟན་ཆག་གི་འཚོ་བཅུད་ཀྱི་འདུས་ཚད་མཐོ་བ་དང་། ཁྱིམ་བྱར་སོ་མེད་པས་མི་ལྷོད་པར་མ་ཟད་འཇུ་བྱེད་སྒྲུ་གུ་ཐུང་བ། འཇུ་བྱེད་ནུས་པར་ཚད་བཀག་ཡོད་པ་བཅས་ཀྱིས། གཟན་ཆག་འཇུ་བ་དང་སྡུད་ལེན་གྱི་ཚད་དམའ་བ་སྟེ། གཟན་ཆག་གི་འཚོ་བཅུད

དངོས་པོ 40% ~70%ཧུག་སྲུན་དང་མཉམ་དུ་ཕྱིར་འབུད་པ་ཡིན། དེ་བས་ཕྲིམ་བུའི་ཧུག་སྲུན་ནང་དུ་འཛུ་སྟོབས་ཀྱི་དབང་གིས་སྣུད་ལེན་མ་བྱས་ཤིང་སྦྲིག་ཆགས་དང་སྐྱེ་དངོས་གཞན་པས་བེད་སྤྱོད་ཆོག་པའི་འཚོ་བཅུད་ཀྱི་གྲུབ་ཆ་ཆེན་པོ་ལྷག་ཡོད་པ་དང་། ལྷག་པར་དུ་བྱ་ཕྲུག་གི་ཧུག་སྲུན་ནང་གི་འདུས་ཚད་དེ་ལས་ཀྱང་མཐོ་བ་ཡོད། ཕྲིམ་བུའི་ཧུག་སྲུན་གྱི་རྩིང་བའི་འཚོ་བཅུད་ཀྱི་འདུས་ཚད་རྒྱུན་ལྡན་གཟན་ཆག་གི་ལྡབ 2ལས་མང་བ་དང་། གཞན་ད་དུང་གཟན་ཆག་ལ་ངེས་པར་དུ་མཁོ་བའི་ཨཱན་ཅི་སོན་སྣ་ཚོགས་མ་ཚང་བ་མེད་པ་དང་། ད་དུང་ཀའི་དང་། ལིན། ཟངས། ལྕགས། མེན། ཞིན། མྱི་སོགས་གཏེར་དངོས་རིགས་ཀྱི་གཞི་རྒྱུ་འདུས་པ་མ་ཟད། ཐྭན་དང་ལིན། ཙྭ་སོགས་སྐྱེ་དངོས་ཀྱི་རོ་བཅུད་ཀྱང་འདུས་པ་ཡིན།

2.ཕྲིམ་བུའི་ཧུག་སྲུན་གྱི་ཕན་ཚད། ཕྲིམ་བུའི་ཧུག་སྲུན་ནི་གཟན་ཆག་ཁྲོད་མ་ཞུ་ལྷག་མར་གནས་པའི་ཆ་ཤས་དང་། ལུས་ནང་རྙིང་ཚབ་གསར་བརྗེའི་ཕན་དངོས། འཛུ་བྱེད་མ་ལག་གི་འཇེབ་རྩི་དང་གཤེར་གཟུགས་དངོས་པོ། རྒྱུ་མའི་ངོས་ཀྱི་སྐྱེ་དངོས་ཕྲ་རབ། གྱིས་འགྱེད་ཕན་དངོས་སོགས་ཀྱི་སྤྱི་འདུས་ཤིག་ཡིན་ལ། དོན་དངོས་ཕན་སྐྱེད་ཁྲོད་སྤུད་གསོག་བྱས་པའི་ཕྲིམ་བུའི་ཧུག་སྲུན་ཁྲོད་ད་དུང་གཟན་སྟེར་དུས་དང་ཕྲིམ་བུས་གཟན་སྒྲུག་དུས་ཐང་ལ་གཏོར་བའི་གཟན་ཆག་དང་། ལུས་སྟེང་ནས་ལྷུང་བའི་སྒྲོ་སྤུ། སྔོ་ང་ཆག་རོ་སོགས་ཀྱང་ཡོད། བྱ་ཁང་མཐིལ་ཞབས་སུ་འཁྱིག་ཤོག་བཏིང་ཡོད་ན། སྤུད་གསོག་བྱས་པའི་ཧུག་སྲུན་ནི་ཧུག་སྲུན་དང་འཁྱིག་ཤོག་བསྲེས་པའི་དངོས་པོ་ཡིན་པ་རེད། ཕྲིམ་བུ་གསོ་ཚགས་ལས་རིགས་དང་ལྷག་པར་དུ་བཟོ་གྲྭ་རང་བཞིན་ཅན་གྱི་ཕྲིམ་བུ་གསོ་ཚགས་ལས་རིགས་འཕེལ་རྒྱས་སུ་སོང་བ་དང་བསྟུན་ནས། ཕྲིམ་བུའི་ཧུག་སྲུན་ཕན་སྐྱེད་དེ་ཡང་ཏ་ལས་པ་ཞིག་རེད། ཚད་འཛལ་བྱས་པ་ལྟར་ན། ཕྲིམ་བུ་ཁྲི

10གསོ་ཚགས་བྱེད་པའི་བཟོ་གྲྭ་རང་བཞིན་ཅན་གྱི་སྒོང་བྱ་གསོ་སྤེལ་ར་བ་ཞིག་ལ་མཚོན་ན། ཉིན་རེར་ཁྱིམ་བྱའི་རྟུག་སྦྲུན་ཏུན 10ཐོན་སྐྱེད་བྱེད་བཞིན་ཡོད་པ་དང་། ལོ་གཅིག་ལ་ཏུན 3600ལ་བསླེབས་ཡོད་པ་རེད། མཉམ་འབྲེལ་རྒྱལ་ཚོགས་འབྲུ་རིགས་འདེབས་ཞིང་རྩ་འཛུགས་ཀྱིས་དུས་རབས 20པའི་ལོ་རབས 80པར་ཚོད་དཔག་བྱས་པ་ལྟར་ན། སའི་གོ་ལ་ཧྲིལ་པོས་ལོ་རེར་རྟུག་སྦྲུན་ཏུན་ཁྲི 460ཐོན་སྐྱེད་བྱེད་བཞིན་ཡོད་པར་བཤད།

(གཉིས)ཁྱིམ་བྱའི་རྟུག་སྦྲིན་གྱིས་ཁོར་ཡུག་ལ་ཐེབས་པའི་འབག་བཙོག

1.ཆུའི་ཐོན་ཁུངས་ལ་ཐེབས་པའི་འབག་བཙོག ཁྱིམ་བྱའི་རྟུག་སྦྲུན་གྱི་ནང་དུ་ཆུ་རྒྱུ་ལ་གནོད་པ་སྐྱེལ་བའི་འབག་དངོས་གཙོ་བོ་རིགས 4ཡོད་དེ། ཏན་དང་། ལིན། སྐྱེ་ལྡན་དངོས་པོ། ནད་གཞིའི་འབུ་ཕྲ་སོགས་ཡིན། དངོས་པོ་འདི་དག་གིས་ཆུའི་ཐོན་ཁུངས་ལ་འབག་བཙོག་བཟོ་བའི་བྱེད་ཐབས་གཙོ་བོ་ནི་རྟུག་སྦྲུན་ནང་གི་སྐྱེ་ལྡན་དངོས་པོ་རྫུལ་སྒུངས་ལས་འབག་བཙོག་བཟོ་བ་དང་། ལིན་གྱི་འཚོ་བཅུད་ཕུན་སུམ་ཚོགས་པར་དབྱང་འགྱུར་གྱི་ཉུས་པ་ཐེབས་ནས་འབག་བཙོག་བཟོ་བ། སྐྱེ་དངོས་ཀྱི་ནད་འབུ་ཕྲ་མོས་འབག་བཙོག་བཟོ་བར་བྱེད་པ་བཅས་ཡིན། རྟུག་སྦྲུན་གྱིས་ས་ངོས་ཀྱི་ཆུ་ལ་འབག་བཙོག་ཐེབས་པ་ཙམ་མ་ཡིན་པར། དེའི་ནང་གི་དུག་དང་གནོད་པ་ཅན་གྱི་གྲུབ་ཆ་ས་ནང་དུ་ཐིམ་ནས་ས་འོག་གི་ཆུ་ལའང་འབག་བཙོག་བཟོ་བ་ཡིན། དེས་ས་འོག་ཆུའི་བཞུ་འགྱེད་དབྱང་གི་འདུས་ཚད་ཇེ་ཉུང་དུ་བཏང་ནས། ཆུ་རྒྱུའི་ནང་གི་དུག་གི་འདུས་ཚད་ཇེ་མཐོར་གཏོང་བ་སྟེ། ཚབས་ཆེན་གྱི་སྐབས་སུ་ཆུ་མདོག་ནག་པོར་འགྱུར་བ་དང་། དྲི་ངན་ཕྲོ་བ། བེད་སྤྱོད་ཀྱི་རིན་ཐང་ཅི་ཡང་མེད་པར་བཟོ་བ་དང་། དེ་ལས་ཀྱང་ཚབས་ཆེ་བ་ནི་རྟུག་སྦྲུན་གྱིས་ས་འོག་ཆུ་ལ་འབག་བཙོག་ཐེབས་ཟིན་པ་ཡིན་ན་བཅོས་སྐྱོང་སླར་གསོ་བྱེད་དཀའ་བས་རྒྱུན་གཏན་རང་བཞིན་གྱི་འབག་བཙོག

བཟོ་སྲིད་དང་། དེས་མི་ཕྱུགས་ཀྱི་བདེ་ཐང་དང་སྒོ་ཕྱུགས་གསོ་ཚགས་ལས་རིགས་ཀྱི་རྒྱུན་མཐུད་རང་བཞིན་ལ་ཤུགས་རྐྱེན་ངན་པ་ཐེབས་སྲིད་པ་ཡིན།

2.མཁའ་དབུགས་འབག་བཙོག་བཟོ་བ། རྡུག་སྦྲུན་སྤུངས་ནས་ཡོད་དུས་སྐྱེ་དངོས་ཕྲ་རབ་ཀྱི་ནུས་པའི་འོག་ཏུ། དེའི་ཁྲོད་ཀྱི་སྐྱེ་ལྡན་དངོས་པོ་གྲིས་འབྲེད་བྱུང་ནས་རླངས་གཟུགས་ཁ་ཤས་ཏེ་དཔེར་ན་ཨན་དབུགས་དང་། ལིག་རྡ་ཆེན། ཙ་ལིག་ཁྲུང་། ཡིས་ཆོན། དྲི་ངན་གྱི་རྒྱུ་སོགས་འབྱུང་བ་དང་། མཁའ་དབུགས་ཁྲོད་དུག་ལྡན་རླངས་དབུགས་འདི་དག་གི་འདུས་ཚད་ཚད་ངེས་ཅན་ཞིག་ལ་བསླེབ་དུས་མཐའ་འཁོར་གྱི་མི་དང་སྲོག་ཆགས་ལ་གནོད་པ་ཐེབས་སྲིད་པ་ཡིན། ཚོད་དཔག་བྱས་པ་ལྟར་ན། སྒོང་བྱ་ཁྲི 3གསོས་པའི་བྱ་གསོ་ར་བ་ཞིག་གིས་ཉིན་རེར་མཁའ་དབུགས་ཁྲོད་དུ་ཨན་དབུགས་སྟོང་ཁ 1.8ཡན་གཏོང་བཞིན་པར་བཤད་ལ། ཙུང་སྐམ་ཤས་ཆེ་བའི་གནས་ཚུལ་འོག་ཏུ། རྡུག་སྦྲུན་སྤུངས་པའི་ཕྱི་ངོས་དངོས་པོ་སྐམ་པོ་ཕོན་ཆེན་ཞིག་རླུང་གིས་འཕྱིར་ནས་མཁའ་དབུགས་ཁྲོད་བསྲེས་ནས། མཁའ་དབུགས་ཁྲོད་ཀྱི་རྡུལ་ཕྲའི་འདུས་ཚད་མངོན་གསལ་གྱིས་ཇེ་མཐོར་གཏོང་བ་དང་། འདིས་བྱ་ཕྲུའི་དབུགས་ལེན་མ་ལག་ལ་གནོད་པ་ཐེབས་ནས་ནད་རིགས་ཁ་ཤས་བསྐྱེད་སྲིད་པ་ཡིན། རྡུལ་ཕྲའི་སྟེང་འབྱར་བའི་སྐྱེ་དངོས་ཕྲ་རབ་དག་མཁའ་དབུགས་དང་འགྲོགས་ནས་ཕྱོགས་བཞིར་མཆེད་པ་ལས་ནད་རིགས་སྣ་ཚོགས་བསྐྱེད་པའི་རྒྱུ་རྐྱེན་ཀྱང་སྐྲུན་སྲིད་པ་ཡིན།

3.རྡུག་སྦྲུན་ཁྲོད་ཀྱི་ནད་དུག་གིས་འབག་བཙོག་བཟོ་བ། ཁྱིམ་བྱའི་རྡུག་སྦྲུན་གྱི་ནང་དུ་གནོད་པ་ཅན་གྱི་སྐྱེ་དངོས་ཕྲ་རབ་དང་། ནད་བསྐྱེད་པའི་འབུ་ཕྲ། ཞོར་སྐྱེས་སྲིན་འབུའམ་ཞོར་སྐྱེས་འབུ་སྒོང་སོགས་གནོད་པ་ཅན་གྱི་དངོས་པོ་ཕོན་ཆེན་པོ་ཞིག་ཡོད་པ་དང་། གསོ་སྐྱེལ་ར་བས་ཕྱིར་བཏང་བའི་འབག་བཙོག་ཚུ་ཏའོ་ཧྲེན་རེའི་ནང་དུ་ཆ་སྙོམ་རྒྱུ་འབུ་ནར་མོ་ཁྲི 33དང་རྒྱུ་འབུ་སྒོར་མོ་ཁྲི 69

དང་། འབག་སྐྱིགས་བསྐྱིལ་རྫིང་ཏའོ་ཧྲིན 1000རེའི་ནང་དུ་སྐྱུག་འབུ་སྒོང་ཁྲི 190དང་སྐྱུད་འབུ་སྒོང་ཁྲི 100ཡོད། རང་དགར་སྤུངས་ནས་བཞག་པའི་བྱིམ་བྱའི་རྟུག་བྲུན་གྱིས་བྱ་གསོ་ར་བའི་བྱ་ཕྲུ་ལ་གནོད་སྐྱོན་བཟོ་བ་མ་ཟད། མཐའ་འཁོར་གྱི་ཁོར་ཡུག་ལའང་གནོད་སྐྱོན་བཟོས་ཏེ་གོད་ཆག་རང་བཞིན་གྱི་མཇུག་འབྲས་བཟོ་སྲིད་པ་ཡིན། ནད་འབུ་ཕྲ་མོ་ཁ་ཤས་ནི་ད་དུང་མིའི་རིགས་ཀྱི་འགོ་ནད་ཀྱི་ནད་འབུ་ཕྲ་མོའང་ཡིན་ལ། རྟུག་བྲུན་དང་ཕྱིར་འབུད་འབག་དངོས་ཁྲོད་ཀྱི་ནད་འབུ་ཕྲ་མོ་དེ་ས་དང་། ཆུ། མཁའ་དབུགས། ཞིང་ཕྱུགས་ཐོར་ཐོན་དངོས་རྫས་ལ་བརྟེན་ནས་ནད་རིགས་འགོས་སུ་འཇུག་པ་ཡིན།

4.ས་གཤིན་ལ་འབག་བཙོག་བཟོ་བ། བྱིམ་བྱའི་རྟུག་བྲུན་གྱི་ནང་དུ་ན་ཚྭ་དང་ཙ་ཚྭ་ཐོན་ཆེན་ཡོད་ལ། གལ་ཏེ་ཐད་ཀར་ཞིང་ནང་དུ་བེད་སྤྱོད་བཏང་ན། ཚད་ལས་བརྒལ་བའི་ན་ཚྭ་དང་ཙ་ཚྭ་དེ་དག་གིས་ས་གཤིན་གྱི་བུ་ག་ཕྲ་མོ་དག་ཇེ་ཞུང་དུ་བཏང་ནས་ས་གཤིན་གྱི་སིམ་འཛུལ་རང་བཞིན་མར་ཆག་ཏུ་བཅུག་ནས་ས་གཤིན་གྱི་སྙིག་གཞི་ལ་གནོད་པ་བཟོ་བ་མ་ཟད། ཚད་བརྒལ་གྱི་ཐྣན་དང་ལིན་དེ་དག་ས་གཤིན་ལས་སིམ་འཛུམ་བྱས་ནས་ས་འོག་ཆུ་ལ་འབག་བཙོག་བཟོ་སྲིད་པ་ཡིན། གཞན་ཡང་། བྱིམ་བྱའི་རྟུག་བྲུན་ནང་གི་ནད་འབུ་སྐྱེ་དངོས་ཕྲ་རབ་དང་ཞོར་སྐྱེས་སྲིན་འབུའི་སྒོང་ཐོན་ཆེན་དག་གིས་ཆུ་ཁུངས་འབག་བཙོག་བཟོས་པ་ལ་བརྟེན་ནས་བྱ་གསོ་ར་བའི་ཁོར་ཡུག་གི་མང་ཚོགས་ལ་གནོད་སྐྱེལ་སྲིད་པ་ཡིན། རང་རྒྱལ་སྒོ་ཕྱུགས་གསོ་སྐྱོང་ལས་རིགས་ཀྱི་དབྱང་རྩལ་འགྱུར་ཚད་དམའ་བ་དང་། ཏྣིན་གྱི་ལས་སྦྱོད 2.79%དང་། ལྣིན་གྱི་ལས་སྦྱོད 4.9%ལས་མེད་ལ། དེས་འཚེ་བཅུད་ཐོན་ཁུངས་ལ་ཆུད་ཟོས་བྱས་པ་མ་ཟད། དེ་དང་མཉམ་དུ་ཁོར་ཡུག་ཁྲོད་ཏན་ལྣིན་གྱིས་འབག་བཙོག་བཟོས་པ་ལས་ས་གཤིན་ལ་འབག་བཙོག་བཟོ་བ་ཡིན་ནོ།།

གཉིས། ཁྱིམ་བྱའི་རྟུག་སྦྲུན་གནོད་མེད་ཅན་དུ་སྒྱུར་ཐབས།

(གཅིག)ཁྱིམ་བྱའི་རྟུག་སྦྲུན་ལས་སྣོན་བྱེད་པའི་གཞི་རྩའི་བླང་བྱ།

ཐོག་མར། ཁྱིམ་བྱའི་རྟུག་སྦྲུན་ཐོན་རྫས་དེ་ཉར་འཛོག་དང་སྐྱེལ་འདྲེན་བྱེད་པར་སྟབས་བདེ་བའི་ཚོང་རྫས་རང་བཞིན་ཅན་གྱི་ཐོན་རྫས་ཤིག་ཡིན་དགོས་པས། ངེས་པར་དུ་བསྐམས་ནས་བརླན་གཤེར་མེད་པར་བྱེད་པ་དང་། དེ་ནས་ངེས་པར་དུ་འབུ་ཕྲ་བསད་ནས་འཕྲོད་སྟེན་གྱི་ཚད་གཞི་དང་མཐུན་དགོས་པ་མ་ཟད། དྲི་མ་ངན་པ་མེད་པར་བཟོ་དགོས་པ་ཡིན། ད་དུང་ཅི་ནུས་ཀྱིས་ཁྱིམ་བྱའི་རྟུག་སྦྲུན་གྱི་འཚོ་བཅུད་རིན་ཐང་སྲུང་ཉར་བྱེད་དགོས་པ་དང་། མཇུག་མཐར་ཁྱིམ་བྱའི་རྟུག་སྦྲུན་ལས་སྣོན་བྱེད་པའི་གོ་རིམ་ཁྲོད་དུ་ཐེངས་གཉིས་པའི་འབག་བཙོག་བཟོ་མི་རུང་བ་ཡིན།

(གཉིས)ཆུ་བསྲད་དུ་བཅུག་ནས་སྐམ་དུ་འཇུག་དགོས།

1.དྲོད་ཚད་མཐོན་པོས་མྱུར་དུ་སྐམ་དུ་འཇུག་པ། ཁོག་སྦུག་འཁོར་སྐྱོད་བྱེད་པའི་སྐམ་བཟོ་ཐབ་ཀ་ནི་མཚོན་བྱེད་རང་བཞིན་གྱི་དྲོད་ཚད་མཐོན་པོས་མྱུར་དུ་སྐམ་དུ་འཇུག་པའི་སྒྲིག་ཆས་ཤིག་ཡིན་ལ། དེས་དུས་ཚོད་ཐུང་ཐུང་ཞིག་གི་ནང་ནས(སྐར་ཆ 10ཡས་མས)ཆུའི་འདུས་ཚད 70%ལ་བསླེབས་པའི་བརླན་གཤེར་ཅན་གྱི་ཁྱིམ་བྱའི་རྟུག་སྦྲུན་དེ་མྱུར་དུ་བསྐམས་ནས་ཆུའི་འདུས་ཚད 10% ~15%ལས་མེད་པའི་ཁྱིམ་བྱའི་རྟུག་སྦྲུན་ལས་སྣོན་དངོས་རྫས་སུ་བསྒྱུར་འགྲོ་བ་དང་། སྐམ་བཟོ་བྱེད་ཐབས་སྤྱོད་པའི་དྲོད་ཚད་དེ་འཕྲུལ་ཆས་ཀྱི་རིགས་མི་འདྲ་བ་ལས་མི་འདྲ་བ་ཡིན། གཙོ་བོ་ཏུའུ 300 ~900℃བར་ཡིན། ལས་སྣོན་སྐམ་བཟོ་བྱེད་པའི་གོ་རིམ་ཁྲོད་དུ། ད་དུང་ནད་དུག་གཙང་བཟོ་བྱེད་པ་དང་། དྲི་མ་མེད་པར་བྱེད་པ། རྟུག་སྦྲུན་གྱི་འཚོ་བཅུད་ཤོར་བའི་ཚད་ཇེ་ཆུང་དུ་གཏོང་དགོས་པ་ཡིན།

2.ཉེ་འོད་ནུས་པས་རང་བྱུང་དུ་སྐམ་དུ་འཇུག་པ། བྱེད་ཐབས་འདི་ནི་འགྲིག་སྒོག་གིས་བཟོས་པའི་ཁང་བའི་ནང་དུ་སྲུངས་ནས་སྐམ་དུ་འཇུག་པ་ཞིག་ཡིན་ལ། དེས་ཉེ་འོད་ཀྱི་ནུས་པ་བེད་སྤྱོད་ལེགས་པོར་བྱས་ནས་ཧྲུག་སྦྲུན་སྐམ་དུ་འཇུག་པ་ཡིན། ཆེད་སྤྱོད་ཀྱི་འགྲིག་གི་ཁང་བའི་རིང་ཚད་ལ་སྨིད 60 ~90 བར་ཡོད་པ་དང་། ནང་དུ་ཨར་འདམ་གྱིས་བཟོས་པའི་གཞོང་བ་ཡོད་ལ། གཞོང་བའི་འགྲམ་ངོས་སུ་འབུད་ལམ་ཡོད་པ་དང་། འབུད་ལམ་གྱི་སྟེང་དུ་ཧྲུག་སྦྲུན་དཀྲུག་བྱེད་སྒྲིག་ཆས་སྦྲད་ཡོད། ཧྲུག་སྦྲུན་སྣོན་པ་དེ་ཨར་འདམ་གྱི་གཞོང་བའི་ནང་བླུག་པ་ན། དཀྲུག་བྱེད་སྒྲིག་ཆས་ཀྱིས་འབུད་ལམ་བརྒྱུད་ནས་འགྲིག་སྒོག་གི་ཁང་བའི་ནང་དུ་ཡང་དང་བསྐྱར་དུ་འཐེན་འགྲོ་བ་མ་ཟད། དཀྲུག་བྱེད་ཀྱི་གཏོག་པའི་འཁོར་སྐྱོད་ལ་བརྟེན་ནས་ཞིབ་མོར་བཟོ་བ་དང་། མགོ་རྟིང་བསློག་པ། ཧྲུག་སྦྲུན་ནང་དུ་འདྲེན་པ་སོགས་བྱེད་པ་ཡིན། འགྲིག་གི་ཁང་བའི་ནང་གསོག་པའི་ཉེ་འོད་ནུས་པ་བེད་སྤྱད་ནས་ཧྲུག་སྦྲུན་ཁྲོད་ཀྱི་ཆུ་རྦུལ་ལྷངས་པར་འགྱུར་དུ་འཇུག་པ་མ་ཟད། ད་དུང་ལྷུང་ཤུགས་དྲག་པོས་ཁང་བའི་ནང་གི་བསྣན་རླུལ་མ་ལུས་ཕྱིར་དེད་འགྲོ་བ་སོགས་ཀྱིས་ཧྲུག་སྦྲུན་སྐམ་དུ་འཇུག་པའི་དམིགས་ཡུལ་དུ་ཐོན་དུ་འཇུག་པ་ཡིན། དབྱར་ཁའི་དུས་སུ། ཞག་གཅིག་གི་དུས་ཡུན་ནང་དུ་ཁྱིམ་བྱའི་ཧྲུག་སྦྲུན་ནང་གི་ཆུའི་འདུས་ཚད་མར་ཕབ་ནས 10% ཡས་མས་སུ་བསླེབ་པར་བྱེད་པ་ཡིན།

3.གཟེབ་དྲའི་ནང་དུ་རང་བྱུང་དུ་སྐམ་དུ་འཇུག་པ། ཕྱི་རྒྱལ་ནས་ཉེ་ལམ་ཙམ་རང་བཀྲམ་པའི་ཆེས་གསར་བའི་གཟེབ་དྲའི་སྒྲིག་ཆས་ཁྲོད་དུ། གཟེབ་དྲའི་ནང་དུ་ཧྲུག་སྦྲུན་སྐམ་པར་བྱེད་པའི་སྒྲིག་ཆས་སྦྱོར་འཛུགས་བྱས་ཡོད་པ་དང་། རིམ་པ་མང་པོ་ཅན་དང་རྩེག་འོག་ཅན་གྱི་གཟེབ་དྲར་སྤྱོད་ཆོག་པ་ཡིན། འདི་ལྟའི་གསོ་ཚགས་བྱེད་སྟངས་ཁྲོད། གཟེབ་དྲ་རིམ་པ་རེ་རེའི་འོག་ཏུ་སྐྱེལ་འདྲེན་

སྦྲེལ་ཐག་རེ་ཡོད་ལ་དེས་ཧུག་སྣུན་ལེན་བཞིན་ཡོད་པ་མ་ཟད། ད་དུང་དུས་ཚོད་ངེས་ཅན་རེའི་ནང་དུ་སྐྱེལ་འདྲེན་སྦྲེལ་ཐག་གི་སློག་སྒོ་ཕྱེས་ནས་ཧུག་སྣུན་ཐྲད་ནས་གནས་གཅིག་ཏུ་གསོག་པར་བྱེད་པ་ཡིན། ཕྲིམ་བུའི་ཧུག་སྣུན་སྐམ་པར་བྱེད་ཐབས་འདིའི་ལྟེ་སྙིང་ནི་ཐད་ཀར་མཁའ་རླུང་སྐྱེལ་འདྲེན་སྦྲེལ་ཐག་སྟེང་གི་ཧུག་སྣུན་སྟེང་ཐོག་པར་བྱས་ཏེ། ཧུག་སྣུན་ཐོན་སྐྱེད་རྗེས་སུ་སྨུར་དུ་སྐམ་པར་བྱེད་པ་དེ་ཡིན་ལ། དམིགས་ཡུལ་དེ་མངོན་འགྱུར་བྱེད་པར་སྐམ་འགྱུར་གྱི་བཟོ་རྩལ་མི་འདྲ་བ་འགའ་ཡོད་དེ། ཆེས་རྒྱུན་མཐོང་གི་བཟོ་རྩལ་ནི་གཟེབ་དྲ་བསྟར་མ་རེའི་འགྲམ་ངོས་ཀྱི་གཞུག་ཕྱོགས་སུ་རླུང་རྒྱུའི་ཁུང་བུ་འགའ་བསྟར་ཕྲེང་དུ་བསྒྲིགས་པ་དང་། མཁའ་རླུང་ཐད་ཀར་རླུང་རྒྱུའི་ཁུང་བུ་དེ་ལས་སྐྱེལ་འདྲེན་སྦྲེལ་ཐག་སྟེང་གི་ཧུག་སྣུན་སྟེང་ཐོག་པར་བྱས་ནས་རང་བཞིན་གྱིས་སྐམ་པར་བྱེད་པའི་ནུས་པ་ཐོན་པར་བྱེད་པ་དང་། བཟོ་རྩལ་རིགས་གཉིས་པ་ནི་གཟེབ་དྲ་རིམ་པ་རེ་རེའི་སྐྱེལ་འདྲེན་སྦྲེལ་ཐག་ཆ་སྙོམ་གྱིས་ཡར་འཕགས་སུ་བཙུག་ནས་བཙན་གྱིས་རླུང་རྒྱུ་བར་བྱེད་པའི་སྦུག་ལམ་དུ་འདྲེན་པར་བྱེད་པ་དང་། རླུང་འཁོར་གྱིས་མུ་མཐུད་བྱ་བ་བྱེད་བཙུག་སྟེ་སྐྱེལ་འདྲེན་སྦྲེལ་ཐག་སྟེང་གི་ཧུག་སྣུན་རང་བཞིན་གྱིས་སྐམ་པར་བྱེད་པ་དེ་ཡིན། བཟོ་རྩལ་རིགས་གསུམ་པ་ནི་སྐྱེལ་འདྲེན་སྦྲེལ་ཐག་གི་སྟེང་ཕྱོགས་སུ་འགྲིག་གི་པང་ལེབ་མང་པོ་བསྒྲིགས་པ་དང་། དེ་དག་འཁྱུལ་སྐྱོད་བྱས་པ་ལས་རླུང་རྒྱུན་ཞིག་གྲུབ་པར་བྱས་ནས་ཕྲིམ་བུའི་ཧུག་སྣུན་སྐམ་པར་བྱེད་པ་དེ་ཡིན། འོན་ཀྱང་བྱེད་ཐབས་འདིའི་སྐམ་བཟོའི་ནུས་ཕྱོད་ནི་གོང་གི་བྱེད་ཐབས་རིགས་གཉིས་ལས་དམའ་བ་དང་། སྐམ་བཟོ་བྱས་རྗེས་ཀྱི་ཕྲིམ་བུའི་ཧུག་སྣུན་གྱི་ཆུའི་འདུས་ཚད་ད་དུང 45% ཡས་མས་ཡོད་པ་རེད།

(གསུམ)སྐྱུར་བསྐལ་བྱེད་ཐབས།

ད་ལྟ་རྒྱུན་དུ་སྤྱོད་པ་ནི་དབྱང་དབུགས་དྲངས་པའི་འགུལ་རྣམ་གྱི་སྐྱུར་བསྐལ་བྱེད་ཐབས་དེ་ཡིན། བྱེད་ཐབས་འདི་ནི་དྲོད་ཚད་དང་རླན་ཚད་འོས་འཚམ་ཡིན་པ་དང་། དབྱང་དབུགས་མཁོ་སྤྲོད་འདང་ངེས་ཀྱི་ཆ་རྐྱེན་འོག་ཏུ། རླུང་དབུགས་འདུ་ཕྲ་བཟང་པོ་མྱུར་དུ་སྐྱེ་འཕེལ་བྱུང་ནས་ཁྱིམ་བྱའི་རྟུག་སྦྲུན་ནང་གི་སྐྱེ་ལྡན་དངོས་པོ་ཕོན་ཆེན་གྱིས་འགྱེད་བྱུང་བ་ལས་འཇུ་སླ་བ་དང་སྟུད་ལེན་སླ་བའི་རྣམ་པར་གྱུར་པ་དང་། དེ་དང་མཉམ་དུ་ལིག་ཏྭ་ཆེན་དང་ཨན་སོགས་ཀྱི་དབུགས་གཟུགས་ཕྱིར་གཏོང་བ་ཡིན། ཏུའུ 45 ~55℃འོག་ཏུ་དུས་ཚོད 12ཡས་མས་སུ་སྐྱུར་བསྐལ་བྱས་ན། དྲི་མ་དག་ཅིང་འདུ་ཕྲ་མེད་པའི་སྐྱེ་ལྡན་ལུད་རྫས་དང་བསྐྱུར་ཐོན་གཟན་ཆག་བཟང་པོ་ཞིག་ཏུ་འགྱུར་ཐུབ་པ་ཡིན། ད་ལྟ་དངོས་སུ་གསར་སྤེལ་བྱས་ཏེ་བེད་སྤྱོད་བྱེད་བཞིན་པའི་དབྱང་དབུགས་དྲངས་པའི་འགུལ་རྣམ་གྱི་སྐྱུར་བསྐལ་འཕྲུལ་ཆས་ཀྱིས་སྐྱུར་བསྐལ་མ་བྱས་པའི་སྔོན་ལ། ཁྱིམ་བྱའི་རྟུག་སྦྲུན་ནང་གི་ཆུའི་འདུས་ཚད་དེ་མར་ཕབ་ནས 45%ཡས་མས་སུ་བསླེབ་ཏུ་འཇུག་པ་དང་། དེ་རྗེས་ཁྱིམ་བྱའི་རྟུག་སྦྲུན་ནང་དུ་ཞོར་རྫས(བཟའ་ཕྱེ)དང་སྐྱུར་རྩི་ཁུང་ཤས་འདེབས་དགོས་པ་ཡིན། འདི་དག་གཅིག་ཏུ་བསྲེས་རྗེས་སྐྱུར་བསྐལ་རྫ་མའི་ནང་ལྡུག་པ་དང་། དཀྲུགས་བྱེད་འཕྲུལ་ཆས་ཀྱིས་རྟིང་འོག་བརྗེ་རུ་འཇུག་པ་དང་། སྐྱུར་བསྐལ་འཕྲུལ་ཆས་ནང་གི་དྲོད་ཚད་ཐོག་མཐའ་བར་གསུམ་དུ་ཏུའུ 45~55℃བར་དུ་སྲུང་འཛིན་བྱེད་པ་དང་མཉམ་དུ་རླུང་དབུགས་འདུ་ཕྲའི་འགུལ་སྐྱོད་ཀྱི་དགོས་མཁོར་དམིགས་ཏེ་འཕྲུལ་ཆས་ནང་དུ་མཁའ་དབུགས་ཕོན་ཆེན་པོ་གཏོང་བ་མ་ཟད། སྐྱུར་བསྐལ་ལས་ཐོན་པའི་ཨན་དང་ལིག་ཏྭ་ཆེན་དབུགས་རོ་ཆུ་རྫུལ་རླུང་རྒྱུན་དང་མཉམ་དུ་ཕྱིར་གཏོང་དགོས་པ་ཡིན། དབྱང་དབུགས་དྲངས་པའི་འགུལ་རྣམ་གྱི་སྐྱུར་བསྐལ་གྱི་དགེ་མཚན་ནི་སྐྱུར་བསྐལ་ཕྱོད་ནུས་མཐོ་བ་དང་

མགྱོགས་པ། ཁྲིམ་བྱའི་རྟུག་བླུན་ནང་གི་གནོད་ལྡན་ནད་འབུ་ཚུང་བཟང་བའི་སྣོ་ནས་རྩ་མེད་གཏོང་ཐུབ་པ་དེ་ཡིན། དུས་ཚོད་ཐུང་བ་དེས་ཁྲིམ་བྱའི་རྟུག་བླུན་ཁྲོད་ཀྱི་འཚོ་བཅུད་ཀྱི་གྲུབ་ཆ་ཟད་གྲོན་དུ་སོང་བ་ཉུང་བ་དང་། བེད་སྤྱོད་ཀྱི་ཚད་མཐོ་རུ་གཏོང་ཐུབ་པ་ཡིན་ནོ།།

(བཞི)གཞན་པའི་བྱེད་ཐབས།

1.རླབས་ཕྲན་གྱི་ནུས་པས་རྟུག་བླུན་གནོད་མེད་ཅན་དུ་སྒྱུར་ཐབས།

རླབས་ཕྲན་ལ་ཚ་བའི་ནུས་པ་དང་ཚ་བ་མ་ཡིན་པའི་ནུས་པ་དང་ལྡན་ལ། དེའི་ཚ་བའི་ནུས་པ་ནི་དངོས་པོ་ཁྲོད་ཀྱི་རྡུལ་ཕྲན་དེ་འགུལ་རྗེབ་ཚད་བརྒྱལ་ཕྱིའི་སྒྲིག་རའི་ནུས་པའི་འོག་འགུལ་སྐྱོད་བྱུང་བ་ལས་གྲུབ་པ་དང་། དེ་ལ་རྐྱེན་བྱས་ཏེ་ནུས་པ་ཐེབས་པའི་དངོས་པོའི་ཕྱི་ནང་ལ་མཉམ་དུ་ཚ་བ་བྱུང་བས། ཚ་བ་བཟོ་བའི་གོ་རིམ་དེ་མི་དགོས་པ་ཡིན། དེ་བས། ཚ་བ་བཟོ་བའི་སྤྱིའི་གོ་རིམ་དེ་རྒྱུན་སྲོལ་གྱི་ཚ་བ་བཟོ་བའི་བྱེད་ཐབས་ལས་ལྷག་བཅུ་ཁའམ་ཐ་ན་ལྷག་བརྒྱ་ཕྲག་ལས་མྱུར་བ་ཡིན། དེའི་ཚ་བ་མ་ཡིན་པའི་ནུས་པ་ནི་རླབས་ཕྲན་ནུས་པའི་གོ་རིམ་ཁྲོད་སྲི་དཀར་འགྱུར་བར་བྱེད་པ་དང་། དེ་ལ་རྐྱེན་བྱས་ཏེ་འབུ་ཕྲ་དང་ནད་འབུ་གསོད་པའི་མཇུག་འབྲས་སུ་བསླེབ་པར་བྱེད་པ་ཡིན།

2.ཚ་བ་འཁྱེད་པའི་ནུས་པས་རྟུག་བླུན་གནོད་མེད་ཅན་དུ་བསྒྱུར་བའི་འཕྲུལ་ཆས། ཚ་བ་འཁྱེད་པའི་ནུས་པ་ལས་རྟུག་བླུན་གནོད་མེད་ཅན་དུ་བསྒྱུར་བའི་བྱེད་ཐབས་ནི་ཁྲིམ་བྱའི་རྟུག་བླུན་སྔོན་ཚུད་ནས་བསྐམས་ཏེ་ཆུའི་འདུས་ཚད་25%~40%ལ་བསླེབས་པ་དེ་གནོད་ཤུགས་དྲག་པའི་སྣོད(ཆེད་དུ་བཟོས་པ)དུ་ལྷུག་པ་དང་། ཁ་དམ་པོར་བཅད་རྗེས་ཁྲི་ཐབ་གནོད་ཤུགས་དྲག་པའི་སྣོད་ནང་དུ་གནོན་ཤུགས་དྲག་པའི་ཆུའི་རླངས་པ་གཏོང་བ་དང་། དྲོད་ཚད 120 ~140℃ བར་གྱི་གནས་ཚུལ་འོག་ཏུ་གནོན་ཤུགས་སྐར་ཆ 10 ཡས་མས་ལ་རྒྱུན་སྲུང་བྱེད་པ་

དང་། དེ་རྗེས་གློ་བུར་དུ་སྣོད་ནང་གི་གནོན་ཤུགས་ཕྱིར་བཏང་ནས་རྒྱུན་ལྡན་གྱི་ཚད་དུ་ཐོན་པར་བྱེད་པ་སྟེ། ཁྱིམ་བྱའི་ཧུག་ཟླུན་གཟན་ཆག་སྙིང་ཚབ་འགྱེད་པར་བྱེད་པ་དེ་ཡིན། བྱེད་ཐབས་འདིའི་ཁྱད་ཆོས་ནི་ལས་སྣོན་རྗེས་ཀྱི་ཧུག་ཟླུན་ནང་གི་འབུ་དང་ནད་འབུ་གསོད་པ་དང་། དྲི་མ་ངན་པ་ཡལ་བར་བྱེད་པའི་མཇུག་འབྲས་ཚུང་ལེགས་པ་མ་ཟད། ཁྱིམ་བྱའི་ཧུག་ཟླུན་གྱི་སྐྱེ་ལྡན་དངོས་པོའི་འཇུ་ཚད 13.4%~20.9%བར་དུ་ཇེ་མཐོར་གཏོང་ཐུབ་པ་ཡིན། འོན་ཀྱང་བྱེད་ཐབས་འདི་ལ་ཐོག་མར་ཁྱིམ་བྱའི་ཧུག་ཟླུན་སྐམ་པོར་བཟོ་བའི་སྣང་བྱ་ཡོད་པ་མ་ཟད། ད་དུང་ཚབ་འགྱེད་པའི་གོ་རིམ་ཁྲོད་དུ་ཆུའི་རླངས་དབུགས་ཀྱི་ཤུགས་རྐྱེན་འོག ཁྱིམ་བྱའི་ཧུག་ཟླུན་གྱི་ཆུའི་འདུས་ཚད་མར་ཆག་པ་ལས་ཉོག་སྐྱེ་ཡར་འཕེལ་འགྲོ་བ་དང་། ཁྱིམ་བྱའི་ཧུག་ཟླུན་སྐམ་པར་བྱེད་པའི་གནད་དོན་ཐག་གཅོད་མི་ནུས་པ་ཡིན། དེ་དག་གི་རྐྱེན་གྱིས་བྱེད་ཐབས་འདི་བཀོལ་སྤྱོད་བྱེད་པར་བཀག་རྒྱ་ངེས་ཅན་ཞིག་ཡོད་པ་རེད།

གསུམ། ཁྱིམ་བྱའི་ཧུག་ཟླུན་གྱི་བེད་སྤྱོད།

(གཅིག)ཁྱིམ་བྱའི་ཧུག་ཟླུན་དེ་གཟན་ཆག་ཏུ་སྤྱོད་པ།

1.ཁྱིམ་བྱའི་ཧུག་ཟླུན་དེ་གཟན་ཆག་ཏུ་སྤྱོད་པ། ཁྱིམ་བྱའི་ཧུག་ཟླུན་དེ་ལས་སྣོན་བརྒྱུད་དེ་གཟན་ཆག་ཏུ་སྤྱོད་ཚོག་སྟེ། ཉིན་རྒྱུན་གྱི་གཟན་ཆག་ནང་དུ་སྤུར་བ་ངེས་ཅན་ཞིག་བསྲེས་ན་གཅིག་ནས་གཟན་ཆག་ལ་གྲོན་ཆུང་བྱེད་ཐུབ་པ་དང་། གཉིས་ནས་གཟན་ཆག་གི་མ་རྩ་ཇེ་དམར་གཏོང་ཐུབ་པ་ཡིན། ཁྱིམ་བྱའི་ཧུག་ཟླུན་གྱི་འཚོ་བཅུད་རིན་ཐང་དེ་ཁྱིམ་བྱའི་གཟན་ཆག་དང་། བྱ་རྒྱུད། ལོ་ཚོད། གསོ་ཚགས་རྡོ་དམ། ཧུག་ཟླུན་ཐག་གཅོད་བྱས་པ་སོགས་མི་འདྲ་བ་ལ་བརྟེན་ནས་འགྱུར་ལྡོག་འགྲོ་བ་ཡིན། ཁྱིམ་བྱའི་ཧུག་ཟླུན་ནང་གི་རྩིང་བའི་སྤྲི་དཀར་གྱི་འདུས་ཚད་ཚུང་མཐོ་བས། གལ་ཏེ་དེ་ལྡད་སྐྱུགས་སྲོག་ཆགས་ཀྱི་གཟན་

ཆག་ཏུ་སྤྱུད་ན་དེའི་སྲི་དཀར་འཚོ་བཅུད་ཀྱི་གྲུབ་ཆས་ནུས་པ་བླ་ལྷག་ཏུ་འདོན་ཐུབ་པ་ཡིན། མིག་སྔར། པེ་ཅིང་ས་ཁུལ་དུ་རྒྱ་ཁྱབ་ཏུ་སྤྱོད་པ་ནི་གཙོ་བོ་མྱུར་དུ་སྐམ་པར་བྱེད་པའི་ཐབས་འདི་ཡིན་ལ། བྱེད་ཐབས་འདིས་ཕྱིར་གཏོང་བྱས་པའི་ཁྱིམ་བྱའི་རྟུག་སྦྲུན་རློན་པ་ཕོན་ཆེན་པོ་མྱུར་དུ་སྐེམ་པར་བྱས་ནས། དེས་འབབ་བཙོག་བཟོ་བ་བརློག་པ་དང་། རྟུག་སྦྲུན་སྤུངས་སའི་གནས་ཇེ་ཆུང་དུ་གཏོང་ཐུབ་པ་དང་། གསོག་ཉར་བྱེད་པ་དང་། སྐྱེལ་འདྲེན། ཕྱིར་འཚོང་བྱེད་པ་བཅས་ལ་སྟབས་བདེ་བ་མ་ཟད། ད་དུང་འཕྲལ་དུ་བསྐམས་པའི་ཁྱིམ་བྱའི་རྟུག་སྦྲུན་སོ་མ་དེ་བསྐྱུར་ཐོན་གཟན་ཆག་ཏུ་སྤྱོད་ཆོག་པ་ཡིན། ཁྱིམ་བྱའི་རྟུག་སྦྲུན་བསྐམས་རྗེས་མེ་ཏོག་གསོ་བ་དང་། ཉ་གསོ་བ། ཤོ་འདེབས་པ་སོགས་ཀྱི་ཕྱོགས་སུ་སྤྱོད་ཆོག་པས་སྤྱོད་རྒྱ་ཆེ་བ་ཡིན་ནོ། །

2.ཁྱིམ་བྱའི་རྟུག་སྦྲུན་གཟན་ཆག་ཏུ་སྤྱོད་པར་མཉམ་འཇོག་བྱེད་ས།

ཁྱིམ་བྱའི་རྟུག་སྦྲུན་དེ་སྔོང་བྱའི་གཟན་ཆག་ཏུ་སྤྱོད་སྐབས་ངེས་པར་དུ་ལིན་ཁ་གསབ་བྱེད་དགོས་པ་སྟེ། ཁྱིམ་བྱའི་རྟུག་སྦྲུན་ནང་དུ་ཀའི་དང་ལིན་གྱི་སྤུར་ཚད་མི་སྙོམ་པ་ཡིན། ཁྱིམ་བྱའི་རྟུག་སྦྲུན་སྐམ་པོའི་ནང་དུ་སིང་ཕྲེ་རིགས་ཀྱི་དངོས་པོ་རྫ་བ་ནས་མེད་པས་ནུས་ཚད་ཅུང་དམའ་བས། གཟན་ཆག་བསྲེས་སྦྱོར་བྱེད་དུས་སིང་ཕྲེ་དང་ཚིལ་ཞག་མང་བའི་གཟན་ཆག་བསྲེས་དགོས་པ་ཡིན། ཁྱིམ་བྱའི་རྟུག་སྦྲུན་གཟན་ཆག་ཏུ་སྤྱོད་དུས་དེ་མུར་སྟེར་བ་ལས་ཉར་འཇོག་བྱེད་མི་འཚམ་ལ། ཕྱིར་བཏང་དུ་ཞག་གཅིག་ཡན་བཀལ་མི་རུང་བ་ཡིན། ཁྱིམ་བྱའི་རྟུག་སྦྲུན་གཟན་ཆག་ཏུ་སྤྱོད་པའི་ཕན་ནུས་ཀྱི་རིམ་པ་ནི། ལུག བསླང་། ཉ། ཕག རི་བོང་། བྱ་ལྷར་ཡིན་ལ། ལྷད་སྐྱུགས་སྲོག་ཆགས་ལ་བྱིན་པའི་ཕན་ནུས་དེ་ལས་ཀྱང་བཟང་བ་ཡིན། གསར་དུ་སྐྱེས་པའི་སྲོག་ཆགས་ལ་ཁྱིམ་བྱའི་རྟུག་སྦྲུན་སྟེར་དུས། གཟན་ཆག་ཁྲོད་བསྲེས་པའི་སྤུར་ཚད་ནི་སྲོག་ཆགས་འཚར་སྐྱེ་བྱུང་བའི་ཆེ་

ཆུང་གི་རིམ་པ་ལྟར་རིམ་གྱིས་རྗེ་མང་དུ་གཏོང་དགོས་པ་ཡིན།

(གཉིས)ཁྱིམ་བྱའི་རྟུག་ཟྲུན་དེ་ལུད་རྫས་སུ་སྦྱོད་པ།

ཁྱིམ་བྱའི་རྟུག་ཟྲུན་ནི་སྙི་ལྡན་གྱི་ལུད་རྫས་བཟང་པོ་ཞིག་ཡིན་པས་ཐད་ཀར་ལུད་རྫས་སུ་སྦྱོད་ཆོག་པ་ཡིན། འོན་ཀྱང་ཆུའི་འདུས་ཚད་མཐོ་བ་དང་། བཀོལ་སྤྱོད་སྐབས་མི་བདེ་བ། ཐེངས་གཉིས་པའི་འབག་བཙོག་བཟོ་བ་སོགས་ཀྱི་རྐྱེན་གྱིས་བཀོལ་སྤྱོད་བྱེད་པར་ཆོད་འཛིན་བྱེད་བཞིན་ཡོད་པ་རེད། དྲོད་ཚད་མཐོན་པོའི་འོག་ཏུ་གཅིག་ཏུ་སྤུངས་ནས་འཇོག་པ་ནི་ཁྱིམ་བྱའི་རྟུག་ཟྲུན་ཐག་གཅོད་བྱེད་པའི་ཕན་ནུས་ཅན་གྱི་བྱེད་ཐབས་ཤིག་སྟེ། སྐྱེ་དངོས་ཕྲ་རབ་ཀྱིས་ཁྱིམ་བྱའི་རྟུག་ཟྲུན་ཁྲོད་ཀྱི་སྐྱེ་ལྡན་རྫས་བཅུད་ཀྱི་མགོ་བརྙམས་པ་ལས་ཚ་དྲོད་སྐྱེས་ཏེ་དེའི་ཁྲོད་ཀྱི་ནད་འབུ་ཕྲ་མོ་བསད་དེ་སྐྱེ་ལྡན་དངོས་པོ་རུལ་འཕེལ་བྱུང་སྟེ་ལུད་རྫས་ཀྱི་ཕན་ནུས་རྗེ་མཐོར་གཏོང་བ་ཡིན། ཁྱིམ་བྱའི་རྟུག་ཟྲུན་སྒྱུར་བསྐལ་བྱས་རྗེས་དེ་འཕྲུལ་ཞིང་ནང་དུ་གཏོར་བ་དེས་སོར་ཡུག་ལ་འབག་བཙོག་བྱེད་པའི་ཚད་རྗེ་ཆུང་དུ་གཏོང་བ་དང་། ཞིང་ལས་ཀྱི་ཐོན་ཁུངས་ལེགས་པར་བཀོལ་སྤྱོད་བྱེད་པའི་ཆེས་གྲོན་ཆུང་གི་བྱེད་ཐབས་ཤིག་ཀྱང་ཡིན། རང་རྒྱལ་གྱི་ཁྱིམ་བྱའི་རྟུག་ཟྲུན་བེད་སྤྱོད་བྱེད་པའི་གནས་ཚུལ་ལ་བལྟས་ན། ཁྱིམ་བྱའི་རྟུག་ཟྲུན་མི་འདྲ་བའི་བཀོལ་སྤྱོད་ལ་ཁྱད་པར་ཆུང་ཆེན་པོ་ཡོད་པ་ཡིན། ཁྱིམ་བྱའི་རྟུག་ཟྲུན་གྱི་འཚོ་བཅུད་ཀྱི་གྲུབ་ཆ་ཆུང་མཐོ་བ་དང་ཆུའི་འདུས་ཚད་ཆུང་དམའ་བས། བྱ་གསོ་ར་བ་ཆེ་འབྲིང་དང་། ཆེད་ལས་བྱ་གསོ་ཁྱིམ་ཚང་གི་ཁྱིམ་བྱའི་རྟུག་ཟྲུན་ཞིང་པའི་ལུད་རྫས་སུ་མཁོ་སྤྲོད་བྱས་ཏེ་བེད་སྤྱོད་ཀྱི་རིན་ཐང་གླ་ལྷག་ཏུ་འདོན་སྤེལ་བྱེད་དགོས།

ལེགས་བསྡུས་ཞིབ་གཉེར་ཅན་གྱི་གསོ་ཚགས་ལས་རིགས་འཕེལ་རྒྱས་སུ་སོང་བ་དང་བསྟུན་ནས། ཁྱིམ་བྱའི་རྟུག་ཟྲུན་ཉིན་རེར་གཅིག་སྡུད་ཀྱི་ལམ་དུ་ཕྱོགས

པ་དང་། འདེབས་འཇོག་ལས་རིགས་དེ་རིམ་གྱིས་ངལ་རྩོལ་གྱི་ནུས་ཤུགས་ཆུང་བ་དང་། ཕན་འབྲས་མཐོ་ཞིང་གཙང་བའི་འདེབས་གསོའི་རྣམ་པ་ཅན་གྱི་ཕྱོགས་སུ་བརྗེ་འགྱུར་བྱུང་བ་དང་། སྲོལ་རྒྱུན་གྱི་སྐྱེ་ལྡན་ལུད་རྫས་ཀྱི་གསོག་ཉར་དང་། བཟོ་སྐྲུན། སྤྱོད་འཛིན། ལག་རྩལ་གྱི་བཀོལ་སྤྱོད་སོགས་དེང་རབས་ཞིང་ལས་འཕེལ་རྒྱས་ལ་མི་འཚམ་པར་གྱུར་བས། ས་ཆ་ཁ་ཤས་ནས་ཀྱང་ཁྱིམ་བྱའི་སྐྱེ་ལྡན་ལུད་རྫས་བཟོ་གྲྭ་སྒེར་ཞིག་འཛུགས་གཉེར་བྱས་པ་རེད། མིག་སྔར་ཁྱིམ་བྱའི་ཧྲུག་སྦྲུན་གྱིས་བཟོས་པའི་སྐྱེ་ལྡན་ལུད་རྫས་དེ་ཐོན་ཁུངས་རང་བཞིན་ཅན་དུ་བེད་སྤྱོད་པའི་སྤུར་ཚད་སྔར་བཞིན་ཙུང་དམའ་བ་ཡིན། ཧྲང་ཧེ་གྲོང་ཁྱེར་གྱི་སྐྱེ་ལྡན་ལུད་རྫས་ཐོན་སྐྱེད་ཀྱི་གནས་ཚུལ་ལ་བརྟག་དཔྱད་བྱས་པ་ལྟར་ན། གྲོང་ཁྱེར་ཡོངས་ཀྱི་ཚོང་རྫས་སྐྱེ་ལྡན་ལུད་རྫས་ཀྱི་སྤྱིའི་ཐོན་ཚད་ཀྱིས་ཁྱིམ་བྱའི་ཧྲུག་སྦྲུན་ཐོན་ཚད་སྤྱིའི 2~3%ཙམ་ལས་ཟིན་མེད་ལ། ཚད་རིམ་དམའ་ཞིང་སྟབས་བདེའི་ལས་གཞིའི་རྣམ་པའི་བྱ་གསོ་ར་བས་ཧྲུག་སྦྲུན་ཐད་ཀར་ཞིང་ནང་དུ་གཏོར་བ……དེས་ཁྱིམ་བྱའི་ཧྲུག་སྦྲུན་བཅོས་སྒྱུར་བྱེད་ཚད་ཀྱི 90%ཟིན་པ་རེད།

(གསུམ)ཁྱིམ་བྱའི་ཧྲུག་སྦྲུན་དེ་གསོ་སྤེལ་གྱི་རྫས་སུ་སྤྱོད་པ།

1.ཕྲ་ཕུང་ཀྲུང་བ་གསོ་སྐྱོང་བྱེད་པ། ཐོན་སྐྱེད་བྱས་པའི་ཕྲ་ཕུང་ཀྲུང་བ་དེ་སྤྲི་དཀར་གཟན་ཆག་ཏུ་སྤྱོད་ཆོག་པ་ཡིན།

2.ཆུ་སྐྱེས་སྲོ་རིགས་གསོ་བ། ཆུ་སྐྱེས་སྲོ་རིགས་གསོ་བར་སྤྱོད་ཆོག་པ་སྟེ། དཔེར་ན་ཞའོ་ཆེ་སྲོ་རིགས་དང་། ཧྭན་ལི་སྲོ་རིགས། ལི་ཉེན་སྲོ་རིགས་སོགས་ལྟ་བུ་ཡིན། ཁྱིམ་བྱའི་ཧྲུག་སྦྲུན་གྱིས་གསོས་ན་སྲོ་རིགས་དེ་དག་དུས་ཚོད 2 ~6བར་དུ་ལྡབ་གཅིག་སྐྱེས་སྲིད་པ་མ་ཟད། ད་དུང་སྤྲི་དཀར(35%~75%)དང་། ངས་མཁོའི་ཨྨིན་ཅི་སོན(ཧན་ཨྨིན་སོན་ཙུང་དམའ་བ་ཙམ)། འཚོ་བཅུད($B_1B_2B_{12}$ C)། ཚོས་རྒྱུ(ཏོང་ཡེ་སོ་དང་ཏའོ་ལོ་ཕུ་སོ)། གཏེར་དངོས་དང་རིམས་འགོག…

དངོས་པོ་ཁ་ཤས་བཅས་འདུས་པ་དང་། ད་དུང་རྙིང་ཚབ་གསར་བརྗེའི་ནུས་པ 10.46~10.88ཀྱོའི་ཆན/སྐོང་ཁེ་འདུས་པ་དང་། རྩིང་བའི་ཚོ་སྣའི་འདུས་ཚད་ཉུང་ཞུང་བ་ཡིན། (0.5%~0.6%)

3.ས་འབུ་ནག་རིང་གསོ་བ། མིའི་ཐབས་ཀྱིས་ས་འབུ་ནག་རིང་གསོ་སྐྱེལ་བྱེད་པ་ནི་གསར་དུ་དར་སྤེལ་བྱུང་བའི་ལས་རིགས་ཤིག་ཡིན་ལ། དེའི་སྤྱོད་རྒྱ་ཆེ་བ་དང་དཔལ་འབྱོར་རིན་ཐང་མཐོ་བ་སྟེ། སྨན་སྦྱུགས་དང་། ཁྱིམ་བྱ། ཉ་རིགས་སོགས་ཀྱི་སྦྱི་དཀར་གཟན་ཆག་ཏུ་སྤྱོད་ཆོག་པ་ཡིན་ལ། ས་འབུ་ནག་རིང་བེད་སྤྱོད་དེ་གྲོང་ཁྱེར་གྱི་སྐྱེ་ལྡན་གད་སྙིགས་ཐག་གཅོད་ཀྱིས་ལུད་རྫས་སུ་བསྒྱུར་ཏེ་སྐྱེ་ལྡན་འདོར་དངོས་ཀྱིས་ཁོར་ཡུག་ལ་འབབ་བཙོག་བཟོ་བའི་གནོད་པ་སེལ་ཐུབ་པ་ཡིན། ས་འབུ་ནག་རིང་གི་བྲུན་སོལ་དེ་སྤྱིར་བཏང་གི་ས་གཤིན་ཁྲོད་ཀྱི་ཏན་སོ་ལས་ལྷག 5ཡིས་མང་བ་དང་། ལིན་ལས་ལྷག 7གྱིས་མཐོ་བ། ཅ་ལས་ལྷག 11གིས་མཐོ་བ། མའེ་ལས་ལྷག 3གྱིས་མཐོ་བ་དང་། སྒྱུར་བུལ་གྱི་ཚད་ནི་བར་མ་ཡིན་ལ། ད་དུང་ཟངས་དང་། ཞིན། ཅ། ལིས། ཕིན་སོགས་སྐྱེ་དངོས་འཚར་སྐྱེ་བྱུང་བར་ཕན་པའི་ཚད་ཞུང་མ་རྡུལ་ཕྲན་སྲུམ་ཚོགས་པ་འདུས་པས། ས་གཤིན་ལེགས་སྒྱུར་གྱི་རྫས་ཤིག་ཡིན་པ་དང་། དེ་ལ་ས་གཤིན་གྱི་ལུད་རྫས་ནུས་པ་ཇེ་ཆེར་གཏོང་བའི་ནུས་པ་ལྡན་པ་ཡིན། ས་འབུ་ནག་རིང་དེ་ད་དུང་ཡང་བའི་བཟོ་ལས་ཀྱི་རྒྱུ་ཆར་བཀོལ་ཆོག་པ་སྟེ། སྐྱེ་པགས་མཛེས་པར་བྱེད་པའི་སྨེག་རྫས་ཐོན་སྐྱེད་བྱེད་པ་ཡིན་ནོ།།

4.བསྐལ་ནས་རྫབ་ཀླངས་ཐོན་སྐྱེད་བྱེད་པ། སྐྱེ་དངོས་ཕྲ་རབ་སྒྱུར་བསྐལ་བྱས་པའི་རྫབ་ཀླངས་ནི་ཁྲིན་ཅ་བན་ཅིན་དང་ཁྲིན་ཅ་བན་ཅིན་མ་ཡིན་པ་སྣ་ཚོགས་ཀྱིས་མཉམ་དུ་ཐོན་སྐྱེད་བྱས་པ་ཞིག་ཡིན། ཕལ་ཆེར་དུས་རིམ་གསུམ་ལ་དབྱེ་ཆོག་པ་སྟེ། དུས་རིམ་དང་པོ་ནི་གཤེར་འགྱུར་གྱི་དུས་རིམ་སྟེ། སྲ་གཟུགས་

ཀྱི་སྐྱེ་ལྡན་དངོས་པོ་སྣ་ཚོགས་སྐྱེ་དངོས་ཕྲ་རབ་ཀྱི་ཕོག་ཏུ་འགྲོ་མ་ཐུབ་པ་ལས་སྐྱེ་དངོས་ཕྲ་རབ་ཀྱིས་བེད་སྤྱོད་བྱེད་མི་ཐུབ་ཡིན་ལ། དེའི་རྐྱེན་གྱིས་ངེས་པར་དུ་ཧྥའོ་དབྱང་དང་ཡན་དབྱང་གི་སྐྱེ་དངོས་ཕྲ་རབ་ཀྱི་ཟུགས་ཐོན་ཕྲ་ཕུང་ཕྱིའི་མའེ་དང་ཕྱི་རོས་ཀྱི་མའེ(ཚོལ་སྣའི་མའེ་དང་། ཐྲི་དཀར་མའེ། ཚོལ་ཞག་མའེ) ཡིས་བྱེད་ནུས་འོག་ཏུ། སྲ་གཟུགས་ཅན་གྱི་སྐྱེ་ལྡན་དངོས་པོ་གྱིས་འགྱེད་བྱུང་ནས་ཕྲུས་ཀ་ཙུང་ཆེ་བའི་མངར་ཆ་རྐྱང་བ་དང་། ཨན་ཙི་སོན། ཀན་ཡི། ཚོལ་ཞག་སྐྱུར་སོགས་སུ་འགྱུར་བ་དང་། འདི་ལྟའི་ཕྲུས་ཀ་གྱིས་འགྱེད་བྱུང་བའི་འཇུ་བའི་རང་བཞིན་ཅན་གྱི་དངོས་པོ་དག་སྐྱེ་དངོས་ཕྲ་རབ་ཀྱི་ཕྲ་ཕུང་ནང་སོང་བ་ལས་ཐྱར་ལས་གྱིས་འགྱེད་བེད་སྤྱོད་ཚོག་པ་དང་། དུས་རིམ་གཉིས་པ་ནི་སྨྱུར་ཐོན་པའི་དུས་རིམ་ཡིན་ལ། དུས་རིམ་དང་པོའི་དུས་སུ་ཐོན་པའི་འཇུ་བའི་རང་བཞིན་ཅན་གྱི་དངོས་པོ་སྣ་ཚོགས་དེ་དབྱང་འགྱུར་གྱིས་འགྱེད་ལས་ཡའུ་སོན་དང་། དབྱང་གཉིས་ཐན་འགྱུར། རྩལ་ཕྲན་ཆེན་སོགས་བྱུང་བ་ཡིན་ལ། དུས་རིམ་འདིའི་ཐོན་དངོས་གཙོ་བོ་ནི་ཡའུ་སོན་ཡིན་ལ་ཕལ་ཆེར 70%ཡན་ཟིན་པ་ཡིན། དུས་རིམ་གསུམ་པ་ནི་ཅ་བན་ཐོན་པའི་དུས་རིམ་དེ་ཡིན།

(བཞི)གནོད་མེད་རང་བཞིན་ཅན་གྱི་སྐྱེ་ལྡན་ལུད་རྫས་བཟང་པོ་ཐོན་སྐྱེད་བྱེད་པ།

ཁྱིམ་བྱའི་རྟུག་བྲུན་དང་ཞིང་ལས་ཐོན་དངོས་སོག་མ་རྩྭ་ཆ་གཙོ་བོ་བྱས་ཤིང་། བསྲེས་སྦྱོར་བྱས་པའི་འབུ་ཕྲ་མི་ཙུན་བཀོལ་ཏེ་སྨྱུར་བསྐལ་བྱས་ན་གནོད་མེད་རང་བཞིན་ཅན་གྱི་སྐྱེ་ཁམས་སྐྱེ་ལྡན་ལུད་རྫས་བཟང་པོ་ཐོན་སྐྱེད་བྱེད་ཐུབ་ལ། བསྲེས་སྦྱོར་བྱས་པའི་འབུ་ཕྲ་མི་ཙུན་ནི་མའེ་སྣ་ཚོགས་ཐོན་སྐྱེད་བྱེད་ཐུབ་པའི་དྲོད་ཐེག་རང་བཞིན་ཅན་གྱི་ཡ་པོ་ཀན་ཅིན་ཚོང་དང་། རོ་སོན་ཅིན་ཚོང་། ཧྲན་ཀྲི་ཀན་ཅིན་ཚོང་། ཁྲིང་མོ་ཚོང་སོགས་ཕན་ལྡན་སྐྱེ་དངོས་ཕྲ་རབ 106གིས་

གྲུབ་པའི་སྐྱེ་ཁམས་ཕྲ་རབ་སྐྱུར་བསྐལ་གྱི་རྫས་ཤིག་ཡིན་ལ། མི་ཕྱུགས་ལ་གནོད་པ་མེད་ཅིང་། འབག་བཙོག་མི་བཟོ་བ། བཀོལ་སྤྱོད་བྱེད་དུས་བདེ་འཛུགས་ཡིན་པ། ཏན་སྲ་གཟུགས་སུ་འགྱུར་བར་བྱེད་ཐུབ་པ་དང་། ཞིན་དང་ཙ་གྱིས་འགྱེད་བྱེད་དུ་འཇུག་ཐུབ་པ་ཡིན། དེ་དང་མཉམ་དུ། ད་དུང་རྫས་འགྱུར་ཞིང་སྨན་དང་རྫས་འགྱུར་ལུད་རྫས་ཀྱི་ཤུལ་ལྷག་དངོས་པོ་གྱིས་འགྱེད་ཕྱུང་དུ་བཙུག་ནས། འདེབས་གསོ་ལས་རིགས་དང་གསོ་ཚགས་ལས་རིགས་ཀྱི་ཐོན་སྐྱེད་གོང་དུ་འཕེལ་བ་དང་ནད་རིགས་འགོག་པར་ནུས་པ་ཐོན་པར་བྱེད་པ་ཡིན་ནོ།།

(ལྔ)གཞན་པའི་ནུས་ཁུངས་ཐད་དུ་སྤྱོད་པ།

1.ཐད་ཀར་སྦར་བ། བྱེད་ཐབས་འདི་ནི་རྫབ་ཆྭངས་ཐོན་སྐྱེད་བྱེད་པ་ལས་སྟབས་བདེ་བ་སྟེ། འདི་ལ་ཆེད་སྤྱོད་ཀྱི་སྒོ་ཕྱུགས་རིགས་ཀྱི་བྲུན་སྦར་བའི་ཁྲོ་ཐབ་ཡོད་པས་ཆོག་ལ། གཞི་རྩའི་སྟེང་ཤུལ་ལྷག་སྙིགས་རོ་ཐག་གཅོད་བྱེད་པའི་གནད་དོན་ཡང་མེད་པ་ཡིན། ཞན་ཆ་ནི་སྦར་བ་ལས་ཐོན་པའི་དུད་པས་མཁའ་དབྱུགས་ལ་འབག་བཙོག་བཟོ་བ་དེ་ཡིན། ཧུག་བྲུན་སྟོན་ཚུད་ནས་རྙམ་པོར་བཟོ་དགོས་པ་སྟེ། དྲོད་ཚད་མཐོན་པོས་སྐྱེམ་པ་དང་ཉི་མར་སྐྱེམ་པའི་གོ་རིམ་ཁྲོད་དུ་ཐོན་པའི་དྲི་མ་ངན་པས་ཀྱང་མཁའ་དབྱུགས་ལ་འབག་བཙོག་བཟོ་སྲིད་པ་ཡིན། དཀྱུན་ཁར་ཧུག་བྲུན་རྙམ་པོ་འདང་ངེས་ཤིག་གསོག་འཇོག་བྱས་པ་ཡིན་ན། དེའི་དཔལ་འབྱོར་ཕན་འབྲས་ནི་བཀོལ་བཞིན་པའི་གཟན་ཆག་དང་བཀོལ་བཞིན་པའི་ལུད་རྫས་ལས་དམའ་བ་ཡིན་ནོ།།

2.སློག་འདོན་པ། ཁྱིམ་བྱའི་ཧུག་བྲུན་བཀོལ་ནས་སློག་འདོན་ཆོག་པ་ཡིན། འཛམ་གླིང་སྟེང་ཁྱིམ་བྱའི་ཧུག་བྲུན་སྦར་ནས་སློག་འདོན་པའི་སློག་འདོན་ས་ཚིགས་དང་པོ་སྟེ། དབྱིན་ཇིའི་ཨང་ཡིས་སློག་འདོན་ས་ཚིགས་ཀྱིས 1993ལོའི་ཟླ 10པར་དངོས་སུ་སློག་འདོན་མགོ་བརྩམས་ཡོད་པ་རེད། འབྲེལ་ཡོད་ཆེད

མཁས་པས་འདི་ལྟར་འདོད་པ་སྟེ། ཁྱིམ་བྱའི་ཧུག་སྦྲུན་སློག་འདོན་ས་ཚིགས་ཀྱི་སློག་འདོན་ནུས་པ་དེ་མི་ཤུགས་སློག་འདོན་ས་ཚིགས་ལས་ཤིན་ཏུ་ཆུང་ནའང་། འཕེལ་རྒྱས་འགྲོ་བཞིན་པའི་རྒྱལ་ཁབ་ལ་མཚོན་ན་སྤྱོད་གོ་ཆོད་པ་ཞིག་ཡིན་ཏེ། ཁྱིམ་བྱ་1400གསོས་པའི་བྱ་གསོ་ར་བ་ཞིག་གི་ཧུག་སྦྲུན་དེ་འབར་རྫས་སུ་སྤྱད་དེ་སློག་འདོན་པ་ཡིན་ན། དེའི་སློག་ཤུགས་ཀྱིས་མི་ཁྲི་1.2ཙམ་ལ་ལོ་གཅིག་ལ་འདང་བར་བཤད་དོ།།

མདོར་ན། བྱ་གསོ་ལས་རིགས་ཤུགས་ཆེན་པོས་འཕེལ་རྒྱས་སུ་སོང་བ་དང་བསྟུན་ནས། དེ་ནི་རལ་གྱི་སོ་གཉིས་མ་ཞིག་དང་མཚུངས་པར་མི་རྣམས་ལ་ཁེ་ཕན་མི་ཆུང་ཞིག་བསྐྲུབས་པ་དང་མཉམ་དུ་དཀའ་སྡུག་ཀྱང་མི་ཉུང་བ་ཞིག་བསྐྲུན་འོང་བ་སྟེ། ཁྱིམ་བྱའི་རྒྱུག་སྦྲུན་ནང་དུ་སྐྱེ་ལྡན་དངོས་པོ་ཕོན་ཆེན་འདུས་པ་དང་། སྐྱེ་དངོས་འཚར་སྐྱེ་ལ་མཁོ་བའི་ཁན་དང་། ལིན། ཙ་སོགས་ཀྱི་མ་རྒྱུའང་མང་པོ་འདུས་པས་སྐྱེ་ལྡན་ལུད་རྫས་སུ་སྤྱོད་ཆོག་མོད། དེའི་ནང་དུ་གནོད་པ་ཅན་གྱི་གྲུབ་ཆའང་སྣ་མང་འདུས་པ་སྟེ། དཔེར་ན་ལྡི་བའི་ལྕགས་རིགས་དང་། ནད་དུག སྐྱེ་ལྡན་དངོས་པོ། སྨྲུལ་རྩི་སྨ་ཚོགས། དུག་སྲིན་འགོག་སྨན་སོགས་འདུས་པ་ལྟ་བུ་རེད། དེ་བས། སྐྱེ་ཁམས་ཁོར་ཡུག་ལ་སྲུང་སྐྱོབ་བྱེད་པ་དང་། གཙན་ཆག་གི་ཐོན་ཁུངས་རྒྱ་བསྐྱེད་པ། སོ་ཕྱུགས་གསོ་ཚགས་ལས་རིགས་རྒྱུན་མཐུད་འཕེལ་རྒྱས་སུ་འགྲོ་བ་མངོན་འགྱུར་བྱེད་པ་བཅས་ཀྱི་ཆེད་དུ། ང་ཚོས་ངེས་པར་དུ་བཅོས་སྒྱུར་གསར་སྐྲུན་ལ་འབད་བརྩོན་བྱས་པ་བརྒྱུད་དེ། སོ་ཕྱུགས་ཀྱི་རྒྱུག་སྦྲུན་དེ་གནོད་མེད་ཅན་དུ་བཅོས་སྐྱོང་བྱེད་པ་དང་། ཐོན་ཁུངས་ཅན་དུ་བེད་སྤྱོད་གཏོང་བ། གད་སྙིགས་རིན་པོ་ཆེར་བསྒྱུར་བ་སོགས་བྱས་ནས། གསོ་ཚགས་ལས་རིགས་ཀྱི་དཔལ་འབྱོར་ཕན་འབྲས་མཐོར་འདེགས་བྱེད་དགོས་པ་ཡིན་ནོ།།

ཟུར་སྣའི་དཔྱད་གཞི།

[1]ཚེན་སྒྲ། ཀྲའོ་དབྱི་སྒྲ། མ་ཅི། 2009ལོའི་ཀྲུང་གོའི་སློང་བྱ་ཐོན་ལས་དཔལ་འབྱོར། པེ་ཅིང་། ཀྲུང་གོ་ཞིང་ལས་དཔེ་སྐྲུན་ཁང་། 2010

[2]ཕའེ་ཀང་ཚའེ། ཧན་སྒྲུན་ཞ། སློང་བྱའི་བདེ་འཛགས་དང་ཕན་འབྲས་མཐོ…བའི་ཐོན་སྐྱེད་ལག་རྩལ། པེ་ཅིང་། རྫས་འགྱུར་བཟོ་ལས་དཔེ་སྐྲུན་ཁང་། 2012

[3]ཉིང་ཅིན་ཡིའུ། ཧན་ཞོ་ཕིན་སོགས། སྒོག་ཆགས་ཀྱི་འཚོ་བཅུད་དང་གཟན་…ཆག་ལས་སྣོན། མཚོ་སྔོན། མཚོ་སྔོན་མི་རིགས་དཔེ་སྐྲུན་ཁང་། 2010

[4]ཀྲང་ཅིན་ཆེན། ཐྱན་ཐོ་སོགས། ཁྱིམ་བྱ་གསོ་ཚགས་ཀྱི་དངོས་བཀོལ་ལག…རྩལ། མཚོ་སྔོན། མཚོ་སྔོན་མི་རིགས་དཔེ་སྐྲུན་ཁང་། 2010

[5]ཀའོ་ཆེན་ཧྲུང་། གནོད་མེད་ཅན་གྱི་ཤ་སྐྱོད་ཁྱིམ་བྱའི་བདེ་འཛགས་ཐོན་སྐྱེད་…ལག་དེབ། པེ་ཅིང་། ཀྲུང་གོ་ཞིང་ལས་དཔེ་སྐྲུན་ཁང་། 2008

[6]ལི་ཡུན་ཐེའུ། ཀའོ་ཞིན་དབྱི། ཀྲང་ཀྲིན་ཚང་སོགས། ཁྱིམ་བྱ་གསོ་བ་དང་ཁྱིམ་བྱའི་ནད་རིགས་འགོག་བཅོས། པེ་ཅིང་། ཀྲུང་གོ་ཞིང་ལས་དཔེ་སྐྲུན་ཁང་། 2010

[7]ལོ་ཨན་ཁྲིན། སུང་ཞའོ་ཧྲ། ཀྲིག་ཡན། གཞི་ཁྱོན་ཅན་གྱི་སྒོ་ཕྱུགས་གསོ…ཚགས་ར་བའི་ཁོར་ཡུག་བཅོས་སྐྱོང་། ཀྲུང་གོ་ས་གཤིན་རིག་གཞུང་གྲོས་ཚོགས་ཀྱི་ཐེངས…བཅུ་པའི་རྒྱལ་ཡོངས་ཚོགས་མི་འདུས་མིའི་གྲོས་ཚོགས་ཐེངས་ལྔ་པ་མཚོ་འགག་འགྲམ…གཉིས་ཀྱི་ས་གཤིན་ལུད་རྫས་རིག་གཞུང་བརྗེ་རེས་ཞིབ་འཇུག་དང་གྲོས་སྡུར་ཚོགས་འདུའི་…དཔྱད་རྩོམ་ཕྱོགས་བསྒྲིགས། （ཞིང་ལས་དང་ཁོར་ཡུག་ལ་ཁ་ཕྱོགས་པའི་ས་གཤིན་ཚན་རིག་རྒྱས་སྤེལ་ལེའུ） 2004

[8]ཞི་ཡང་ཀང་། རང་རྒྱལ་གྱི་སློང་ངའི་ཐོན་རྫས་ལས་རིགས་ཀྱི་འཕེལ་རྒྱས་རྗེས…གཞི། གཟན་ཆག་འགྲེམ་སྣོན། 2009